Das neue
What's what

Naturwissenschaftliche Plaudereien

Herausgegeben von Don Glass

Mit Beiträgen von Stephen Fentress, Barbara Bolz,
Eric Sonstroem und Don Ulin

Aus dem Englischen von
Hainer Kober

Deutscher Taschenbuch Verlag

Von Don Glass
außerdem im Deutschen Taschenbuch Verlag herausgegeben
What's what? (33025)

Deutsche Erstausgabe
Oktober 1997
4. Auflage November 2000
Deutscher Taschenbuch Verlag GmbH & Co. KG,
München
www.dtv.de
Titel der amerikanischen Originalausgabe:
How Can You Tell If A Spider Is Dead
And More Moments Of Science
Indiana University Press, Bloomington 1996
© der deutschsprachigen Ausgabe:
1997 Deutscher Taschenbuch Verlag GmbH & Co. KG,
München
Umschlagkonzept: Balk & Brumshagen
Umschlagfoto: © KEYSTONE Pressedienst
Redaktion und Satz: Lektyre Verlagsbüro
Olaf Benzinger, Germering
Druck und Bindung: C. H. Beck'sche Buchdruckerei, Nördlingen
Gedruckt auf säurefreiem, chlorfrei gebleichtem Papier
Printed in Germany · ISBN 3-423-33010-4

Inhalt

Vorwort

In seinem Buch *How the World Works* stellt Boyce Rensberger fest, daß wir alle geborene Wissenschaftler sind. Was sicherlich richtig ist, denn zumindest als Säuglinge und Kleinkinder begegnen wir der Welt, die uns umgibt, mit einem Höchstmaß an Neugier. Keinen Winkel dieser Welt lassen wir ununtersucht.

Wir testen die Schwerkraft, indem wir unser Essen auf den Boden schmeißen, oder wir versuchen, sie zu überwinden, indem wir es nach jemandem werfen. Bei vielen Menschen legt sich diese lebhafte Neugier im Laufe der Jahre. Bei einigen bleibt sie, aber andere Interessen verhindern, daß sie ihrer Neugier weiter nachgehen können. Und nur bei wenigen wird aus der Neugier des Kindes ein wissenschaftlicher Beruf.

Dieses Buch ist aus der Rundfunksendereihe *A Moment of Science* hervorgegangen, die ebenso wie das Buch für junge Menschen bestimmt ist, deren Neugier noch nicht verblaßt ist, und für diejenigen unter den Älteren, die ihre Neugier bewahrt, sich aber für keine wissenschaftliche Laufbahn entschieden haben. Gern und häufig sagen wir, Radiosendung und Buch seien für Menschen mit grenzenloser Neugier, aber mit begrenzter Zeit bestimmt. Jeder Aufsatz ist ein in sich abgeschlossenes Stück Wirklichkeitserhellung – Sie können so viele oder so wenige davon lesen, wie Sie wollen, und in jeder beliebigen Reihenfolge.

Steve Fentress war der erste und einzige Autor der Sendereihe, als sie 1988 begann, und seine Manuskripte bildeten die Grundlage für den Band *Das neue What's what.* Auch nach seinem Fortgang aus Bloomington schrieb er weiterhin Beiträge für die Radioserie, von denen viele in den vorliegenden Band aufgenommen wurden. Allerdings sah er sich durch die zeitlichen Anforderungen seiner neuen Berufs- und Lebenssituation außerstande, die Sendereihe allein weiterzuführen.

Daher haben in den folgenden Jahren auch andere Autoren an den Sendungen mitgewirkt. Der vorliegende Band enthält Aufsätze von Don Ulin, Barbara Bolz und Eric Sonstroem, die Steves Tradition treu geblieben sind, indem sie leichtverständliche, knappe, unterhaltsame und informative Beiträge geschrieben haben. Und ich hoffe, daß auch meine Mitwirkung dem Buch nicht zum Nachteil gereicht hat.

Mag es auch für manchen Leser schwer vorstellbar sein – Wissenschaft kann durchaus amüsant und fesselnd sein, und ich hoffe, dieses Buch wird es beweisen.

Die Form der Erde

Alte Kulturen haben die Erde als flache Scheibe, Gewölbe oder sogar Trommel beschrieben. Heute wissen wir dank der Fotografien aus dem All, daß die Erde eine Kugel ist. Doch obwohl die griechischen Astronomen des vierten vorchristlichen Jahrhunderts nicht mehr Anhaltspunkte hatten, als wir in unserem Garten sammeln können, vertraten sie bereits die Auffassung, die Erde sei rund.

Beispielsweise hat Aristoteles diese Überzeugung mit der Form des Erdschattens während einer Mondfinsternis begründet. Zu einer Mondfinsternis kommt es, wenn sich Sonne und Mond in einer Linie zu beiden Seiten der Erde gegenüberstehen. Dabei wandert der Erdschatten über den Mond, bis er den Erdtrabanten ganz bedeckt. Zwar ist der Mond zu klein, um uns den ganzen Schatten der Erde zu zeigen, doch der Ausschnitt, den wir sehen können, ist immer gekrümmt, egal, wo sich Mond und Sonne relativ zur Erdoberfläche befinden. Das einzige geometrische Objekt, das aus jedem Winkel einen runden Schatten werfen kann, ist eine Kugel. Dagegen könnte eine runde, flache Scheibe nur dann einen runden Schatten werfen, wenn das Licht von oben oder von unten käme. Aus jedem anderen Winkel wäre der Schatten oval oder eine Gerade.

In der Tat wird jeder Reisende, der in westlicher Richtung die Vereinigten Staaten durchquert, feststellen, daß die Gipfel der Rocky Mountains vor ihren Ausläufern sichtbar werden. Wenn wir als Begründung annehmen, daß sich die Ausläufer noch unter dem Horizont befinden, so setzen wir damit – völlig zutreffend – voraus, daß die Erdkrümmung dieses Phänomen bewirkt. Bei kürzeren Entfernungen befindet sich kein Horizont zwischen uns und dem, was wir betrachten; daher erscheint die Erde flach. Doch träfe das zu, wäre die einzige Grenze, die unserem Blickfeld gesetzt wäre, unser Sehvermögen. Dann könnte man an einem klaren Tag von Kansas aus die Rockies in ganzer Größe sehen.

Ein steigender Baseball

Nehmen wir an, ein Werfer beim Baseball läßt das Handgelenk im letzten Augenblick des Wurfes scharf nach unten schnappen. Dadurch bekommt der Ball eine Rückwärtsdrehung. Die Rückwärtsdrehung verhält sich umgekehrt zur Drehung, die ein auf dem Boden rollender Ball hat. Folglich bewegt sich bei der Rückwärtsdrehung die Oberseite des Balls in die gleiche Richtung wie der Luftstrom über dem Ball, während sich die Unterseite entgegengesetzt zum Luftstrom unterhalb des Balls bewegt. Infolge der Reibung zwischen Ball und Luft schwimmt die Oberseite also sozusagen mit dem Strom, während die Unterseite die Luft abbremst.

Hier kommt ein sehr bekanntes physikalisches Prinzip ins Spiel: Ein Luftstrom, der in rascher Bewegung ist, besitzt weniger Druck als die Luft in seiner Umgebung, die sich langsamer bewegt oder stillsteht. Dieses Prinzip wurde nach dem Physiker Daniel Bernoulli benannt, der es im 18. Jahrhundert entdeckt hat.

Aus Sicht eines Balls mit Rückwärtsdrehung bewegt sich die Luft an der oberen Seite rascher und hat deshalb einen geringeren Druck als die Luft an der Unterseite. Das Resultat ist eine Kraft, die den Ball nach oben drückt. Wird ein Baseball kräftig genug und mit ausreichend Rückwärtsdrehung geworfen, dann steigt er. Das ist, was man in der Fachsprache einen *Fastball* nennt, einen steigenden Baseball.

Erstmals hat der deutsche Physiker Heinrich Magnus diesen Effekt 1852 beschrieben. Zwar dachte er über rotierende Kanonenkugeln nach und nicht über rotierende Bälle, aber das Prinzip ist das gleiche: Die Rotation läßt die Luft an der einen Seite der Kugel rascher vorbeiströmen als an der anderen. Dadurch entsteht eine Differenz im Luftdruck, die ihrerseits die Flugbahn beeinflußt.

Home-run durch Nadelholzteer

Wer Nadelholzteer aufs dicke Ende des Schlägers schmiert, verstößt gegen die Baseballregeln. Warum? Welche unfairen Vorteile verschafft ein geteerter Schläger?

Darüber veröffentlichten Robert Watts und Steven Baroni, beide Physiker an der Tulane University, einen Artikel in einer Zeitschrift für Lehrer. Wie sie erläuterten, erhöht das Teer die Reibung zwischen Schläger und Ball, so daß der Schläger dem Ball eine raschere Rotation mitgeben kann. Besonders ein von unten nach oben geführter Schlag überträgt eine solche Rückwärtsdrehung. Bei ansonsten gleichen Bedingungen wird ein hoher Ball mit rascher Rückwärtsdrehung etliche Meter weiter fliegen – so die Berechnungen der Physiker – als ein Ball ohne Rotation.

Die Suche nach den Gründen führt uns zurück zum Bernoullischen Prinzip: Ein rascher Luftstrom besitzt einen geringeren Druck als die ruhige Luft in seiner Umgebung. Die obere Fläche eines mit Rückwärtsdrehung durch die Luft fliegenden Balls verbündet sich mit dem Luftstrom, der über den Ball hinwegfegt. Aus Sicht des Balls bewegt sich die Luft über dem Ball rascher als der Luftstrom unter dem Ball, daher ist der Luftdruck oben auch geringer als unten. Das Resultat ist eine Kraft, die den Ball nach oben drückt. Ein Ball mit rascher Rückwärtsdrehung scheint müheloser durch die Luft zu schweben.

Aufgrund ihrer Überlegungen gelangten Watts und Baroni zu dem Schluß, die beste Technik zum Schlagen von Home-runs bestehe darin, den Ball etwas unterhalb des Zentrums zu treffen, so daß der Ball eine rasche Rückwärtsdrehung und einen flachen Steigwinkel erhalte.

Die Gewalt eines Tornados

Tornados sind wegen der Kraft berüchtigt, die ihre Stürme entfesseln, aber diese Winde sind nur für einen Teil des Schadens verantwortlich. Denn zusätzlich erzeugen die starken Winde einen extremen Unterdruck, der Gebäude regelrecht zur Explosion bringen kann.

Um zu verstehen, wie Wind für einen solchen Druckabfall verantwortlich sein kann, müssen wir uns ans Bernoullische Prinzip erinnern, jenes Prinzip, das auch die Entstehung des Fastballs erklärt. Danach hat ein rascher Luftstrom einen geringeren Druck als ein langsamer Luftstrom oder stillstehende Luft.

Wenn also die sehr heftigen Winde eines Tornados über ein Haus fegen, können sie den Druck so absenken, daß er weit niedriger ist als die stillstehende Luft im Hausinneren. Manchmal wird das Hausdach durch den Druckunterschied emporgeschleudert. Sobald das Dach nach oben fliegt, wird es von den Tornadowinden erfaßt und fortgetragen.

Diesen Vorgang können Sie sich in einem viel kleineren Maßstab vergegenwärtigen. Legen Sie sich einen Zehnmarkschein auf den Handrücken und halten Sie ihn mit der anderen Hand am von Ihnen entfernten Ende fest, damit er nicht herunterfällt. Blasen Sie jetzt kräftig über die Oberfläche des Geldscheins. Er müßte sich ein Stück heben. Wenn Sie von oben auf den Schein blasen, wird es nicht funktionieren. Doch wenn Ihr Atemstrom parallel zur Oberfläche der Banknote verläuft, müßten Sie den Luftdruck oberhalb des Papiers so weit verringern können, daß es sich hebt. Sobald das geschieht, wird Ihre Atemluft die Unterseite des Geldscheins erfassen und ihn gegen Ihre andere Hand drücken.

Wenn bei einem Tornado eine Fensterscheibe zersplittert, landen die Scherben gewöhnlich außerhalb des Hauses. Die Kraft wirkt nämlich vom Bereich höheren Drucks im Inneren des Hauses zum Bereich geringeren Drucks.

Anämie

Die meisten Zellen im Körper sind in der Lage, sich selbst zu reparieren und neue, identische Zellen zu produzieren. Doch eine Zellart, für die das nicht gilt, ist das rote Blutkörperchen. Es hat keinen Kern und keine Chromosomen und ist daher unfähig, sich zu reproduzieren oder zu reparieren. Statt dessen hält der Körper ständig einen Vorrat dieser äußerst wichtigen Zellen im Knochenmark bereit, so daß er verbrauchte rote Blutkörperchen jederzeit ersetzen kann.

Rote Blutkörperchen sind verantwortlich für die Beförderung des Sauerstoffs aus der Lunge in die Körperzellen und für den Rücktransport des Kohlendioxids in die Lunge. Normalerweise hält der Körper eine ausreichende Zahl von roten Blutkörperchen bereit, doch bei manchen Menschen produziert das Knochenmark entweder zu wenige oder defekte Zellen. Eine Folge dieser Krankheit – Mediziner bezeichnen sie als Anämie – ist auffälliger Energieverlust, weil die Körperzellen nicht mehr genug Sauerstoff bekommen.

Häufigste Ursache für Anämie ist falsche Ernährung. Perniziöse Anämie wird durch einen Mangel an Vitamin B12 hervorgerufen. Das Vitamin ist ein wesentlicher Bestandteil der roten Blutkörperchen und nur in Tierprodukten vorhanden.

Ein anderer wichtiger Bestandteil roter Blutkörperchen ist Eisen. Am häufigsten tritt Eisenmangel bei Kindern auf, deren Vorrat an roten Blutkörperchen sich ständig vergrößert. Da das Eisen aller roten Blutkörperchen vom Körper recycelt wird, wenn ein Blutkörperchen abgebaut wird, brauchen Erwachsene nur dann Eisen, wenn sie Blut verloren haben. Hat der Körper nicht genug Eisen, so stellt er zwar weiterhin rote Blutkörperchen her, aber sie sind klein und in ihrer Funktion beeinträchtigt.

Wieder andere Formen der Anämie sind erblich und suchen einige Bevölkerungsgruppen häufiger heim als andere. Zu diesen Formen gehören die Sichelzellanämie, an der vorwiegend Menschen afrikanischer Herkunft erkranken, und die Thalassämie, die in erster Linie bei Menschen mediterraner Herkunft auftritt.

Newton, Tennis und die Beschaffenheit des Lichtes

Im 17. Jahrhundert lenkte der englische Physiker Isaac Newton einen Sonnenstrahl durch ein dreieckiges Glasprisma. Das Prisma warf einen farbigen Regenbogen auf die dem Fenster gegenüberliegende Wand. Newton überlegte, warum an der Wand verschiedene Farben an verschiedenen Orten auftraten. Er schrieb: »Ich begann mich zu fragen, ob sich die Strahlen nach ihrem Weg durchs Prisma nicht in gekrümmten Linien bewegten und je nach dem Grad ihrer Krümmung verschiedenen Teilen der Wand zustrebten. Ich erinnerte mich, daß ich oft gesehen hatte, wie ein Ball, der von einem schrägen Schläger getroffen wurde, eine ähnlich gekrümmte Bahn beschrieben hatte.«

Ein schräg getroffener Tennisball oder ein Baseball, der mit einem kurzen Schnappen des Handgelenks geworfen wird, folgt einer gekrümmten Bahn, weil er rotiert. Auf dem Weg durch die Luft sorgt die Rotation oder die Drehung dafür, daß die Luft auf der einen Seite des Balles rascher vorbeiströmt als auf der anderen. Auf der Seite, wo die Luft sich rascher bewegt, ist der Druck geringer. Folglich wird die Bahn des Balles zur Seite mit dem geringeren Druck abgelenkt.

Newton liebäugelte mit der Idee, daß das Licht aus kleinen Kugeln bestehe, die auf dem Weg durchs Prisma auf irgendeine Weise in Rotation versetzt würden. Diese Kugeln könnten dann, so seine Vermutung, auf gekrümmten Bahnen vom Prisma zur Wand gelangen. Als Newton jedoch sah, daß das farbige Licht auf geraden und nicht gekrümmten Bahnen aus dem Prisma austrat, gab er die Hypothese der rotierenden Kugeln auf. Jahrhunderte später sollten die Physiker herausfinden, daß die Lichtteilchen, die sogenannten Photonen, wirklich nicht die geringste Ähnlichkeit mit Kügelchen haben.

Dennoch zeigt Newtons Versuch, das Licht mit Bällen zu vergleichen, wie ein scharfsinniger Denker seine gesamte Erfahrung mobilisiert, um ein Bild zu finden, das ihm hilft, eine verblüffende Erscheinung zu verstehen.

Stereo anno 1881

Wenn Sie 1881 die Elektroausstellung im Industriepalast in Paris besucht hätten, dann hätten Sie sich wahrscheinlich für eine der beliebtesten Vorführungen der Veranstaltung angestellt – ein Telefon, das Musik von der Bühne der Pariser Oper übertrug. Sobald Sie an der Reihe gewesen wären, hätten Sie sich an jedes Ohr einen Hörer gehalten und einige Minuten lang dem gelauscht, was gerade auf der Bühne der Oper geboten wurde.

Vermutlich wäre das für Sie die erste Gelegenheit gewesen, sich mit eigenen Ohren von den Leistungen des Telefons zu überzeugen, da dieser Apparat im Jahre 1881 noch eine sehr junge Erfindung war. Doch selbst Menschen, die schon mit Telefonen vertraut waren, fiel bei der Vorführung auf der Pariser Elektroausstellung eine Besonderheit auf. Der Ton sei »so plastisch und lokalisiert«, wie man es von einem einzelnen Telefonhörer nicht gewohnt sei.

Seinen besonderen Klang verdankte das Telefonsystem einer speziellen Schaltung. Der Hörer am linken Ohr des Besuchers war mit einem Mikrofon auf der linken Seite der Opernbühne verbunden, der Hörer am rechten Ohr mit einem Mikrofon auf der rechten Seite der Bühne.

Der Verfasser eines zeitgenössischen Artikels in der Zeitschrift *Scientific American* versuchte die Wirkung dieses Arrangements mit Wortschöpfungen wie »binaurales Hören« und »akustische Perspektive« zu beschreiben. Heute würden wir das Wort »Stereo« verwenden, das von einem griechischen Wort mit der Bedeutung »räumlich« abgeleitet ist.

Erst 1957 kamen die ersten Stereoschallplatten auf den Markt. Doch mit ein bißchen Glück hätten Sie schon 1881 zu den ersten Menschen gehören können, die in den Genuß stereophon übertragener Musik kamen.

Eine Wasserlupe

Bohren Sie ein Loch von rund drei Millimeter Durchmesser in einen Becher aus Pappe oder Schaumstoff, und drücken Sie ihn in eine tiefe Wasserschüssel. Lassen Sie den Becher dabei nicht aus den Augen. Natürlich werden Sie bemerken, daß durch das Loch Wasser in den Becher dringt. Aber während sich der Becher füllt, werden Sie noch etwas anderes feststellen. Sie werden beobachten, daß das Loch im Boden des Bechers vergrößert erscheint. Sie können die scheinbare Größe des Lochs verändern, indem Sie den Becher tiefer oder weniger tief ins Wasser drücken – tiefer, dann erscheint das Loch größer, weniger tief, dann erscheint es kleiner.

Der Grund dafür ist die Brechung, die Lichtstrahlen erfahren, wenn sie von einem Medium in ein anderes gelangen. In diesem Falle werden die Lichtstrahlen, die das Bild des Lochs im Becher hervorrufen, gebrochen, wenn sie aus dem Wasser in die Luft eintreten. Die Brechung ist so beschaffen, daß sich aus Ihrem Blickwinkel ein vergrößertes Bild des Lochs ergibt.

Daß die Lichtstrahlen auf diese besondere Weise gebrochen werden, hat mit der Form der Wasseroberfläche zu tun. Wenn Sie den Becher nach unten drücken, schießt Wasser aus dem Loch im Boden nach oben. Dieser aufwärts schießende Wasserstrom läßt in der Wasseroberfläche eine Wölbung nach außen entstehen, die mehr oder weniger so beschaffen ist wie die Wölbung in der Oberfläche einer Lupe. Durch Veränderung des Drucks, den Sie auf den Becher ausüben, können Sie die Wölbung verändern. Und das wiederum modifiziert das Ausmaß der Vergrößerung.

Von einer Schallwelle umgerissen

In den 70er Jahren des vorigen Jahrhunderts waren die naturwissenschaftlichen Vorträge des irischen Physikers John Tyndall in ganz England berühmt. In einem dieser Vorträge führte Tyndall vor, wie sich Schallwellen in der Luft ausbreiten. Hören wir ihn selbst:

»Ich habe hier fünf junge Assistenten – A, B, C, D und E –, die in einer Reihe hintereinanderstehen, dergestalt, daß jeder Junge seine Hand auf den Rücken des vor ihm Stehenden stützt. Plötzlich versetze ich A einen Stoß; A stößt B an und wahrt seine aufrechte Haltung; B stößt C an, C stößt D an, D stößt E an. Jeder Junge bleibt nach der Weitergabe des Stoßes aufrecht stehen. Nur E, der niemanden vor sich hat, wird nach vorn geschleudert. Hätte er am Rand eines Abgrunds gestanden, wäre er hinabgestürzt, hätte er ein Fenster berührt, dann hätte er die Scheibe zerbrochen, hätte er an einer Trommel gestanden, dann hätte er sie zum Erklingen gebracht. So könnten wir einen Stoß durch eine Reihe von hundert Jungen schicken, wobei jeder jedoch nur etwas hin und her schwanken würde.

Auf diese Weise schicken wir auch den Schall durch die Luft und versetzen das Trommelfell eines fernen Ohrs in kräftige Schwingung, während die Luftteilchen, die an der Übertragung des Impulses beteiligt sind, nur eine geringfügige Schwingung ausführen.«

Wenn Sie John Tyndalls Demonstration selbst ausprobieren, werden Sie feststellen, daß niemand, der in der Reihe steht, anders kann, als seinen Vordermann anzustoßen. Es ist ein Reflex, der verhindern soll, daß der Betreffende umgerissen wird.

John Tyndall hatte ein besonderes Geschick für anschauliche physikalische Vorführungen. Er hielt sie für wichtig und schrieb: »Naturwissenschaftliche Erziehung muß uns die sichtbaren wie die unsichtbaren Dinge der Natur nahebringen, unserem geistigen Auge ein konkretes Bild der Vorgänge vermitteln, die sich unserem physischen Auge entziehen.«

Wie schnell sind die Winde eines Tornados?

Aus zwei Gründen läßt sich die Geschwindigkeit von Tornadowinden schlecht abschätzen. Erstens werden Wetterinstrumente in einem Tornado häufig zerstört. Und zweitens haben die Winde in verschiedenen Bereichen des Tornados unterschiedliche Geschwindigkeiten.

Tornadowinde kreisen um das Zentrum, aber wie jedes andere Wettersystem bewegt sich auch der Tornado selbst. Da die Winde eines Tornados einen Kreis beschreiben, bewegen sich die Winde an gegenüberliegenden Seiten stets in entgegengesetzte Richtungen. Wenn also an einem Punkt der Wind nach Süden bläst, ist der Wind an der gegenüberliegenden Seite nach Norden gerichtet.

Nun stellen Sie sich vor, daß sich ein Tornado, dessen Winde eine Geschwindigkeit von 200 Kilometern pro Stunde aufweisen, mit 80 Kilometern pro Stunde nach Norden bewegt. Die Winde auf der einen Seite werden sich ebenfalls nordwärts bewegen. Um für diesen Teil des Tornados die absolute Windgeschwindigkeit am Boden zu errechnen, müssen wir zur Geschwindigkeit, die der Tornado als Ganzes hat – 80 Kilometer pro Stunde – die Kreisgeschwindigkeit seiner Winde hinzurechnen – 200 Kilometer pro Stunde. Wenn Sie sich also an diesem Punkt befinden, wirken auf Sie Winde mit einer Geschwindigkeit von 280 Kilometern pro Stunde ein.

Die Winde auf der gegenüberliegenden Seite dagegen bewegen sich in die entgegengesetzte Richtung, wodurch sich die beiden Kräfte teilweise aufheben. Auf dieser Seite des Tornados ist die Windgeschwindigkeit am Boden sehr viel geringer – sie beträgt nur 120 Kilometer pro Stunde.

Die meisten Tornados drehen sich gegen den Uhrzeigersinn. Wenn Sie also einen Tornado auf sich zukommen sehen, werden seine heftigsten Winde von Ihnen aus gesehen auf seiner linken Seite auftreten. Oder anders betrachtet, da sich die meisten Tornados in Nordamerika nach Nordosten bewegen, sind die stärksten Winde meist an der südöstlichen Seite eines Tornados anzutreffen.

Sichelzellanämie

Eine Anämie tritt auf, wenn der Körper entweder nicht genügend rote Blutkörperchen produzieren kann oder defekte Zellen herstellt. Da durch die roten Blutkörperchen der Sauerstoff aus den Lungen in den übrigen Körper befördert wird, fühlen sich Menschen, die unter Anämie leiden, schwach und sind rasch erschöpft.

Sichelzellanämie ist eine gefährliche Krankheit mit einem interessanten Nebeneffekt. Während für die meisten Anämieformen Ernährungsmängel verantwortlich sind, ist Sichelzellanämie erblich und tritt am häufigsten bei Menschen westafrikanischer Abstammung auf. Sichelzellen sind rote Blutkörperchen mit etwas anderer chemischer Zusammensetzung als normale rote Blutkörperchen. Wenn das Sauerstoffniveau im Blut zu sehr absinkt, nehmen die defekten Blutkörperchen sichelförmige Zellform an. In diesem Zustand können sie keinen Sauerstoff mehr transportieren. Der Patient leidet unter Atemnot, Magenschmerzen, inneren Blutungen und gelegentlich sogar Blutgerinseln.

Ein Individuum kann entweder ein oder zwei Sichelzellgene erben. Für die echte Sichelzellanämie sind zwei Gene erforderlich – eins von jedem Elternteil. Bei einem Gen spricht man von »Sichelzellanlage«. In großen Höhenlagen oder anderen Situationen, die durch Sauerstoffmangel gekennzeichnet sind, ist auch die Sichelzellanlage gefährlich, aber sie ist selten tödlich und macht sich gewöhnlich nicht einmal bemerkbar.

In Afrika hat die Sichelzellanlage einen ausgesprochenen Vorteil. Dank ihrer chemischen Zusammensetzung ist die Sichelzelle vor dem Eindringen von Malariaparasiten geschützt. In Westafrika, wo die Malaria ein ernstes Problem darstellt, sind Sichelzellen bei 20 Prozent der Bevölkerung anzutreffen. In Mitteleuropa bedeuten Sichelzellen keinen Vorteil. Hier sind weniger als zehn Prozent der Afroamerikaner Träger des Sichelzellgens. Noch geringer ist die Häufigkeit der Sichelzellanämie – von 400 Menschen in dieser Gruppe erkrankt nur einer.

Rost

Metall braucht Wasser und Sauerstoff, um zu rosten, aber genauso notwendig ist der Elektronenfluß vom Metall in das umgebende Wasser. Eisen kann sich in Wasser nur auflösen, wenn es eine bestimmte elektrische Ladung hat. Anfangs haben alle Atome eine ausgewogene Zahl von negativ geladenen Elektronen und positiv geladenen Protonen. Wenn das Eisen also Elektronen abgibt, weist es unter dem Strich eine positive Ladung auf.

Sobald das Eisen positiv geladen ist, kann es mit dem im Wasser gelösten Sauerstoff reagieren und Eisenoxid oder Rost bilden. Bei der Bildung von Rost verliert das Eisen seine positive Ladung. Daraufhin kann es weitere Elektronen ans Wasser abgeben, und so setzt sich der Kreislauf fort. Gewöhnlich bildet sich Rost an zwei verschiedenen Stellen auf zwei verschiedene Weisen. Wenn zum Beispiel ein großer Nagel zur Hälfte in der Erde steckt, dann rostet er rascher unter der Erde, wo das Metall Elektronen an den feuchten Boden abgeben kann. Mit der Abgabe von Elektronen erhält der ganze Nagel eine positive Ladung. Daraufhin überzieht sich auch das Metall oberhalb des Erdreichs, das dem Sauerstoff in der Luft ausgesetzt ist, mit einer Rostschicht.

Wir haben schon alle erlebt, daß Metall schneller rostet, wenn es mit Salz in Berührung kommt – egal, ob es sich um Salzwasser oder Streusalz im Winter handelt. Salz beschleunigt den Korrosionsprozeß, weil Salzwasser Elektrizität besser leitet als Süßwasser, so daß das Eisen seine Elektronen leichter abgeben kann.

In den 30er Jahren des 19. Jahrhunderts hat der Physiker Michael Faraday als erster die Metallkorrosion als elektrochemischen Prozeß erklärt. Inzwischen sind wir um vieles schlauer geworden, trotzdem sind uns noch viele Dinge unbekannt, die die Wirkung von Rost betreffen. Eine ganz neue Wendung bedeutet die Erkenntnis, daß auch Bakterien an der Metallkorrosion beteiligt sind, so daß sie also auch ein biologischer Prozeß ist. Wenn Sie ein altes Auto fahren, ist es unter Umständen viel lebendiger, als Sie glauben. Rostprozesse, an denen Bakterien beteiligt sind, bezeichnet man als »Biokorrosion«.

Wenn Bakterien das Metall mit einem sogenannten »Biofilm« überziehen, wird das Rosten dadurch entweder beschleunigt oder abgebremst. Dieser aus lebenden Bakterien bestehende Biofilm kann wie eine Farbschicht oder wie Rostschutz wirken und das Metall vor dem Rostangriff der Feuchtigkeit schützen.

Doch wenn andere Bakterien das Metall zuerst erreichen, hat der Biofilm unter Umständen auch den gegenteiligen Effekt. Beispielsweise entziehen sulfatreduzierende Bakterien dem Wasser Schwefel und setzen Schwefelsäure frei. Nun wirkt Schwefelsäure außerordentlich anziehend auf Elektronen und beschleunigt die Korrosion des Metalls. Allerdings können sulfatreduzierende Bakterien ihre Wirkung besser entfalten, wenn kein Sauerstoff zugegen ist. Falls die sulfatreduzierenden Bakterien das Metall erreichen, bevor sich der Biofilm bildet, überzieht der Film auch die aggressiven Bakterien und beschützt sie vor Sauerstoff und Wasserströmungen. Derart von dem Biofilm behütet, können sich die sulfatreduzierenden Bakterien relativ ungestört über das Metall hermachen.

Wie kann man feststellen, ob eine
Spinne tot ist?

Wenn sich eine Spinne nicht bewegt und alle Beine gebeugt – das heißt an den Körper gezogen – sind, dann ist sie wahrscheinlich tot. Während Spinnenbeine zwar Beuger haben – das heißt Muskeln, die die Beine zum Körper beugen –, besitzen sie keine Strecker – Muskeln, die die Beine veranlassen, sich zu strecken und vom Spinnenkörper fortzuweisen.

Also beugt eine Spinne ihre Beine mit Hilfe der Beugemuskeln. Aber wie streckt sie ihre Beine? In den 40er Jahren bemerkte der Zoologe C. H. Ellis, daß tote Spinnen in der Regel gebeugte Beine haben. Offenbar sind die Einflüsse, die die Beine einer lebenden Spinne strecken, nach ihrem Tod nicht mehr wirksam.

Ellis und andere Zoologen haben nachgewiesen, daß Spinnen ihre Beine mit Hilfe eines hydraulischen Systems strecken. Die Beine lebender Spinnen enthalten eine Flüssigkeit, die unter Druck steht und bestrebt ist, die Beine zu strecken, so wie Wasserdruck einen Gartenschlauch versteift oder der Flüssigkeitsdruck einen Wagen in einer Werkstatt hebt. Die Spinne erhöht den Flüssigkeitsdruck, wenn sie ihre Beine kräftiger ausstrecken möchte. Wenn ein Spinnenbein einen Einschnitt aufweist, kann die Spinne das Bein nicht strecken, bevor sie das Flüssigkeitsleck verschlossen hat.

Nach dem Tod kann die Spinne den inneren Flüssigkeitsdruck nicht mehr aufrechterhalten. Die Beinbeuger können sich noch einmal zusammenziehen, doch ohne Flüssigkeitsdruck gibt es keine Gegenkraft, die die Beine wieder strecken könnte. Daher ist eine bewegungslose Spinne mit angezogenen Beinen aller Wahrscheinlichkeit nach tot.

Abbaubarer Kunststoff

Frühere Zeitalter nennen wir Steinzeit, Eisenzeit und Bronzezeit. Künftige Archäologen werden unsere Epoche vielleicht einmal als Plastikzeit bezeichnen.

Die weitverbreitete Verwendung von Kunststoffen liegt zum Teil daran, daß sie im Gegensatz zu einigen der Materialien, die sie ersetzt haben, von natürlichen Wirkstoffen nicht zersetzt werden können. Andererseits schafft der Umstand, daß Plastik nicht abgebaut werden kann, auch Probleme. Plastikmüll hat eine viel längere Lebensdauer als Müll aus Naturstoffen. Je knapper der Platz auf unseren Müllhalden wird, desto problematischer werden die Kunststoffe.

Es gibt keine Ideallösung, aber vielleicht ist eine gewisse Entlastung von einer neuen Technologie zu erwarten, deren Bezeichnung ein Widerspruch in sich zu sein scheint: abbaubarer Kunststoff.

Das Material von biologisch abbaubaren Müllbeuteln ist eine Mischung aus Stärke und Kunststoff. Wenn Bakterien die Stärke zersetzen, zerfällt ein großer Teil des Beutels zu Staub. Damit ist der Beutel zwar noch nicht vollständig abgebaut, aber die Mikroorganismen können zumindest an den Abfall im Beutelinneren gelangen, der sonst solange isoliert wäre, wie der Müllbeutel hielte.

Kunststoffe, die unter Lichteinfluß abbaubar sind, zersetzen sich, wenn sie dem Sonnenlicht ein paar Monate ausgesetzt sind. Wenn diese Kunststoffe tief in einer Müllhalde vergraben sind, nutzt uns ihre Lichtempfindlichkeit zwar nichts, doch auf wilden Müllkippen wären sie schnell verschwunden.

Auf lange Sicht werden Recyclingverfahren viele unserer Probleme mit dem Plastikmüll lösen. Allerdings ist Kunststoff schwerer zu recyceln als beispielsweise Glas oder Metall, was zum Teil daran liegt, daß es viele verschiedene Kunststoffarten mit unterschiedlichen chemischen Eigenschaften gibt.

Letztlich bedeuten abbaubare Kunststoffe jedoch ein Dilemma. Wenn wir Kunststoffe herstellen, die von der Sonne oder Mikroorganismen zersetzt werden können, büßt Plastik einige seiner

Vorteile ein. Da viele der aus recyceltem Kunststoff hergestellten Produkte den Naturkräften standhalten sollen, könnte abbaubarer Kunststoff das Recycling noch schwieriger gestalten. Zäune und Parkbänke lassen sich beispielsweise aus recyceltem Kunststoff produzieren, aber wenn sie lichtempfindliches Material enthalten, wird beiden in einem sonnigen Park kein langes Leben beschieden sein.

Ein molekulares Fußballspiel

1827 beobachtete der Botaniker Robert Brown, daß winzige Teile von Pflanzenpollen ruckartige und ziellose Bewegungen unter seinem Mikroskop ausführten. Brown wußte, daß die Teilchen nicht lebendig waren, und konnte sich ihre Bewegung daher nicht erklären. Fast ein Jahrhundert später verwendete Einstein Browns Beobachtungen als Argument in einer der großen Kontroversen seiner Zeit – der Frage, ob Moleküle existieren oder nicht. Die einen, unter ihnen Einstein, vertraten die Auffassung, die Materie bestehe wie der Sand am Strand aus kleineren Teilchen. Die anderen meinten, Materie bilde ein Kontinuum wie ein Stück Fels. Damals vermochte niemand Moleküle zu sehen, aber Einstein brachte vor, die Teilchen bewegten sich, weil sie von Wassermolekülen getroffen würden.

Um sich zu vergegenwärtigen, wie das geschieht, müssen Sie sich ein Spielfeld voller Menschen vorstellen, die alle einen riesigen Ball anstoßen. Jedesmal, wenn der Ball von einem solchen Stoß getroffen wird, bewegt er sich ein winziges Stück. Mal rollt der Ball hierhin, mal dorthin, aber so ganz allmählich kommt er übers ganze Spielfeld. Ein ferner Beobachter kann die einzelnen Menschen nicht sehen und hat deshalb den Eindruck, der Ball führe seine ziellosen Bewegungen aus eigener Kraft aus.

Die winzigen Teilchen, die im Wasser treiben, sind sehr viel größer als die unsichtbaren Wassermoleküle, aber die Moleküle stoßen die Teilchen an wie die Menschenmenge den Ball. Diese zufälligen, ruckartigen Ortsveränderungen haben von Physikern den Namen »Brownsche Bewegung« erhalten, zu Ehren des Botanikers, der die intellektuelle Redlichkeit besaß, diese seltsamen Bewegungen zu registrieren, obwohl er keine Erklärung für sie besaß.

Natürlich hatte Brown keine Ahnung, daß im Jahre 1905 ein junger Physiker, der gerade am Anfang einer glänzenden Karriere stand, mit diesen hin und her zuckenden Pollenteilchen eine der größten physikalischen Streitfragen der Jahrhundertwende entscheiden würde.

Partygespräche

»Ich weiß nicht, was sie an ihm findet.«

»Wie bitte?«

»ICH WEISS NICHT, WAS SIE AN IHM FINDET.«

In einem Artikel, der 1959 im *Journal of the Acoustical Society of America* erschien, findet der Leser eine kurze theoretische Analyse des Tonpegels auf Cocktailpartys. Der Autor William MacLean setzt sich mit dem Problem auseinander, wie sich eine Unterhaltung vor dem Hintergrundgeräusch der anderen Unterhaltungen führen läßt, und er gelangte dabei zu einer Vorhersage, die Sie selbst überprüfen können. Zu Beginn einer Party, wenn die Zahl der Gäste noch gering ist, läßt sich eine ruhige Unterhaltung führen. Je mehr Gäste eintreffen, desto lauter muß man sprechen, um das steigende Hintergrundgeräusch zu übertönen.

Aufgrund seiner Berechnungen gelangte MacLean zu folgender Vorhersage: Wenn die Zahl der Partygäste einen bestimmten Maximalwert erreicht, der von der Größe und anderen Eigenschaften der Räumlichkeit abhängt, hat es keinen Zweck, bei Fortsetzung der Unterhaltung einfach lauter zu sprechen. Dadurch würden Sie nämlich alle anderen nur dazu zwingen, ebenfalls lauter zu sprechen. Der daraus resultierende Anstieg des Hintergrundgeräuschs würde Sie rasch übertönen, es sei denn, Sie rückten näher an Ihren Gesprächspartner oder Ihre -partnerin heran – näher, als Sie es in einer anderen Situation täten.

Die Akustik wirklicher Räume ist so komplex, daß sich praktisch nicht prophezeien läßt, wann genau diese Notwendigkeit zum Näherrücken eintritt – aber MacLean sagt vorher, daß der Punkt mit weiterem Zustrom von Gästen irgendwann erreicht ist.

Unter Umständen kann jemand den Tonpegel einer lauten Party vorübergehend absenken, etwa, um den Ehrengast vorzustellen. Doch selbst wenn sich danach jedermann um eine ruhigere Sprechweise bemüht, werden – so MacLeans Erkenntnisse – Dialoge, wie wir sie anfangs skizziert haben, das Hintergrundgeräusch wieder auf die frühere Lautstärke bringen. Eine gutbesuchte Party bleibt laut, bis die Gäste zu gehen beginnen.

Aderlaß

Wenn Sie vor 200 Jahren krank geworden wären, hätte es gut sein können, daß Ihr Arzt Ihnen etwas Blut abgezapft hätte. Seit mehr als 100 Jahren ist der Aderlaß in der westlichen Medizin nicht mehr in Mode, doch nun scheinen einige Untersuchungen den Wert dieses Verfahrens zu belegen.

Alle lebenden Zellen, egal, ob sie zu einem Menschen oder einem Bakterium gehören, brauchen Eisen zum Leben. Um diesen Eisenbedarf zu decken, werden heute die verschiedensten Nahrungsmittel, von Fertiggetränken bis zu Frühstücksflocken, mit Eisen angereichert.

Viele Hersteller von Frühstücksflocken werben damit, daß sie den gesamten Tagesbedarf an Eisen decken. Mit anderen Worten, wenn Sie im Laufe des Tages mit Ihrer sonstigen Nahrung weiteres Eisen aufnehmen, dann bekommen Sie mehr als Sie brauchen.

Eisen brauchen aber auch die Bakterien, die uns krank machen, und zu den Methoden, mit denen sich der Körper gegen Krankheiten wehrt, gehört die Reduzierung des Eisens, um die Bakterien auszuhungern.

Nach Operationen, während des Wachstums von Krebszellen oder bei Gefahr von Krankheiten und Infektionen geht die Eisenkonzentration im Körper zurück. Aus entsprechenden Untersuchungen wissen wir, daß sich bei Menschen, die in solcher Situation Eisenzusätze erhalten, das Krankheits- oder Infektionsrisiko erhöht, weil man die Bakterien kräftigt.

Als die Ärzte in früheren Zeiten ihre Patienten zur Ader ließen, wollten sie diese vom Gift in ihrem Blut befreien. Tatsächlich haben sie aber den Erfolg ihrer Methode möglicherweise dem Umstand zu verdanken gehabt, daß dem Körper dadurch Nährstoffe entzogen wurden, die sonst den für die Krankheit verantwortlichen Mikroorganismen zugute gekommen wären. Da sich das Eisen des Körpers größtenteils im Blut befindet, haben die Ärzte unter Umständen die Entwicklung der Krankheit abgebremst, indem sie ihrem Patienten Eisen entzogen.

Allerdings sind extrem niedrige Eisenkonzentrationen genauso gefährlich, und deshalb hat noch niemand die Rückkehr zum Aderlaß einstigen Ausmaßes gefordert. Aber es sieht so aus, als erschiene uns heute ein altes medizinisches Heilverfahren, das wir einst als krasse Ignoranz abgetan haben, in einem neuen Licht.

Was sich am Horizont abzeichnet

Wenn im Englischen von *looming* die Rede ist, was häufig der Fall ist – etwa wenn sich ferne Berge am Horizont abzeichnen oder sich, im übertragenen Sinne, ein Ereignis abzeichnet –, dann wird damit in Wirklichkeit ein alter seemännischer Ausdruck für eine besondere Form der Luftspiegelung bemüht.

Dieses *looming* können Sie beispielsweise erleben, wenn Sie sich an einem sonnigen Nachmittag ans Ufer eines großen Sees oder eines anderen Gewässers stellen und zum Horizont blicken, am besten mit einem Fernglas. Wenn Sie dann den Eindruck haben, daß sich die Wasseroberfläche am Horizont nach oben wölbt und Sie in einer flachen Schale stehen, so haben Sie jene Erscheinung vor Augen, die man als *looming* bezeichnet – zu deutsch: obere Luftspiegelung.

An einem sonnigen Nachmittag verhält es sich in der Regel so, daß die warme Luft vom Land aus über die kühle Wasseroberfläche zieht, wo sie von unten abgekühlt wird. *Looming* entsteht durch die Brechung, die die Lichtstrahlen erfahren, wenn sie, von der fernen Wasseroberfläche aufsteigend, aus der kühleren Luftschicht nahe der Wasseroberfläche in die wärmere Schicht darüber eintreten.

Immer wenn Lichtstrahlen aus einem dichten Medium wie kühler Luft in ein dünneres Medium wie warme Luft gelangen, werden sie gebrochen. Im Fall des *looming* – der oberen Luftspiegelung – werden die Lichtstrahlen, die das ferne Wasser in einem flachen Winkel verlassen und unter normalen Umständen ungesehen über Ihren Kopf hinweggehen würden, nach unten, in Richtung der waagrechten Ebene abgelenkt, sobald sie aus der kühlen in die warme Luft eintreten.

Wenn diese Lichtstrahlen nun auf ihrem waagerechten Weg Ihr Auge erreichen, übermitteln sie Ihnen ein Bild des fernen Wassers, wie Sie es sehen würden, wenn Sie weit höher über dem Erdboden stünden, als es tatsächlich der Fall ist. In der Sprache der englischen Seeleute »loomt« der Horizont dann: Er scheint sich wie der Rand einer flachen Schale nach oben zu krümmen.

Ein nasser Pinsel

Nehmen Sie einen Aquarellpinsel, tauchen Sie ihn in Wasser und ziehen Sie ihn wieder heraus. Die Borsten kleben so zusammen, daß sie eine glatte, scharfe Spitze bilden, wie sie Maler und Kalligraphen verwenden, um Linien von unterschiedlicher Stärke zu ziehen. Ähnliches geschieht, wenn ein Mensch mit glattem Haar ins Wasser springt und wieder herauskommt: Sein Haar ist angeklatscht.

Gewöhnlich sagen wir, daß die Borsten oder die Haare zusammenkleben, weil sie naß sind. Das kann aber keine richtige Erklärung sein, wie sich zeigt, wenn Sie den Pinsel unter Wasser halten. Dort kleben die Borsten nicht zusammen, obwohl sie doch zweifellos naß sind. Nasse Borsten – und die nassen Haare eines Menschen – kleben nicht zusammen, wenn sie von Wasser umgeben sind, sondern nur, wenn sie von einer Wasser*oberfläche* umgeben sind.

In Wirklichkeit manifestiert sich im Zusammenkleben der Borsten, daß die einzelnen Wassermoleküle aneinanderhaften. Ein Wassermolekül an der Oberfläche eines Wasserkörpers – sagen wir an der Außenseite eines nassen Pinsels – wird kräftig zum Wasserkörper hingezogen, weil sich dort die anderen Wassermoleküle befinden. Diese gegenseitige Anziehung der Wassermoleküle bewirkt, daß die Wasseroberfläche unter Spannung steht wie eine elastische Haut.

Die gleiche Oberflächenspannung ist dafür verantwortlich, daß sich auf einem eingewachsten Auto das Wasser zu Tropfen sammelt. Auch die Borsten eines nassen Pinsels hält sie zusammen – wenn der Pinsel von Luft umgeben ist. Die Borsten eines in Wasser getauchten Pinsels kleben nicht zusammen, weil sie nicht von einer Wasseroberfläche umgeben sind.

Auf die Bremse treten

Ein Hund läuft Ihnen vors Auto, und augenblicklich geht Ihr Fuß auf die Bremse. Aber wie kommt das Auto am schnellsten zum Stehen? Ist es besser, wenn die Räder blockieren und das Fahrzeug schlitternd zum Halten kommt? Oder geht es schneller, wenn Sie vorsichtiger bremsen, so daß sich die Räder weiterdrehen? In beiden Fällen kommt das Auto durch die Reibung der Reifen auf der Straße zum Stehen – je größer die Reibung, desto rascher der Stillstand. Kompliziert wird das Problem aber unter anderem dadurch, daß es zwei verschiedene Reibungen gibt: Gleitreibung und Haftreibung.

Betrachten wir zunächst eine andere Situation, in der die Reibung eine Rolle spielt. Stellen Sie sich vor, Sie versuchen eine schwere Kiste eine hölzerne Rampe hinunterzuschieben. Zunächst wird sie sich nicht bewegen, weil auf mikroskopischer Ebene die beiden Flächen rauh genug sind, um aneinander zu haften und ihrem Druck zu widerstehen. Die rauhen Oberflächen verschränken sich ineinander wie zwei offene Eierkartons, die man stapelt. Die Kraft, die die beiden rauhen Flächen ausüben, um die Kiste an ihrem Platz zu halten, bezeichnet man als »Haftreibung«.

Doch sobald sich die Kiste in Bewegung gesetzt hat, müssen Sie weniger Kraft aufwenden, um sie in Bewegung zu halten. Wenn nämlich die Oberflächen aufeinander gleiten, trennen sie sich ein wenig: Die höheren Stellen der einen rauhen Fläche bewegen sich über die höheren Stellen der anderen Fläche. Dennoch entwickeln die rauhen Flächen noch eine gewisse Kraft, die die Kiste abbremst. Das ist die sogenannte »Gleitreibung«. Wie Ihnen die Kraftanstrengung zeigt, die Sie an die Kiste wenden müssen, übt die Haftreibung eine größere Kraft aus als die Gleitreibung.

Und was hat das mit Ihrem Auto zu tun? Solange sich die Räder noch drehen, liegt ein Teil jedes Reifens fest auf der Straße. Wenn Sie bremsen, preßt der Impuls des Autos die Reifen vorwärts gegen die Straßenoberfläche – so, als würden Sie gegen die stehende Kiste drücken. Je stärker Sie bremsen, desto größer die Haftreibung zwischen Straße und Reifen – bis Sie zu rutschen anfangen. Von da an leistet die Gleitreibung dem Impuls des Autos weniger Widerstand, als die Haftreibung geboten hat, kurz bevor Sie zu rutschen anfingen. Folglich halten Sie am schnellsten, wenn Sie das Rutschen gerade noch vermeiden – dieses Prinzip liegt dem ABS zugrunde, dem Antiblockiersystem.

Richtig gedacht und falsch geschlossen

Im 19. Jahrhundert war die Geologie eine junge Wissenschaft. Als die Geologen die Gesteinsschichten und Fossilien der Erde untersuchten, begannen sie zu vermuten, daß die Erde weit älter sei, als man bisher vermutet hatte. Bis etwa zur Mitte des 18. Jahrhunderts hatte die Gelehrtenwelt den Beginn der Erde zwischen 4000 und 5000 Jahren vor Christus angesetzt. Doch Mitte des 19. Jahrhunderts hatten 100 Jahre geologische Entdeckungen das Alter der Erde bereits von bescheidenen 6000 auf einige Milliarden Jahre erhöht. Im Jahr 1868 legte dann der englische Physiker Lord Kelvin seinen Berechnungen die Erdtemperatur zugrunde und kam auf ein weit geringeres Alter für unseren Planeten.

Die meisten Geologen gingen davon aus, daß die Erde zunächst eine geschmolzene Masse gewesen und seither langsam abgekühlt sei. Durch Vulkane wußte man, daß das Erdinnere außerordentlich heiß war. Soviel Wärme konnte die Erde nach Kelvins Berechnungen nur bewahrt haben, wenn sie nicht älter als 100 Millionen Jahre war; möglicherweise gab es sie sogar erst seit 26 Millionen Jahren. Das Erdalter, das sich aus Kelvins Überlegungen errechnete, war so gering, daß die Naturwissenschaftler des 19. Jahrhunderts erhebliche Korrekturen an ihrem Weltbild vornehmen mußten.

Zur damaligen Zeit vermochte niemand Kelvins Ergebnisse zu widerlegen, weil er alle bekannten physikalischen Gesetze in Betracht zog und sich auf Belege stützte, die jeder Geologe nachmessen konnte. Kelvins Berechnungen waren so einfach und geradlinig, daß sich heute einige Wissenschaftshistoriker fragen, warum niemand früher darauf gekommen ist.

Kelvin hatte unrecht, aber daran waren nicht seine Berechnungen schuld. Anfang dieses Jahrhunderts entdeckten Physiker nämlich, daß die natürlich vorkommende Radioaktivität in der Erde genügend Wärme freisetzt, um dem Abkühlungsprozeß unseres Planeten in erheblichem Maße entgegenzuwirken. Unter Berücksichtigung dieser Radioaktivität schätzen Geologen das Alter der Erde heute auf fünf Milliarden Jahre.

Musikantenknochen

Von allen unseren Körperteilen hat der Musikantenknochen möglicherweise den unpassendsten Namen. Dieser empfindliche Punkt am Ellenbogen ist kein Knochen und sicherlich auch nicht musikalisch.

Wohl jeder hat sich schon mal den Ellenbogen an einer scharfen Kante gestoßen und dann dieses unbeschreibliche Kribbeln gefühlt – wie von einem elektrischen Schlag –, das den Arm hinauf und hinunterwandert. Was bei einem solchen Stoß getroffen wird, ist kein Knochen, sondern ein Nervenstrang. Und alle diese Nerven »feuern«, das heißt, entladen sich gleichzeitig.

Tausende von Nerven transportieren Nachrichten von jedem Teil des Arms zum Gehirn. Einige melden Wärme, andere Kälte und wieder andere Druck. Ein wichtiger Nervenstrang verläuft durch den Ellenbogen, und zwar in einem Kanal, den wir Musikantenknochen nennen. Wenn Sie einige Nachrichten auf ihrem Weg nach oben abfangen könnten, würde jede Nachricht gleich aussehen – eine Mischung aus elektrischem und chemischem Impuls. Zwischen Wärme, Kälte und Schmerz kann Ihr Gehirn nur deshalb unterscheiden, weil es weiß, welche Nerven das Signal gesendet haben.

Im allgemeinen ist das Nervensystem zuverlässig, aber manchmal kann es uns auch an der Nase herumführen. Beispielsweise empfinden viele Patienten, denen ein Bein amputiert worden ist, noch Schmerzen in dem nicht mehr vorhandenen Fuß. Den Fuß gibt es nicht mehr, aber die Nerven, die ihn einst mit dem Gehirn verbunden haben, feuern wie einst und erzeugen den sogenannten »Phantomschmerz«.

Wenn Sie sich nun die Nerven, die durch Ihren Musikantenknochen verlaufen, an einer Tischkante stoßen, dann werden alle Nerven dadurch zu gleichzeitigem Feuern veranlaßt. Daher ist die Nachricht, die das Gehirn erhält, eine verwirrende Mischung aus Kälte, Schmerz, Wärme und allen anderen Sinneswahrnehmungen. Dabei gewinnt das Gehirn den Eindruck, daß die Nachrichten von allen Teilen des Arms kommen.

Auch ein Stromstoß kann die Nerven veranlassen, wahllos zu feuern. Daher fühlt es sich wie ein elektrischer Schlag an, wenn wir uns den Musikantenknochen stoßen. Ein solcher Stoß gegen den Musikantenknochen ist folglich weder ein angenehmes noch ein musikalisches Erlebnis. Die merkwürdigen Empfindungen ruft er hervor, weil das Gehirn nicht weiß, *was* es denken soll.

Wenn Süden oben ist

Auf Weltkarten liegt Norden gewöhnlich oben und Greenwich, England, auf einer Nordsüd-Linie, die durch den Mittelpunkt der Karte verläuft. Doch nicht alle Weltkarten sind auf diese Weise angeordnet. Mitte der 80er Jahre veröffentlichte der australische Kartograph McArthur seine »universell korrigierte Weltkarte«.

Eigentlich sieht McArthurs Karte nicht anders aus als die rechteckigen Weltkarten, die uns vertraut sind, nur daß sie auf den Kopf gestellt ist. Außerdem liegt Australien und nicht England im waagerechten Zentrum. Alle Wörter auf der Karte – die Namen der Weltmeere, Länder und Großstädte – sind nur richtig zu lesen, wenn Süden oben ist. McArthurs Weltkarte vermittelt uns eine merkwürdige Erfahrung. Die Vereinigten Staaten rücken in die untere linke Ecke; der Pazifik liegt rechts von Nordamerika und das Nordpolarmeer darunter.

McArthur sagt, seine Karte sei als Kreuzzug gedacht gegen die »allgegenwärtige Nord-Süd-Mentalität – die stillschweigende Unterstellung aller auf der nördlichen Hemisphäre beheimateten Nationen, das Prestige eines Landes hänge davon ab, wie hoch es auf einer konventionellen Weltkarte angesiedelt sei«.

In McArthurs Argumentation steckt durchaus ein Körnchen Ernst. Er erinnert uns daran, daß jede Karte nur eine Interpretation der Welt ist, daß keine Karte allein allen Ansprüchen gerecht werden kann und daß Karten viel mit dem Selbstbild derer zu tun haben, die sie machen und benutzen.

Mayonnaise-Emulsionen

Der Redensart »Öl auf die Wogen gießen« liegt die Beobachtung zugrunde, daß Öl auf dem Wasser schwimmt und den Wellenschlag dämpft, und das wiederum hat damit zu tun, daß sich Öl nicht mit Wasser mischt – oder mit Essig, weshalb Sie Ihr Salatdressing oft schütteln müssen, bevor Sie es benutzen können.

Doch man kann Öl und Essig auch so vermischen, daß sie gemischt bleiben. Eine solche Mischung ist Mayonnaise. Um Mayonnaise herzustellen, brauchen Sie eine sogenannte Emulsion. Das ist ein Gemisch zweier Flüssigkeiten, die sich normalerweise nicht mischen. Der Trick: Eine der beiden Flüssigkeiten wird in winzige Tröpfchen zerlegt, die in der anderen Flüssigkeit schweben.

Versuchen Sie, Öl und Essig zu mischen, indem Sie sie in einem Glas schütteln. Wenn Sie innehalten, können Sie sehen, daß das Öl in winzige Teile zerlegt ist, die im Essig herumwirbeln. Doch wenn Sie die Mischung für einen Salat verwenden wollen, dann beeilen Sie sich besser, denn die Öltröpfchen steigen fast augenblicklich an die Oberfläche und trennen sich vom Essig.

Eine Emulsion wie Mayonnaise braucht einen Emulgator, um die Tröpfchen in der Schwebe – in Suspension – zu halten. Bei der Zubereitung von Mayonnaise verschlagen Sie einige Eigelb mit etwas Zitronensaft und geben dann, während Sie weiterschlagen, das Öl ganz langsam hinzu. Der Schneebesen zerlegt das Öl nicht nur in winzige Tröpfchen, wie es auch beim Schütteln des Glases geschieht, sondern versieht die Tröpfchen außerdem mit einem Überzug aus Eigelb. Die Hülle verhindert, daß die Tröpfchen sich wieder vereinigen können, sie »emulgieren« das Öl.

Wenn die Mayonnaise fertig ist, reinigen Sie die öligen Schüsseln vermutlich mit einem Spülmittel, das Seife enthält. Auch Seife ist ein Emulgator. Beim Abwaschen umhüllt die Seife das Öl, so daß es im Spülwasser in Suspension ist und fortgewaschen werden kann.

Viele Kochbücher enthalten einige leichte Mayonnaiserezepte. Probieren Sie Ölsorten in unterschiedlichen Mengen aus. Auf diese Weise erfahren Sie nicht nur etwas über bessere Emulsionen, sondern Ihre kalten Platten werden auch schmackhafter werden.

Sprechenlernen

Viele Eltern sind überrascht, wenn sich die Grammatik ihrer Kinder im Vorschulalter plötzlich verschlechtert. Zu dem Zeitpunkt, da Kinder anfangen, Sätze zu verwenden, ist ihre Grammatik einigermaßen richtig. Etwas älter geworden, begehen dieselben Kinder mehr Fehler. Ein Kind, das zunächst »Dörfer« gesagt hat, benutzt nun unter Umständen die Bildung »Dörfe«, obwohl es diesen Fehler bei niemandem gehört hat. Wenn Sie solche Sprachmuster bei Ihrem Kind beobachten sollten, machen Sie sich keine Sorgen. Nach Auffassung von Entwicklungspsychologen ist es sogar ein gutes Zeichen. Mit diesen Fehlern zeigen Kinder, daß sie in Wirklichkeit ein tieferes Grammatikverständnis entwickeln.

Die ersten Sätze sind nur deshalb grammatisch korrekt, weil das Kind Erwachsene nachahmt. Wenn Sie sagen: »Wir gingen in den Zoo«, dann wiederholt das Kind: »Wir gingen in den Zoo.« Doch ein Jahr später wird das Kind auf die Frage »Ging das denn?« unter Umständen antworten: »Ja, es gehte.« Das ist sicherlich keine korrekte grammatische Form, folgt aber der dem Regelfall, daß im Deutschen die Vergangenheitsform gebildet wird, indem man -te an die Stammform des Verbs hängt. In dieser späteren Phase des Sprachelernens zerlegt das Kind Äußerungen wie »Ging das denn?« in einzelne Wörter und versucht, ihnen durch neue Kombinationen einen neuen Sinn abzugewinnen. Die Gesamtheit der Regeln, die wir bei der unterschiedlichen Verkettung von Wörtern verwenden, bezeichnen wir als Grammatik.

Wir glauben, wir vermitteln Kindern grammatische Kenntnisse, indem wir ihre Fehler verbessern, doch Kinder lernen Grammatik vor allem durch Zuhören und durch Versuch und Irrtum. Niemand hat das Kind gelehrt, »Dörfe« statt »Dörfer« oder »gehte« statt »ging« zu sagen. Die Wortbildungen entwickeln die Kinder selbst aufgrund der deutschen Grammatikregeln, die Pluralformen durch Anhängen von -e und Vergangenheitsformen durch Anhängen von -te bilden. Und wie Kinder die Fehler von alleine lernen, so lernen sie schließlich auch die richtigen Formen von alleine.

Die ersten Schritte

Ungefähr mit einem Jahr lernen Kinder zu gehen. Doch wenn Sie ein Neugeborenes so halten, daß seine Füße gerade den Boden berühren, veranlaßt ein angeborener Reflex das Baby, seine Beine so zu heben, als ginge es. Noch verwirrender ist indessen, daß der Schreitreflex nach zwei oder drei Monaten verschwindet, um sechs Monate später erneut aufzutreten. Dafür haben Wissenschaftler einige komplizierte Erklärungen entwickelt. Eine Hypothese besagt, der Schreitreflex des Neugeborenen sei eine primitive Instinktreaktion, die mit der Entwicklung des Kindes verblasse, während das spätere Schreitphänomen eine bewußte, menschliche Anstrengung sei, die das richtige Gehen zum Ziel habe.

Doch die komplizierten theoretischen Erklärungen sind nicht immer die richtigen. Die Psychologin Esther Thelen von der Indiana University hat mit zwei Experimenten eine weit einfachere Lösung gefunden. Thelens Erklärung lautet folgendermaßen: Das Fett in den Beinen des Säuglings nimmt rascher zu als die Muskelkraft. Wenn die Beine zu schwer werden, stellt das Baby alle Versuche ein, sie zu heben. Mit anderen Worten, ein sechs Monate alter Säugling versucht nicht zu gehen, wenn seine Füße den Boden berühren, weil seine Beine zu fett sind.

Thelen hat ihre Experimente an einer Gruppe von Babys durchgeführt, die aus der automatischen Schreitphase herausgewachsen waren. Diese Babys hielt sie in flaches Wasser, so daß der Auftrieb des Wassers ihre Beine von dem größten Teil ihres Gewichtes befreite. Als die Füße den Boden berührten, begannen die Babys zu schreiten. In einem anderen Experiment band Thelen Neugeborenen winzige Gewichte an die Fußgelenke und hielt sie so in die Luft, daß die Füße gerade eben den Boden berührten. Die Gewichte hatten die gleiche Wirkung wie das Fett in den Beinen älterer Säuglinge: Die Neugeborenen machten keinen Versuch zu schreiten.

Die beiden Experimente zeigen, daß es vom Gewicht der Beine abhängt, ob ein Baby seine Füße hebt, wenn sie den Boden berühren. Durch ihre praktischen Experimente löste Thelen ein Problem, das Entwicklungsbiologen lange beschäftigt hatte.

Vollkornbrot auf dem Prüfstand

Das lebhafte Interesse an »Naturkost« und Vollkornprodukten erklärt sich zum Teil aus der Überzeugung, daß wir mehr Vitamine zu uns nehmen, wenn wir die unbehandelte Frucht möglichst vollständig verzehren.

Wenn beispielsweise beim Weizenkorn die äußere Schale entfernt wird, um weißes Mehl zu erhalten, verliert das Mehl Eisen und einige B-Vitamine, allerdings gehen unter Umständen andere Nährstoffe verloren, wenn man diese Schale beläßt.

So unwahrscheinlich es auch erscheinen mag, daß man durch Beseitigung eines Teils des Korns bestimmte Nährstoffe in größeren Mengen erhält, es zeigt sich, daß der Körper das wichtige Mineral Calcium aus weißem Mehl in höherer Konzentration aufnimmt als aus Vollkornweizen. Vollkornmehl hat keinen geringeren Calciumanteil als weißes Mehl, aber im Unterschied dazu enthält es Phytinsäure, die Calcium bindet. In dieser Form ist Calcium vom Körper schwerer zu absorbieren.

Wenn Sie genügend Calcium in anderer Form zu sich nehmen, etwa in Milch, brauchen Sie nicht so viel Calcium aus dem Brot, aber für Menschen, die sich ohnehin unausgewogen ernähren – und besonders für Kinder, deren Knochen noch wachsen – kann Calciummangel zu einem ernsthaften Problem werden. Als während des Zweiten Weltkriegs in ganz Dublin nur Vollkornweizenbrote zu bekommen waren, kam es zu einem epidemischen Auftreten der Knochenkrankheit Rachitis.

Bei gesunder Ernährung liegt der eigentliche Vorteil von Vollkornbrot in seinem Faserreichtum, dem hohen Anteil an unverdaulichen, aber für eine gute Verdauung unentbehrlichen Pflanzenteilen.

Durch Anreicherung der Nahrung mit solchen Ballaststoffen können Vollkornprodukte den Verdauungsprozeß beschleunigen und so zur Vermeidung von Blinddarmentzündungen, Gallensteinen, Verhärtung von Blutgefäßen und einigen Krebsarten beitragen.

Doch wie alle Nahrung hat auch Vollkornweizen seine Vor- und

Nachteile. Für die meisten von uns machen die Vorteile der Ballaststoffe die Nachteile seines leichten Nährstoffmangels wahrscheinlich mehr als wett, aber der Wert eines jeden Nahrungsmittels hängt
nicht nur von seiner chemischen Beschaffenheit ab, sondern in glei-
chem Maße von den anderen Nahrungsmitteln, die Sie zu sich nehmen.

Spezialverpackung für Vögel

Wenn Sie ein hochverderbliches Produkt herstellen, sind Sie vermutlich an einem porösen Verpackungsmaterial nicht sonderlich interessiert. Und doch machen Hühner seit Jahrtausenden genau von einem solchen Material Gebrauch. Ein Hühnerembryo kann sich nur entwickeln, wenn die Eierschale etwas porös ist, damit sie Sauerstoff durchläßt. Andererseits besteht bei einer porösen Schale die Gefahr, daß auch Bakterien hindurchkönnen.

Der Trick besteht darin, daß Bakterien nur zum Eigelb und dem unausgebrüteten Küken gelangen können, wenn sie das Eiweiß überwinden, in das die Natur dem Huhn eine Falle für unerwünschte Zellen eingebaut hat. Wie alle Tiere brauchen Bakterien Eisen, um zu überleben. Das Küken bekommt sein Eisen aus dem Eigelb. Dagegen enthält das Eiweiß, das das eisenreiche Eigelb von der Schale trennt, so gut wie gar kein Eisen. Und nicht nur arm an Eisen ist das Weiße, es enthält außerdem ein Protein namens Ovotransferrin, das Eisen sehr stark anzieht. Da im Eiweiß weit mehr Ovotransferrin vorhanden ist als Eisen, tötet dieses Protein alle Zellen, die durch die Eierschale eindringen, indem es ihnen ihr Eisen fortnimmt. Irgendwann hat sich aber das Ovotransferrin so viel Eisen geholt, daß es das Eisen der Bakterien nicht mehr anzieht – und das Ei verdirbt.

Als in Shakespeares *König Lear* der Graf von Gloster verletzt ist, ruft einer der Diener: »Ich hole/Ihm Flachs und Eiweiß für die Wunden im Gesicht.« Nun wußte man im 17. Jahrhundert zwar noch nichts von Ovotransferrin, aber dem Diener war bekannt, daß Eiweiß die Infektion in den Augen seines Herrn verhindern konnte. Auch Hühner haben bestimmt keine Ahnung von Ovotransferrin, aber ihre Eier stellen die Wirksamkeit eines natürlichen Immunsystems unter Beweis, das die Wissenschaft gerade erst zu verstehen beginnt.

Blick durch den Kamm in den Spiegel

Halten Sie einen Taschenkamm so, daß die Zähne sich senkrecht zwischen Ihren Augen und einem Badezimmerspiegel befinden. Blicken Sie durch die Zähne des echten Kamms auf die Zähne des Kamms im Spiegel. Bewegen Sie den Kamm langsam auf den Spiegel zu, und achten Sie darauf, daß der Kamm und sein Spiegelbild in Ihrer Blicklinie bleiben. Wenn der Kamm nur noch einige Zentimeter von der Scheibe entfernt ist, werden Sie den Eindruck haben, ein schimmerndes, vergrößertes Bild der Zähne des Kamms vor Augen zu haben, wobei das Vergrößerungsvermögen mit der Annäherung des Kamms an den Spiegel ständig zuzunehmen scheint. Das schimmernde Bild ist ein Muster aus Licht und Dunkelheit, das zustande kommt, weil sich die Zähne des wirklichen und des gespiegelten Kamms überschneiden. An einigen Stellen sehen Sie die Zähne des gespiegelten Kamms in den Lücken zwischen den Zähnen des echten Kamms, so daß Sie eine geschlossen schwarze Fläche vor Augen haben. An anderen Stellen schließen sich Lücken zwischen Zähnen des echten Kamms mit Lücken des gespiegelten Kamms zusammen. Diese Bereiche erscheinen relativ hell. Dieses unwirkliche Muster von dunklen und hellen Regionen ist ein Beispiel für sogenannte Moiréstreifen. Moirémuster treten immer dann auf, wenn sich zwei repetitive gitterartige Gebilde überschneiden. In diesem Fall besteht das repetitive Muster aus den durch gleich große Lücken getrennten Zahnreihen des Kamms. Moirémuster gleichen häufig einer vergrößerten Sicht der sich überschneidenden Vorlagen. Wenn Sie beispielsweise auf die überlappenden Falten eines Vorhanggewebes blicken, sehen Sie ein Moirémuster aus gekreuzten dunklen Linien, die wie ein vergrößertes Bild dieses Gewebes aussehen.

Kehren wir zu unserem Kammbeispiel zurück: Sie können feststellen, daß sich die vergrößerten Zähne im Moirébild genauso verjüngen wie die wirklichen Kammzähne. Wenn Sie die Zähne leicht kippen, auf sich zu oder von sich weg, werden Sie feststellen, daß das Moirébild das ebenfalls zu tun scheint. Man muß es gesehen haben, um es zu glauben.

Wie Opernsänger das Orchester übertönen

Sehr gute Opernsänger können ihre Stimme auch gegen ein ziemlich lautes Orchester klar zu Gehör bringen. Wie Akustiker herausgefunden haben, erreichen sie das vor allem dadurch, daß sie einen Extraton in bestimmten, ziemlich hohen Frequenzen erzeugen, in denen das Orchester nicht besonders laut ist.

Erinnern wir uns – der Ton einer Singstimme oder eines Musikinstrumentes ist in Wahrheit eine komplexe Mischung aus Schwingungen in verschiedenen Frequenzen. Jedes Instrument und jede Stimme hat eine ganz eigene Mischung von Frequenzen, die wir als Klangfarbe wahrnehmen.

Gute Opernsänger lernen auf die eine oder andere Weise, einen Ton zu erzeugen, der im Frequenzbereich von 2 000 bis 4 000 Schwingungen pro Sekunde eine besonders hohe Schallenergie entwickelt. Der Schwerpunkt in diesem Frequenzbereich läßt die Opernstimme ganz anders klingen als die Stimme eines Popsängers oder als gewöhnliche Sprache.

Dagegen hat der Klang eines Symphonieorchesters keine besonderen Schwerpunkte im Frequenzbereich zwischen 2 000 und 4 000 Schwingungen pro Sekunde. Also setzen sich Opernsänger gegenüber dem Orchester akustisch durch, indem sie sich um Frequenzen bemühen, in denen das Orchester nicht besonders stark ist.

Übrigens vernachlässigen Popsänger diese speziellen hohen Frequenzen, weil es ihnen – anders als Opernsängern – um einen eher alltäglichen, gesprächsartigen Klang geht. Aber einige Lehrbücher über Tonaufzeichnungen empfehlen dem Tontechniker, bei Popaufnahmen auf den Vokalspuren die Frequenzen zwischen 2 000 und 4 000 Schwingungen pro Sekunde elektronisch zu verstärken, damit die Stimmen nicht von den Begleitinstrumenten übertönt werden!

Die Wurzeln der »Algebra«

Unser Wort »Algebra« ist abgeleitet von einem Wort in dem langen arabischen Titel eines Mathematikbuchs, das vor 1150 Jahren in Bagdad geschrieben wurde. Der Verfasser war der islamische Mathematiker und Astronom Mohammed ibn Musa al-Charismi. Das betreffende arabische Wort lautet *al-dschabr* und bedeutet soviel wie »Einrenkung« oder »Vervollständigung« – eine der Techniken, die al-Charismi zur Lösung einer Gleichung empfahl. Nach heutigem Sprachgebrauch heißt das, daß man Terme, die auf einer Seite der Gleichung ein Minuszeichen haben, auf die andere Seite bringt, wo sie ein Pluszeichen bekommen. Vielleicht erinnern Sie sich, daß man Ihnen diesen Trick in der Schule beigebracht hat.

Der vollständige Titel von al-Charismis *Algebra* lautet *Handbuch der Rechenverfahren durch Vervollständigung und Ausgleich*. Nach Bekunden des Autors sollte das Buch Auskunft geben über die Dinge, »die in der Arithmetik am leichtesten und nützlichsten sind und deren die Menschen bei Erbangelegenheiten, Legaten ... Gerichtsverhandlungen und Handel ständig bedürfen«. Bis ins Mittelalter galt al-Charismis *Algebra* in Orient und Abendland als Standardwerk.

Im Gegensatz zu modernen Lehrbüchern werden in al-Charismis *Algebra* keine x und y verwendet, noch nicht einmal Zahlen. Alle Aufgaben werden in Textform präsentiert, zum Beispiel: »Eine Größe: ein Drittel von ihr und einen Dirham habe ich mit einem Viertel von ihr und einem Dirham multipliziert; das ergab zwanzig.«

In einigen anderen Werken benutzte al-Charismi aber doch Zahlen; unter anderem schrieb er ein Arithmetiklehrbuch mit Hinduzahlen. Diese Hinduzahlen waren die Vorläufer der Zahlzeichen 1 bis 9 und die 0, die wir heute verwenden. Doch al-Charismis Ruf war so groß, daß diese Zeichen später als arabische Zahlen bekannt wurden. Al-Charismis Name ist auch die Sprachwurzel des modernen Worts »Algorithmus«, worunter wir heute eine Schrittfolge zur Lösung eines mathematischen Problems verstehen.

Moral und Ernährung

Gesunde Ernährung erfreut sich großer Beliebtheit in unserer Gesellschaft – wobei es vor allem um die körperliche Gesundheit geht. Vor 100 Jahren, gegen Ende des vorigen Jahrhunderts, erlebten die Vereinigten Staaten die erste Welle einer fanatisch betriebenen Gesundheitsernährung, allerdings hatte man damals nicht nur die körperliche Gesundheit im Blick. Vorbehandelte Lebensmittel, Nahrungszusätze und Genußmittel galten nicht nur als ungesund, sondern auch als unmoralisch.

In einem Buch mit dem Titel *Plain Facts for Old and Young* schrieb Dr. John Harvey Kellogg: »Ein Mensch, der sich von Schweinefleisch, Weizenbrot, schweren Torten und Kuchen ernährt, der seine Speisen würzt, Tee und Kaffee trinkt und der Tabak raucht, könnte wohl leichter versuchen zu fliegen, als keusch in seinen Gedanken zu sein.« Die Botschaft ist nicht zu überhören: Wer unreine Nahrung zu sich nimmt, hat auch unreine Gedanken.

Das Zentrum des Kreuzzugs für gesunde Ernährung im 19. Jahrhundert war Battle Creek in Michigan, Sitz der Adventisten vom Siebten Tag. 1863 hatte Ellen White, damals das Haupt der Kirche, eine religiöse Offenbarung, die ihr gebot, nur bestimmte Speisen zu essen. Daraufhin verbot die Lehre dieser Kirche ihren Mitgliedern den Verzehr von Fleisch und Genußmitteln, und White stellte Dr. Kellogg als Leiter des kircheneigenen Sanatoriums in Battle Creek ein. Um den eingeschränkten Speiseplan etwas zu beleben, entwickelte Dr. Kellogg eine neue Getreidespeise: Aus Hafer, Weizen und Maismehl buk er harte Kekse und zerrieb sie anschließend in kleine Stücke. Diese neue Speise nannte er *granola* (heute in den Vereinigten Staaten ein Gattungsbegriff für Frühstücksflocken), weil sie aus den granulösen, also körnigen Bestandteilen von Vollkornkeksen bestand. Wenn Sie also demnächst wieder einmal vor einer Schüssel Cornflakes sitzen, denken Sie daran, daß diese nicht nur für Ihre körperliche, sondern auch für Ihre moralische Gesundheit entwickelt worden sind.

Moralische Faserstoffe im Vollkornweizenbrot

Was sagen Sie, wenn Sie beim Bäcker gefragt werden: »Wollen Sie weiße Brötchen oder Vollkornbrötchen?«

Eigentlich ist dieses Interesse an Vollkornweizen ziemlich jungen Datums. Jahrtausendelang haben die Menschen ihren Weizen gemahlen und die unverdauliche Schale weggeworfen. Seit dem letzten Jahrhundert, als es dank moderner Maschinen leichter wurde, Mehl zu verarbeiten, wurde weißes Mehl erheblich teurer als Vollkornweizen. Die Kosten in Verbindung mit der helleren Farbe und der leichteren Beschaffenheit ließen Weißbrot zu einem Statussymbol werden.

Doch die erste große Bewegung, die den Verzehr von Vollkornweizenbrot propagierte, hatte nicht nur das körperliche Wohlbefinden der Verbraucher im Visier. 1837 verfaßte der presbyterianische Geistliche Sylvester Graham das Büchlein *A Treatise on Bread and Bread-Making*, in dem er Weißbrot als unnatürlich verteufelte, da Gott den Weizen mit einem verdaulichen und einem unverdaulichen Anteil erschaffen habe.

Heute empfehlen Gesundheitsexperten die unverdaulichen Fasern des Vollkornweizenbrots, weil sie die Ernährung mit Ballaststoffen anreichern und den Verdauungsprozeß beschleunigen. Niemand weiß genau, inwieweit die Faserstoffe in unserer Nahrung wirklich den versprochenen Nutzen bringen, aber man nimmt an, daß der Körper weniger giftige Stoffe aufnehmen kann, wenn die Nahrung den Darm rascher durchläuft.

Obwohl Graham nicht die Kenntnisse hatte, über die wir heute verfügen, erkannte er die Bedeutung der unverdaulichen Teile im Weizen. Allerdings kam laut Graham der Nutzen von Vollkornweizenbrot nicht nur der körperlichen Gesundheit zugute, sondern auch – in seinen eigenen Worten – »den geistigen, moralischen, religiösen, sozialen, bürgerlichen und politischen Belangen des Menschen«.

Heute mögen unsere Gründe für den Verzehr von Vollkornweizenbrot etwas bescheidener sein, aber Sylvester Graham hat, soweit bekannt, als erster öffentlich die Vorteile der Ballaststoffe in unserer Ernährung gepriesen. Noch heute bezeichnet man das Weizenschrot-Vollkornbrot als »Grahambrot« – nach jenem Reverend Sylvester Graham, der 1837 seine Broschüre über das Brotbacken veröffentlichte.

Wie man eine Kerze mit einer Keksschachtel ausbläst

Für dieses Kunststück brauchen Sie eine leere zylindrische Keksschachtel mit Deckel. Schneiden Sie in die Mitte eines Schachtelendes ein Loch mit einem Durchmesser von circa einem Zentimeter.

Richten Sie die Schachtel nun so auf eine brennende Kerze, daß das Loch der Flamme zugewandt ist. Schlagen Sie kräftig auf das andere Ende der Schachtel. Wenn Sie richtig gezielt haben, wird die Kerze plötzlich ausgeblasen, kurz nachdem Sie auf die Schachtel geschlagen haben. Mit etwas Übung können Sie das Kunststück aus einer Entfernung von bis zu zwei Metern vollführen.

Bei dem Schlag auf die Schachtel tritt am Loch der sogenannte Wirbelring aus. Der Wirbelring ist eine Region in Form eines Einweckgummis, der sich ständig von innen nach außen dreht. Diese Drehbewegung der Luft ermöglicht dem Wirbelring, auf dem Weg zur Kerze seine Form zu bewahren. Die Bewegung ist auch in Verbindung mit der Vorwärtsbewegung des Rings dafür verantwortlich, daß die Flamme ausgeblasen wird.

Sie können den Wirbelring als Rauchring sichtbar machen. Füllen Sie die Keksdose mit Zigarettenrauch, und schlagen Sie dann leicht auf das Schachtelende. Aus dem Loch tritt ein Rauchring aus, legt relativ rasch einen halben Meter zurück, wird langsamer und löst sich auf. Wenn Sie kräftiger schlagen, wird der Rauchring schneller vorwärtskommen, aber auch schlechter zu sehen sein.

Wenn Wasser bei 212 Grad kocht

Wenn Wasser bei 212 Grad kocht und bei 32 gefriert, befinden wir uns vermutlich in England oder den Vereinigten Staaten, wo Temperaturen nach der Fahrenheitskala gemessen werden. Danach hat der menschliche Körper eine Temperatur von ungefähr 98,6 Grad, und angenehme Raumtemperaturen liegen zwischen 65 und 70 Grad. Wie kommt es zu diesen scheinbar willkürlichen Zahlen?

Die Zahlen sind tatsächlich willkürlich gewählt. Wenn Sie alle Ziffern vom Thermometer entfernen und sie durch beliebige eigene ersetzen, dann können Sie das Thermometer noch immer verwenden, um die Temperatur in Ihrem Haus von einem Tag zum anderen zu vergleichen. Aber Sie wären nicht in der Lage, die Temperatur in Ihrem Haus in allgemein gültiger Maßeinheit zu bestimmen.

Die erste weithin anerkannte – und noch immer überwiegend verwendete Temperaturskala in den Vereinigten Staaten – ist die Fahrenheitskala des holländischen Physikers und Instrumentenbauers Gabriel Daniel Fahrenheit, der sie Anfang des 18. Jahrhunderts entwickelte. Damals gab es mindestens 35 verschiedene Temperaturskalen. Wenn also jemand sagte, daß eine Temperatur von 65 Grad herrsche, dann wußte der Angesprochene damit noch lange nicht, ob es warm oder kalt war, bevor er die zugrundegelegte Temperaturskala mitgeteilt bekam.

Den Wert Null ordnete Fahrenheit der niedrigsten Temperatur zu, die er durch eine Mischung aus Salz und Eis erzielen konnte. Daraufhin gab er der Körpertemperatur den Wert 96. Bei Anwendung seiner neuen Skala fand Fahrenheit heraus, daß reines Wasser bei 32 Grad gefriert und bei 212 Grad kocht. Auch genauere Temperaturmessungen vermochten nichts an der Fahrenheitskala zu verändern, etwa als die Physiologen später herausfanden, daß die normale Körpertemperatur des Menschen nicht 96 Grad beträgt, wie Fahrenheit berechnet hatte, sondern 98,6 Grad.

Die Vereinigten Staaten sind eines der wenigen Länder, die die Fahrenheitskala verwenden. Die meisten anderen Staaten benutzen eine Skala, die von dem schwedischen Astronomen Anders Celsius ungefähr zehn Jahre nach Fahrenheit entwickelt worden ist. Die

Celsiusskala weist den Wert Null der Temperatur zu, bei der Wasser gefriert, und den Wert 100 der Temperatur, bei der es kocht. Nach Celsius gerechnet hat ein gesunder Mensch eine Körpertemperatur von rund 37 Grad, während die durchschnittliche Raumtemperatur bei ungefähr 20 Grad liegt. Auf der Fahrenheitskala liegen 180 Grad zwischen dem Gefrierpunkt – 32 Grad – und dem Siedepunkt – 212 Grad. Auf der Celsiusskala sind das lediglich 100 Grad. Mit anderen Worten, jeder Celsiusgrad ist 1,8mal so groß wie ein Fahrenheitgrad. Somit entspricht eine Temperaturveränderung von zehn Grad Celsius einem Sprung von 18 Grad auf der Fahrenheitskala.

Normalerweise kommt man selten in die Verlegenheit, von Fahrenheit auf Celsius umzurechnen und umgekehrt. Doch wenn es einem Amerikaner gelingt, sich 20 Grad als angenehme Raumtemperatur und 40 Grad als einen sehr heißen Tag vorzustellen, dann wird er wohl wissen, woran er ist, wenn ihm jemand sagt, draußen sei ein milder Tag von 24 Grad.

Die Fahrenheit- und Celsiusskala sind beide *relativ*, weil sie uns die Temperatur im Verhältnis zu einer anderen angeben. Für die meisten anderen Messungen verwenden wir *absolute* Skalen. Wenn Sie aus einem 25 Pfund schweren Sack Mehl 10 Pfund herausnehmen, dann haben Sie noch 15 Pfund. Wenn Sie dann weitere 15 Pfund entnehmen, dann haben Sie null Pfund Mehl – mit anderen Worten, Sie haben überhaupt kein Mehl mehr. Wenn Ihnen das allzu selbstverständlich erscheint, dann machen Sie sich den Unterschied zur Temperaturmessung klar. Sie können minus fünf Grad Fahrenheit oder Celsius haben, aber keine minus fünf Pfund Mehl. Um die Relativität dieser beiden Temperaturskalen zu vermeiden, halten sich die meisten Wissenschaftler an eine absolute Temperaturskala, die der englische Wissenschaftler Lord Kelvin gegen Ende des 19. Jahrhunderts eingeführt hat. Auf der Kelvinskala ist null Grad der Punkt, wo absolut keine Wärme mehr vorhanden ist. Null Grad Kelvin ist unvorstellbar kalt – fast minus 460 Grad Fahrenheit oder minus 273 Grad Celsius – und wird als absoluter Nullpunkt bezeichnet. Nichts kann kälter sein als der absolute Nullpunkt. Tatsächlich läßt sich diese Temperatur nie erreichen. Wasser gefriert bei 273 Kelvin, angenehme Raumtemperatur herrscht bei 293 Kelvin, und Ihre Körpertemperatur liegt bei ungefähr 310 Kelvin.

Das Märchen von der Zentrifugalkraft

Wenn Sie einen Stein an einen Strick binden und den Stein über Ihrem Kopf kreisen lassen, fühlen Sie Spannung im Strick. Meist hört man, die Spannung rühre von der Zentrifugalkraft her, einer Kraft, die vom Mittelpunkt aus zum Kreis hinaus wirke. Doch wenn wir die Angelegenheit etwas genauer betrachten, sehen wir rasch, daß die Zentrifugalkraft in Wirklichkeit ein Märchen ist – in manchen Situationen eine nützliche Denkhilfe, aber im Grunde eine Fiktion.

Stellen Sie sich vor, Sie lassen den Strick los, während Sie den Stein herumwirbeln. Gäbe es tatsächlich so etwas wie eine »Zentrifugalkraft«, die den Stein vom Mittelpunkt des Kreises fortzöge, dann würde diese Kraft dafür sorgen, daß der Stein in eine Richtung flöge, die direkt vom Mittelpunkt des Kreises fortzeigte. Der Stein denkt aber gar nicht daran, sondern setzt genau die Richtung fort, die er im Moment des Loslassens innehatte. Der Stein fliegt auf einer Tangente zum Kreis davon.

Natürlich ist es gefährlich, einen Stein um den Kopf wirbeln zu lassen, wenn man nicht allein auf einem weiten Platz steht. Aber wir können ungefährdet beobachten, daß ein Baseball dem gleichen Prinzip gehorcht: Auf einer Tangente zur gekrümmten Bahn, die die Hand des Werfers beschreibt, fliegt er davon. Stein wie Baseball belegen eines der Bewegungsgesetze, die Isaac Newton vor 300 Jahren formuliert hat: Alle Objekte folgen geraden Linien mit gleichbleibender Geschwindigkeit, solange keine Kraft auf sie einwirkt.

Wenn Sie den Strick festhalten, üben Sie eine Kraft auf den Stein aus; Sie ziehen ihn nämlich ständig auf sich zu und hindern ihn daran, seine Bewegung geradlinig fortzusetzen, wie er bestrebt ist. Statt dessen zwingen Sie ihn dazu, einen Kreis zu beschreiben. Für die Spannung im Strick ist nicht die »Zentrifugalkraft« verantwortlich, sondern Sie – indem Sie an dem Stein ziehen!

Das gleiche Prinzip gilt, wenn Sie in einem Auto sitzen, das um eine Kurve fährt. Nehmen wir an, Sie fahren rechts herum, und augenblicklich spüren Sie eine geheimnisvolle Kraft, die Sie nach links drückt, gegen den Sicherheitsgurt und die Tür. Die Nippes, die an Ihrem Rückspiegel baumeln, schwingen nach links, als hätte sie eine unsichtbare Hand angestoßen. Vielleicht kommen Sie abermals zu dem Schluß, Sie würden durch das, was »Zentrifugalkraft« genannt wird, vom Mittelpunkt der Kurve fortgedrückt. »Zentrifugal« heißt wörtlich »den Mittelpunkt fliehen«. Aber warum sollte eine Kraft aus dem Nichts erscheinen, nur weil Sie beschließen, nach rechts abzubiegen? Was geschieht tatsächlich?

Nehmen Sie einen anderen Blickpunkt ein – betrachten Sie das Auto jetzt von einem Ballon aus, der über der Autobahnabfahrt schwebt. Sie blicken hinab und sehen, wie Ihr Auto beim Abbiegen einen Teilkreis beschreibt. Erinnern wir uns an Isaac Newtons Bewegungsgesetz. Irgendeine Kraft muß auf das Auto einwirken, damit es die Kurve beschreibt. In diesem Fall ist die Kraft die Reibung zwischen Straße und Reifen, die das Auto zum Mittelpunkt des Kreises drückt, weil die Vorderreifen eingeschlagen worden sind. Damit drücken also Auto, Tür und Sicherheitsgurt den Fahrer zum Mittelpunkt des Kreises. Würde die Reibung aufgehoben – sagen wir, weil Eis auf der Straße wäre –, würde das Auto seinen Weg gemäß Newtons Gesetz geradlinig fortsetzen, das heißt, genau in die Richtung, in die es in dem Augenblick unterwegs war, als es aufs Eis geriet.

Die Flutwelle eines Hurrikans

Wenn wir von Tornados und Hurrikans hören, denken wir meist an heftige Stürme und Regenfälle, doch die größte Zerstörungsgewalt eines Hurrikans geht von den ungewöhnlich hohen Flutwellen aus, die der Hurrikan mit sich führt, wenn er auf die Küste trifft. Heftige Winde verursachen hohe Wellen, das leuchtet ein, aber beim Hurrikan ist der Unterdruck im Zentrum für das verantwortlich, was Meteorologen eine »Flutwelle« nennen.

Wenn Sie Wasser durch einen Strohhalm ansaugen, dann steigt das Wasser, weil der Druck im Strohhalm niedriger ist als der Druck über dem Wasser im übrigen Glas. Genau wie die Saugwirkung im Strohhalm kann der extreme Unterdruck im Auge des Hurrikans das Meer zu einer Art Wasserhügel hochsaugen. Das ist die »Flutwelle«, und sie kann sich außerhalb des Sturmbereichs bis zu mehreren Metern aus dem Wasser heben.

Die heftigen Stürme, die um das Auge des Hurrikans kreisen, türmen Wogen auf, die neun bis 15 Meter hoch sind und in alle Richtungen ausschwärmen. Wenn der Hurrikan auf Land trifft, kann die von den ungewöhnlich hohen Wogen begleitete Flutwelle Inlandsbereiche überschwemmen, die normalerweise nicht vom Meerwasser erreicht werden. Fällt ein Hurrikan mit einer normalen Flut zusammen, so erreichen Wasserstand – und Wogen – unter Umständen noch größere Höhen.

1969 traf der Hurrikan Camille auf die Küste von Mississippi. Camilles Flutwelle hatte eine Höhe von mehr als sechseinhalb Metern. Im Zusammenwirken mit einer normalen Flut und Windgeschwindigkeiten von mehr als 300 Kilometern pro Stunde, brachte Camille 200 Menschen um und richtete einen Schaden von etwa anderthalb Milliarden Dollar an.

Aroma schmecken

Im 19. Jahrhundert schrieb der französische Koch Brillat-Savarin: »Geruch und Geschmack bilden ein einziges Sinnesorgan, in dem der Mund die Werkstatt und die Nase der Schornstein ist.« Geschmack und Geruch sind insofern eng miteinander verwandt, als sie beide chemische Stoffe erkennen – im Unterschied zu Hören und Sehen, die die Frequenzen von Schall beziehungsweise Licht registrieren, oder dem Tastsinn, der Druck oder Temperatur wahrnimmt.

Wenn Sie Kaffee riechen, dann erkennen die Rezeptoren – Sinneszellen – in Ihrer Nase die Moleküle des Kaffeedampfs, die in der Luft schweben. Die Rezeptoren auf Ihrer Zunge sind die sogenannten Geschmacksknospen, die bestimmte Moleküle im Mund erkennen. Obwohl Geschmack und Geruch nicht immer die gleichen chemischen Stoffe wahrnehmen, arbeiten sie doch eng zusammen und beruhen auf ähnlichen Mechanismen. Einen kurzen Abschnitt der oberen Luftwege bilden Mund und Nase gemeinsam – den sogenannten Pharynx. Wenn die Nahrung sich im Mund befindet, gelangen Dämpfe durch den Pharynx in die Nase, so daß das, was an einer Speise so delikat erscheint, in Wirklichkeit eine Mischung aus Geschmack und Geruch ist. Wenn Sie beim Essen durch die Nase ausatmen, bekommen Sie einen stärkeren Eindruck vom Geschmack des Essens. Besonders intensiv wird der Geschmack von Speisen, wenn sie erwärmt sind, denn warmes Essen gibt mehr Dämpfe ab.

Wenn Sie erkältet sind, können Sie ihr Essen aus zwei Gründen nicht besonders gut schmecken – und beide haben mit dem Geruch zu tun. Da Ihre Nase verstopft ist, gelangen die Essendämpfe nicht durch den Pharynx, daher bekommen Sie den Geruch nicht in die Nase. Außerdem töten einige Erkältungsviren die Geruchsrezeptoren in der Nase ab, so daß die Dämpfe, selbst wenn sie durch den Pharynx gelangten, keine große Wirkung hätten.

Essen salzen

Vielleicht mögen Sie Ihr Essen gern salzen, doch leider sagt Ihr Arzt, das verursache Bluthochdruck. Trösten Sie sich, die Menschen sind nicht die einzigen Tiere mit einer Vorliebe für Salz. Stachelschweine fressen das Holz von hölzernen Pissoirs, weil der menschliche Urin dieses Holz mit Salz angereichert hat. Hirsche und andere Tiere suchen sich natürliche Salzvorkommen. 1940 haben zwei Psychologen in einer Studie über einen dreijährigen Jungen berichtet, dessen geschädigte Nebennieren den Körper daran hinderten, das Natrium aufzunehmen – das wichtigere der beiden Elemente im Kochsalz. Der Junge erkannte den Geschmack von Salz und aß es, wie andere Kinder Zucker essen. Als der Junge eine Krankenhausdiät mit normalem Salzgehalt bekam, starb er. Menschen brauchen wie alle anderen Tiere die richtige Natriumkonzentration für die Funktion fast aller ihrer Körpersysteme. Wenn sie zuviel Natrium verlieren, packt sie ein Heißhunger nach Salz. Trotzdem kann man sich an einen stärkeren oder schwächeren Salzgeschmack in seiner Nahrung gewöhnen, indem man sie mehr oder weniger salzt. Um herauszufinden, warum der *Verzehr* von mehr Salz dazu führt, daß auch das *Verlangen* nach Salz anwächst, hat ein Forschungsteam zwei Gruppen von Versuchspersonen aufgefordert, ihren Salzkonsum zu erhöhen. Die Mitglieder der einen Gruppe fügten ihrer Nahrung jeden Tag zehn Gramm Salz zu, während die Mitglieder der anderen Gruppe zehn Gramm Salz in Tablettenform zu sich nahmen. Die Gruppe, die das Salz mit der Nahrung bekam, entwickelte eine Vorliebe für stark gesalzene Speisen, während sich im Geschmack der anderen Gruppe, der Tablettengruppe, keine Veränderungen zeigten. Die Forscher gelangten zum Schluß, daß bei Menschen mit angemessenen Salzkonzentrationen im Körper die Vorliebe für stark gesalzene Speisen nicht durch die erhöhte Natriumkonzentration im Körper hervorgerufen wird, sondern durch die Gewöhnung an den Salzgeschmack. So gibt es zwar gute biologische Gründe für unsere Salzvorliebe, trotzdem können wir offenbar die Salzmenge, die wir zu uns nehmen, reduzieren, ohne den Geschmack am Essen zu verlieren.

Warum Muttermilch eisenarm ist

Seine ersten Abwehrkräfte bekommt der Säugling von der Mutter. Wenn das Immunsystem des Babys allmählich den Schutz übernimmt, tritt für den kleinen Körper eine Veränderung ein, die der Krankheitsabwehr dient: Die Eisenkonzentration im Körper des Babys fällt während der ersten Lebensmonate rapide ab.

Alle lebenden Zellen brauchen allerdings etwas Eisen, daher meinen wir, es sei unserer Gesundheit unter allen Umständen zuträglich. Aber auch die Bakterien, die Krankheiten erregen, sind auf das Eisen im Körper des Babys angewiesen. Deshalb muß das Baby genug Eisen für den eigenen Bedarf haben, ohne Mengen anzusammeln, die Krankheitserregern zugute kommen könnten.

Und welche Rolle spielt die Milch in diesem Zusammenhang? Auf zwei Arten sorgt die Muttermilch dafür, daß den schädlichen Mikroorganismen das Eisen vorenthalten wird, das sie brauchen. Erstens weist Muttermilch eine geringere Eisenkonzentration auf als die Milch der meisten anderen Säugetiere. Zweitens enthält Muttermilch die Substanz Laktoferrin, die von Eisen stark angezogen wird. Laktoferrin bindet Eisen und verhindert dergestalt, daß andere Zellen – einschließlich der krankheitserregenden Bakterien – es nutzen können. Der relativ hohe Laktoferrinanteil und die geringe Eisenkonzentration sind möglicherweise zwei Gründe dafür, daß gestillte Säuglinge weniger infektionsanfällig sind als Säuglinge, die Kuhmilch oder eisenangereicherte Flaschennahrung bekommen.

In vielen Entwicklungsländern ist Anämie durch Eisenmangel ein gravierendes Problem, aber in Wohlstandsgesellschaften dürften Babys und Erwachsene so viel Eisen bekommen, daß sie ihre natürliche Immunität bis zu einem gewissen Grad einbüßen.

Schwimmen

Schwimmende Gegenstände werden durch den sogenannten Auftrieb an der Wasseroberfläche gehalten. Das weiß jeder. Schwieriger ist es da schon zu erklären, woher diese Kraft kommt. Stellen Sie sich folgendes vor: Sie nehmen einen Plastikbeutel mit einem Fassungsvermögen von 30 Litern, falten ihn zusammen und stecken ihn in die Tasche. Dann springen Sie in einen See. Unter Wasser öffnen Sie den Beutel, füllen ihn mit Wasser, binden ihn zu und lassen ihn los. Der Beutel schwimmt nicht und sinkt nicht. Er umschließt nämlich nur 30 Liter Wasser, das schon von Anfang an im See war.

Aber 30 Liter Wasser sind schwer – sie wiegen etwa 60 Pfund. Holen Sie den Beutel Wasser aus dem See, und Sie werden Mühe haben, ihn zu heben. Dieses Experiment zeigt uns, daß der wassergefüllte Beutel vom Wasser getragen wurde, solange er sich im See befand. Das Wasser drückte ihn mit einer Kraft von 60 Pfund nach oben.

Damit sind wir am entscheidenden Punkt: Der See konnte sozusagen nicht wissen, was sich in dem Beutel befand. Das Seewasser wird *jeden* eingetauchten Gegenstand mit einer Kraft von 60 Pfund nach oben drücken, dessen Volumen 30 Liter oder Kubikdezimeter beträgt. Ersetzen Sie den Wasserbeutel durch einen Holzklotz und nehmen Sie an, Sie befänden sich mit einem solchen Klotz von 30 Kubikdezimeter Volumen und einem Gewicht von 40 Pfund unter Wasser. Der Holzklotz wird von seinem Gewicht mit einer Kraft von 40 Pfund nach unten gezogen, während das Wasser ihn mit einer Kraft von 60 Pfund nach oben drückt, denn das Volumen des Klotzes beträgt ja 30 Kubikdezimeter. Folglich drückt ein Auftrieb von 20 Pfund das Holz an die Wasseroberfläche.

Im Kern besteht also diese Methode zum Verständnis des schwer zugänglichen Auftriebsphänomens darin, daß wir in unserer Vorstellung 30 Kubikzentimeter Wasser durch 30 Kubikzentimeter eines anderen Stoffes ersetzen. Dieser andere Stoff wird so nach oben gedrückt, als handele es sich um 30 Liter Wasser!

Strahlung – ein Wort mit vielen Bedeutungen

Wenn jemand sagt: »Hier ist Strahlung«, werden Sie das betreffende Gebiet wahrscheinlich ängstlich meiden. In diesem Sinne verwendet bezeichnet das Wort »Strahlung« in der Regel das, was man im wissenschaftlichen Sprachgebrauch »ionisierende Strahlung« nennt. Ionisieren heißt, daß Atomen Elektronen entzogen oder hinzugefügt werden. Wo Atome ionisiert werden, finden meist chemische Veränderungen statt. Daher ist ionisierende Strahlung in der Lage, in allen Stoffen, auf die sie trifft – auch den Zellen lebender Organismen – chemische Veränderungen hervorzurufen.

In der Regel wird ionisierende Strahlung von zerfallenden Atomkernen abgegeben. Zerfall in diesem Sinne heißt, daß sie spontan in kleinere Stücke zerbrechen. Ein Material aus Atomen, deren Kerne Zerfallstendenzen erkennen lassen, bezeichnen wir als radioaktiv. Wenn der Kern eines Atoms zerfällt, ist die Strahlung, die er abgibt, eine Kombination dreier Bestandteile. Erstens sind das die sogenannten Alphateilchen, die jeweils aus einem zusammenhängenden Komplex von zwei Protonen und zwei Neutronen bestehen. Zweitens gibt es die Betateilchen; das sind Elektronen. Der dritte Bestandteil sind die Gammastrahlen, die aus energiereichen Photonen bestehen – Elementarteilchen von energiereichem Licht. (Die Bezeichnungen Alpha, Beta und Gamma erhielten die verschiedenen Komponenten der Kernstrahlung vor fast 100 Jahren, als man noch nicht wußte, welche Teilchen daran beteiligt sind.)

Wenn uns also Strahlung als gefährliches Phänomen geschildert wird, dann handelt es sich gewöhnlich um ionisierende Strahlung, die beim Zerfall radioaktiver Kerne abgegeben wird. Doch das Wort »Strahlung« hat noch viele andere Bedeutungen in Wissenschaft und Technik, einige mit bedrohlichem Beigeschmack, andere ohne.

Im weiteren Sinne bedeutet Strahlung die Ausbreitung von Energie im Raum. Das Licht, das wir mit unseren Augen wahrnehmen, ist eine Form elektromagnetischer Strahlung. Das Wort »elektromagnetisch« wird hinzugefügt, weil Licht aus elektrischen und magnetischen Feldern besteht, die von einer Seite zur anderen schwingen, während das Licht sich vorwärtsbewegt.

Radiowellen sind eine andere Form elektromagnetischer Strahlung.

Auch Meteorologen sprechen von der Wärmestrahlung, die die Erdoberfläche an den Himmel abgibt. Dieser Prozeß beruht auf jener Art von elektromagnetischer Strahlung, die wir als Infrarotlicht bezeichnen. Wenn Sie in der Nähe eines heißen Heizkörpers stehen, sind die infraroten Strahlen auch für die Wärmeempfindung verantwortlich, die Sie spüren. Mikrowellenstrahlung ist eine Form elektromagnetischer Strahlung, die dazu dient, Telefongespräche zu übertragen und Essen zu kochen. Schall wird als Strahlung beschrieben, die Energie in der Luft und in anderen Stoffen befördert, während sich elektromagnetische Strahlung auch im leeren Raum ausbreiten kann. Toningenieure sprechen von der Schallstrahlung eines Musikinstruments oder Lautsprechers. In einem noch allgemeineren Sinne ist in der Biologie von der »Radiation« – Ausstrahlung – einer Art aus einem Gebiet in andere Gebiete die Rede.

Wir sehen also, daß mit dem Wort »Strahlung« zwar häufig die gefährliche Teilchenemission zerfallender Atomkerne gemeint ist, daß es aber eigentlich fast jede Energieausbreitung im Raum bezeichnet, ja, jeden Streuprozeß von einem Mittelpunkt aus. Strahlung ist ein sehr allgemein definiertes und sehr häufig gebrauchtes Wort in der Wissenschaft.

Zufallsbewegung

Der Ausdruck *random walk*, der eigentlich aus der Wissenschaft stammt und im Deutschen mit »stochastische Irrfahrt« oder »Zufallsbewegung« übersetzt wird, ist in den Vereinigten Staaten zu einem Modewort in Buchtiteln und Partygesprächen geworden. Dabei bezeichnet er ursprünglich eine höchst fruchtbare wissenschaftliche Idee. Betrachten wir zunächst eine nicht zufällige Bewegung: Sie beschließen einen Punkt aufzusuchen, der zehn Schritte vor Ihnen liegt. Folglich gehen Sie zehn Schritte vorwärts. Das ist eine nicht zufällige Bewegung.

Nun die einfachste Version der Zufallsbewegung: Werfen Sie eine Münze. Bei Kopf gehen Sie einen Schritt vorwärts, bei Zahl einen Schritt zurück. Wenn Sie so, vom Zufall gelenkt, Ihre Schritte vorwärts und rückwärts setzen, entfernen Sie sich allmählich von Ihrem Ausgangspunkt. Es gibt keine Möglichkeit vorherzusagen, ob Sie sich am Ende vor oder hinter Ihrem Ausgangspunkt befinden.

Doch anhand der Wahrscheinlichkeitstheorie läßt sich vorhersagen, wie viele Zufallsschritte ungefähr nötig sein werden, um Sie in eine bestimmte Entfernung vor oder hinter Ihren Ausgangspunkt zu bringen.

Wenn Sie zwischen sich und Ihren Ausgangspunkt eine Entfernung von zehn normalen Schritten legen möchten, brauchen Sie wahrscheinlich ungefähr 100 Zufallsschritte. Wenn die Entfernung 100 normale Schritte betragen soll, brauchen Sie ungefähr 10 000 Zufallsschritte – also erheblich mehr. Mathematisch ausgedrückt: Die Zahl der Zufallsschritte, die Sie brauchen, entspricht ungefähr dem Quadrat der Entfernung, die Sie zurücklegen möchten.

Das ist von wissenschaftlicher Bedeutung, weil Ihr Vor- und Rückwärtsschreiten große Ähnlichkeit mit der Zufallsbewegung von Molekülen und anderen kleinen Teilchen hat. Parfümmoleküle, die einem Flakon entweichen, Salzmoleküle, die sich in Wasser auflösen, und Photonen im Inneren der Sonne führen alle Zufallsbewegungen aus, weil sie ständig von den Teilchen in ihrer Umgebung angestoßen werden.

Die Theorie der Zufallsbewegung erklärt, wie rasch sich der Parfümduft fortbewegt, wie lange Salz braucht, um sich aufzulösen, und wieviel Zeit vergeht, bis das Licht den Weg vom Mittelpunkt der Sonne bis zu ihrer Oberfläche zurückgelegt hat.

Geburtstagshäufungen und Wahrscheinlichkeitsprinzipien

Nehmen wir eine Klasse mit 30 Kindern. Wie hoch ist die Wahrscheinlichkeit, daß mindestens zwei von ihnen am gleichen Tag Geburtstag haben? Die überraschende Antwort lautet: Die Wahrscheinlichkeit beträgt mehr als 70 Prozent, daß mindestens zwei Kinder in einer Klasse von 30 am gleichen Tag Geburtstag haben.

Um das Rätsel dieser erstaunlichen 70 Prozent zu verstehen, müssen Sie sich überlegen, wie groß die Wahrscheinlichkeit ist, daß alle Kinder an verschiedenen Tagen Geburtstag haben. Stellen wir uns vor, wir bitten die Kinder, uns nacheinander ihren Geburtstag zu nennen. Das erste Kind kann natürlich an 365 verschiedenen Tagen Geburtstag haben. Das zweite Kind hat nur noch 364 Tage zur Verfügung, wenn sein Geburtstag nicht mit dem des ersten zusammenfallen soll. Mit anderen Worten, die Aussichten, daß die ersten beiden Kinder nicht am gleichen Tag Geburtstag haben, belaufen sich auf 364 von 365 Möglichkeiten.

Die Frage lautet jetzt, wie hoch ist die Wahrscheinlichkeit, 29 verschiedene Geburtstage hintereinander zu haben? Das dritte Kind hat 363 Tage zur Wahl, wenn sein Geburtstag nicht mit einem der beiden ersten Kinder zusammenfallen soll. Folglich lassen sich die Aussichten des dritten Kindes mit 363 von 365 beziffern. Beim vierten Kind sind es 362 von 365 Möglichkeiten und so fort. Mit jedem neuen Kind schrumpft die Wahrscheinlichkeit, daß sein Geburtstag nicht mit wenigstens einem der vorher betrachteten Kinder zusammenfällt. Um herauszufinden, wie die Aussichten stehen, 29 nicht zusammenfallende Geburtstage hintereinander zu bekommen, muß man alle diese Wahrscheinlichkeiten miteinander multiplizieren. Das läßt sich mit einem Taschenrechner leicht bewerkstelligen. Und es stellt sich heraus, daß die Wahrscheinlichkeit für 29 nicht zusammenfallende Geburtstage geringer ist als 30 Prozent. Also ist die Wahrscheinlichkeit höher als 70 Prozent, daß mindestens zwei Kinder in einer Klasse von 30 tatsächlich am gleichen Tag Geburtstag haben.

Babys auf Laufbändern

Wenn Ihr Baby seine ersten Schritte macht, dann meistert es Gleichgewichts- und Koordinationsprobleme, die so komplex sind, daß Wissenschaftler noch nicht in der Lage gewesen sind, einen zweibeinigen Roboter zu konstruieren. Woher nimmt dann ein Kleinkind, das wenige Monate zuvor noch nicht einmal fähig war zu krabbeln, derart komplizierte Fähigkeiten? Tatsächlich werden Kinder vermutlich mit einigen der Voraussetzungen geboren, die zum Gehen erforderlich sind.

Um das angeborene Gehvermögen von Kindern zu prüfen, hielt die Psychologin Esther Thelen von der Indiana University eine Gruppe von Säuglingen so, daß ihre Füße gerade eben ein in Bewegung befindliches Laufband – ein kleines Förderband – berührten. Als das Band die Füße rückwärts schob, setzten die Babys ihre Füße einen nach dem anderen nach vorne. Genauso gut hätten sie die Füße zusammen nach vorne ziehen oder einfach schleifen lassen können. Doch aus irgendeinem Grund bewegten die Babys ihre Beine, als würden sie gehen.

In einem anschließenden Versuch verwendete Thelen eine Doppelvorrichtung, bei der sich ein Laufband unter jedem Fuß befand. Auch wenn die beiden Bänder sich mit unterschiedlichen Geschwindigkeiten bewegten, setzten die Babys ihre Gehbewegung mit gleichmäßigen, abwechselnden Schritten fort, obwohl sie den einen Fuß viel schneller als den anderen bewegen mußten, um sich dem Tempo der Bänder anzupassen.

Einige Babys gehen leichter als andere auf dem Laufband, aber mit ungefähr vier Monaten zeigen die meisten Kinder einen regelmäßigen, abwechselnden Schritt. Mit sieben Monaten gehen die Kinder auf dem Laufband so mühelos, wie ältere Kinder ohne Hilfe gehen. Folglich beginnen Kinder mit etwa einem Jahr nicht deshalb zu gehen, weil sie es in diesem Alter lernen, sondern weil sie dann die Kraft, die Koordination und den Gleichgewichtssinn entwickelt haben, die sie brauchen, um das zu verwirklichen, was bei ihnen in Ansätzen schon bei der Geburt angelegt ist.

Eine kitzlige Frage

Wenn Sie jemand an der Fußsohle kitzelt, schicken die Nerven in Ihrem Fuß Nachrichten ans Gehirn, die Sie dazu bringen, sich in Lachkrämpfen zu winden. Doch wenn Sie sich selber kitzeln, geschieht gar nichts. Übers Kitzeln wissen wir sehr wenig – auch nicht, warum wir lachen müssen. Nun hat eine Gruppe englischer Psychologen einen Kitzelapparat gebaut, um herauszufinden, warum wir uns nicht selbst kitzeln können. Zwei Gründe haben sie dafür vorgeschlagen: Erstens, wir steuern die Hand, die kitzelt, und zweitens, unser Gehirn erhält Informationen von der Hand, die es veranlassen, die vom Fuß eintreffenden Nervenimpulse anders zu interpretieren. Diese zusätzlichen Informationen, die zum Gehirn gelangen und von ihm ausgehen, wirken dem Kitzelimpuls vom Fuß entgegen.

Um ihre Hypothese zu überprüfen, setzten die Psychologen den Kitzelapparat auf drei verschiedene Weisen ein. Grundsätzlich funktioniert der Apparat so, daß sich jemand auf eine Kiste stellen muß, die oben einen beweglichen Zeiger hat. Durch Betätigung eines Handgriffs an der Seite der Kiste können entweder der Versuchsleiter oder die Versuchsperson den Zeiger so bewegen, daß er die Fußsohle der Versuchsperson kitzelt.

Wenn der Versuchsleiter den Apparat bediente, zeigte das Kitzeln Wirkung. Bediente hingegen die Versuchsperson den Handgriff, so blieb der Erfolg gering – nicht anders, als wenn Sie sich selbst kitzeln. Wenn hingegen der Versuchsleiter den Handgriff bewegte, während die Hand der Versuchsperson passiv darauf ruhte, lag das Kitzelempfinden zwischen selbst kitzeln und von jemandem gekitzelt werden. Das Erlebnis blieb etwas kitzlig, weil die Versuchsperson die Bewegungen des Handgriffs nicht steuern konnte, aber nicht ganz so kitzlig wie die erste Methode, weil die Hand der Versuchsperson dennoch Informationen über die Bewegungen des Zeigers lieferte. Offenbar müssen zum Kitzeln mindestens zwei weitere Bedingungen hinzukommen, um uns zum Lachen zu bringen: ein Mangel an Wissen um das, was vor sich geht, und ein Mangel an Einflußmöglichkeiten.

Fahrräder, Fußbälle und Raumfähren

Um ein Fahrrad bei hoher Geschwindigkeit zu lenken, bedienen Sie sich nicht des Lenkers, sondern lehnen sich nur zu der Seite, zu der Sie fahren wollen, und das Rad dreht sich von allein dorthin. Wenn Sie versuchen sollten, die Richtung nur mit dem Lenker einzuschlagen, bestünde die Gefahr, daß Sie zur anderen Seite umkippen.

Der Grund für diese merkwürdige Beziehung zwischen Lenken und Lehnen hat mit einem Phänomen zu tun, das die Physiker »Drehimpuls« nennen. Jedes Objekt in Bewegung – wie zum Beispiel Ihr Fahrrad – hat einen Impuls. Zur Impulsveränderung ist eine Kraft erforderlich. Sie erhöhen ihn, indem Sie in die Pedale treten; der Wind verringert ihn, indem er in die entgegengesetzte Richtung drückt. Rotierende Objekte – wie die Räder Ihres Fahrrads – haben eben diesen Drehimpuls. Wie der Vorwärtsimpuls hat auch der Drehimpuls eine spezifische Richtung, die senkrecht zum Boden steht, solange Sie aufrecht und in gerader Linie fahren. Wenn Sie das Fahrrad etwas zur Seite kippen oder den Lenker drehen, verändern Sie die Richtung des Drehmoments des Vorderrads, das allerdings auf eine sehr überraschende Art reagiert. Wenn Sie sich zur einen Seite lehnen, dreht sich das Rad zur gleichen Seite. Wenn Sie dagegen zu einer Seite steuern, möchte das Rad zur anderen Seite kippen.

Bauen Sie das Rad aus, halten Sie es senkrecht mit je einer Hand an den Achsenenden und geben Sie ihm einen kräftigen Anschwung. Kippen Sie das Rad nach rechts, als lehnten Sie sich in eine Kurve, und Sie werden feststellen, daß sich das Rad von allein nach rechts dreht. Drehen Sie das Rad, als ob Sie steuern würden, und Sie werden merken, daß es zur anderen Seite kippt. Das bizarre Verhalten des Rades ist auf die Veränderungen des Drehimpulses zurückzuführen, die Sie durch das Einschlagen in eine bestimmte Richtung hervorrufen.

Das rotierende Rad hat große Ähnlichkeit mit dem Instrument, das man zur Navigation von Raumfähren benutzt – dem Gyroskop. Dieses Gerät besteht aus einem beliebigen Objekt – aber meist einem Rad –, das in einem unbeweglichen Rahmen rotiert. Durch die Rotation erhält das Gyroskop einen Drehimpuls, vergleichbar dem Vorderrad unseres Fahrrads. Wie ein Objekt in Bewegung seine Richtung aufgrund des Vorwärtsimpulses beibehält, bewahrt ein Gyroskop seinen Winkel aufgrund seines Drehimpulses.

Es gibt noch andere Methoden, sich den Drehimpuls eines Gyroskops zu vergegenwärtigen. Beispielsweise können Sie das Grundgestell einer Küchenmaschine ohne Schüssel und Schlagbesen in beide Hände nehmen und, ohne sie anzustellen, nach rechts und links kippen. Versuchen Sie jetzt das gleiche mit laufendem Motor. Sie werden feststellen, daß der rotierende Motor wie ein Gyroskop mit Drehimpuls wirkt und Ihrer Kippbewegung Widerstand leistet. Der mag nicht besonders groß sein, weil die Masse, die sich dreht, in diesem Fall ziemlich klein ist. Doch größere Gyroskope, die man in der Raumfähre montiert, erfüllen bei der Navigation im All die Aufgabe von Kompassen. Ein Navigationsgyroskop sitzt in einem Rahmen, der ihm gestattet, sich frei in alle Richtungen zu drehen. Wenn die Raumfähre die Richtung verändert, veranlaßt der Drehmoment das Gyroskop, weiterhin in die alte Richtung zu zeigen.

Wer sich an Land orientiert, kann sich auf die Kompaßnadel verlassen, die immer in die gleiche Richtung zeigt. Im All, wo es weder Nord noch Süd, weder oben noch unten gibt, benutzen die Astronauten Gyroskope, um ihre Richtung zu bestimmen. Wenn ein Quarterback beim American Football einen Ball wirft, dann versetzt er ihn in Rotation. Auf diese Weise bekommt er einen Drehimpuls wie ein Gyroskop. Das hindert ihn daran zu taumeln und richtet die Spitze seiner ovalen Gestalt nach vorn, so daß er am wenigsten Widerstand bietet. Wenn der Ball so fliegt, kommt er rascher voran und ist leichter zu fangen.

Die Form eines Regentropfens

Bitten Sie einen Freund, einen Regentropfen zu zeichnen, und das Ergebnis wird wahrscheinlich ein Gebilde sein, dessen Form an eine Träne erinnert – unten dick und oben mit einer langgezogenen Spitze. Auch ein Tropfen, der aus einem Wasserhahn kommt, weist diese Form auf. Das liegt an der Anziehungskraft, die Wassermoleküle aufeinander ausüben. Wenn der Tropfen den Hahn verläßt, haftet der letzte Teil noch an der Feuchtigkeit im Inneren des Hahns, und daher bekommt der Tropfen seine typische Tränengestalt.

Doch die gleiche Anziehungskraft der Wassermoleküle verleiht Regentropfen eine völlig andere Form. Tatsächlich hängt die Form eines Regentropfens von seiner Größe ab. Kleinere Regentropfen haben Kugelform, denn dies ist die kompakteste Gestalt, die sie unter dem Einfluß der Anziehungskraft der Wassermoleküle annehmen können. Größere Regentropfen haben jedoch eine andere Form. Tropfen, deren Durchmesser größer als zwei Millimeter ist – also etwas dicker als der Draht in einem Kleiderbügel –, sind eher wie die obere Hälfte eines Hamburger-Brötchens geformt. Wenn der Tropfen nach unten fällt, wirkt auf den Boden ein größerer Luftdruck ein als auf die Seiten. Die gegenseitige Anziehungskraft zwischen den Wassermolekülen hält den Tropfen noch überwiegend rund, doch der Luftdruck am Boden bewirkt die Abflachung des unteren Teils.

Falls Sie ein Maler sind, sollten Sie Regentropfen auch weiterhin in Tränenform zeichnen, weil die meisten Betrachter kleine Kreise oder winzige Hamburger-Brötchen wohl nicht als Regen erkennen würden. Trotzdem interessiert es Sie vielleicht, daß Regentropfen nach Auskunft der Meteorologen ganz andere Formen haben.

Wozu taugt Schnee?

Jeder Skiläufer kann Ihnen sagen, wozu Schnee taugt, aber wenn Sie im Winter Ihre Auffahrt freischaufeln, wird man Sie schwerlich vom Nutzen des weißen Ärgernisses überzeugen können.

Tatsächlich ist in kalten Klimaten der Schnee weit nützlicher, als sich selbst die meisten Skiläufer vorstellen können. Wenn die Temperatur unter den Gefrierpunkt fällt, bildet der Schnee eine geschlossene Decke auf dem Erdboden. Ungeachtet seiner Kälte ist der Schnee ein ausgezeichneter Isolator gegen die noch kältere Luft darüber. Er bildet eine Schutzschicht, so daß Pflanzen und Tiere unter ihm überleben können. Unter der Schneedecke finden sie Temperaturen, die nur etwas unter dem Gefrierpunkt liegen. An der Luft würden sie erfrieren. Ferner verhindert die Schneedecke, daß der Boden zu tief gefriert. Wenn in einem kalten Klima nicht genügend Schnee fällt und der Boden zu stark gefriert, können Frühlingsregen und Schmelzwasser aus höheren Regionen nicht in den Boden einsickern. Infolgedessen bekommen die Pflanzen auf den Hängen nicht genügend Wasser, und die Flüsse in den tieferen Lagen schwellen zu gefährlichen, reißenden Strömen an. Seine Isolationsfähigkeit verdankt der Schnee dem Umstand, daß die Flocken dank ihrer komplizierten Kristallformen viel Luft aufnehmen können. Leichter kalter Pulverschnee isoliert am besten, weil er am meisten Luft enthält. Nasser oder alter Schnee ist kein so guter Isolator, weil er kompakter ist. Auch menschliche Aktivitäten wie zum Beispiel das Fahren mit Motorschlitten können den Schnee zusammenpressen. Einerseits isoliert er dann schlechter, und andererseits schmilzt er schwerer, so daß er im Frühjahr länger liegenbleibt.

Ein Winter ohne Schnee kann auch wärmere Gebiete in Mitleidenschaft ziehen, weil sie auf das Wasser aus den Flüssen angewiesen sind, die in den Gebirgen entspringen. Ohne die Schneeschmelze sind viele Flüsse, die normalerweise viel Wasser führen, trocken und flach. Wenn Sie also in kalten Breiten leben, dann denken Sie in diesem Winter beim Schneeschaufeln daran, daß Sie es mit der Steppdecke der Natur zu tun haben.

Ein Strahlenfächer

Die Sonne geht hinter einer zerrissenen Wolkendecke unter. Die Luft ist dunstig. Sonnenstrahlen fallen durch Wolkenlücken und erhellen den Dunst, wodurch der Eindruck entsteht, daß von der Sonne ein Strahlenfächer ausgeht.

Selbst wenn Wolken und Sonne sich hinter dem Horizont außer Sicht befinden, ist das Naturschauspiel häufig noch sichtbar. Dieser Fächereffekt wird nicht nur durch Wolken, sondern auch durch Berge am Horizont hervorgerufen, indem sie den Weg der Sonnenstrahlen an einigen Stellen blockieren und an anderen freigeben.

Bei näherem Nachdenken wird klar, daß der Eindruck, die Sonnenstrahlen würden von einem Punkt in alle Richtungen auseinanderlaufen, in Wahrheit ein perspektivischer Effekt ist. Richtig ist zwar, daß die Sonnenstrahlen alle von einem Punkt – der Sonne – ausgehen, aber die besonderen Sonnenstrahlen, die vor Ihren Augen den Dunstschleier in der Luft erhellen, streben nicht wirklich in alle Richtungen auseinander.

Da die Sonne so ungeheuer weit entfernt ist – 150 Millionen Kilometer –, fallen diese Sonnenstrahlen praktisch parallel ein. In alle Richtungen scheinen sie aus dem gleichen Grund auseinanderzulaufen, aus dem die Schienen eines geraden Eisenbahngleises so aussehen, als gingen sie aus einem einzigen Fluchtpunkt am Horizont hervor. Je weiter die Schienen sich von Ihnen entfernen, desto kleiner wird der Teil Ihres Gesichtsfeldes, den sie einnehmen, und daher scheinen sie immer näher zusammenzurücken.

Nun, da wir diesen Fächereffekt der Sonnenstrahlen verstanden haben, können wir nach ähnlichen Erscheinungen Ausschau halten. Wenn die Sonnenstrahlen beispielsweise hell genug sind, dann können Sie nicht nur sehen, wie sie von der Sonne aus auseinanderlaufen, sondern auch, wie sie auf der gegenüberliegenden Seite des Himmels zusammenzugehen scheinen – so, wie die Eisenbahnschienen sich am Horizont hinter Ihnen wieder einander anzunähern scheinen.

Wenn Sie von einem Flugzeug aus auf einen Sonnenuntergang

hinabblicken, dann sehen Sie unter Umständen ebenfalls Sonnenstrahlen durch Wolkenrisse dringen. Während die Menschen auf dem Erdboden unter Ihnen den Eindruck haben, daß die Sonnenstrahlen in alle Richtungen auseinanderstreben, sehen Sie, daß sie in Wirklichkeit parallel verlaufen.

Wasser in der Wüste

Als der norwegische Physiologe Knut Schmidt-Nielsen die Wüste in Arizona besuchte, beeindruckte ihn besonders die Zahl der kleinen Nagetiere. Wie, so fragte er sich, bekamen diese Tiere genügend Wasser zum Überleben? Wie andere Wüstennager trinken Känguruhratten selten Wasser, und sie ernähren sich vorwiegend von trockenen Samen, die so gut wie keine Feuchtigkeit enthalten. Die Antwort, die Schmidt-Nielsen fand, nannte er »Stoffwechselwasser« – Wasser, das entsteht, wenn der Körper beim Stoffwechsel Energie aus der Nahrung umsetzt.

Wenn Sie ein Marmeladenglas über eine Kerze oder den Gasbrenner eines Herds halten, schlägt sich Feuchtigkeit an der Innenseite des Glases nieder. Und doch ist kein Wasser in Wachs oder Erdgas. Beim Verbrennen zerfallen die Gasmoleküle in Kohlenstoff und Sauerstoff. Der Wasserstoff verbindet sich anschließend mit dem Sauerstoff in der Luft zu Wasser, das an der Innenseite des Glases kondensiert.

Alle organische Materie, auch die getrockneten Samen, die den Känguruhratten als Speise dienen, enthält Kohlenstoff und Wasserstoff. Wenn diese Nahrung zerlegt wird, verbindet sich der Wasserstoff aus der Nahrung mit dem Sauerstoff, den das Tier eingeatmet hat. Das Ergebnis ist Stoffwechselwasser. Auch wenn so gut wie kein Wasser in den getrockneten Samen enthalten ist, erzeugt der Körper Wasser, wenn die Samen in seinem Stoffwechsel zu Energie umgesetzt werden. Auf diese Weise erhält eine Känguruhratte ungefähr 90 Prozent ihres Wassers, und der Rest stammt aus der geringen Menge Wasser, die schon in der Nahrung enthalten war.

Der Mensch bezieht rund zehn Prozent seines Wassers aus dem Stoffwechsel, aber sein Körper verwertet das Wasser nicht annähernd so gründlich wie die Känguruhratte. In der Wüste ist die effiziente Wassernutzung wie die Erhaltung des Wassers eine Überlebensfrage.

Die Erhaltung des Wassers führt uns zu einem weiteren interessanten Vergleich zwischen unserem Körper und dem der Känguruhratte. Wenn uns im Winter die Nase läuft, liegt das unter anderem daran, daß die Feuchtigkeit unseres warmen Atems an der Innenseite unserer kalten Nase kondensiert. Das gleiche Prinzip ist wirksam, wenn Sie an einem kalten Tag gegen eine Fensterscheibe hauchen und das Glas von der Feuchtigkeit in Ihrem Atem beschlägt. Doch woher kommt die Feuchtigkeit?

Wenn Sie bei 0 Grad Celsius einatmen, wird die Atemluft so viel Wasserdampf enthalten, wie sie es bei dieser Temperatur kann. Dann erwärmt sich die Luft jedoch auf Körpertemperatur, und ihre Fähigkeit, Wasser aufzunehmen, wächst um das Zehnfache. Infolgedessen beginnt die erwärmte Luft sogleich, Feuchtigkeit aus den Lungen und der Luftröhre aufzunehmen. Wenn Ihre Nase im Winter läuft, liegt das unter anderem daran, daß all diese Feuchtigkeit in Ihrer Atemluft an der Innenseite Ihrer kalten Nase kondensiert – genauso wie an einer kalten Fensterscheibe.

Aber was hat das mit den Wüstennagern zu tun? Die meisten Menschen brauchen ihre Körperfeuchtigkeit nicht zu erhalten, weil sie jederzeit Wasser trinken können. Der Umstand, keine Mechanismen zur Erhaltung von Feuchtigkeit zu besitzen, läßt darauf schließen, daß die Evolution des Menschen in einer wasserreichen Umwelt stattgefunden hat. In der Wüste hilft eine kalte Nase vielen Tieren, die Feuchtigkeit zu erhalten, die sie zum Überleben brauchen.

Da der Nasenkanal der Känguruhratte sehr viel länger ist, kondensiert fast alles Wasser, das in der Lunge des Tieres verdampft ist, auf dem Weg nach draußen. Diese Feuchtigkeit absorbiert das Tier wieder, statt sie in die trockene Wüstenluft auszuatmen. Wir sind weniger glücklich dran, denn unsere Nase nimmt die Feuchtigkeit nicht wieder auf. Daher müssen wir im Gegensatz zur Känguruhratte stets ein Taschentuch bei uns tragen, um für die laufende Nase gewappnet zu sein.

Ein Mensch auf einem Fahrrad

Ein Mensch auf einem Fahrrad ist eine der effizientesten Maschinen der Erde. In diesem Fall vertehen wir dabei unter »effizient« die Energiemenge, die erforderlich ist, um eine Masse von einem Kilogramm über eine Entfernung von einem Kilometer zu befördern.

Fachleute auf dem Gebiet der Biomechanik haben herausgefunden, daß so gesehen ein Mensch auf einem Fahrrad effizienter ist als ein Pferd, eine Heuschrecke, ein Lachs oder irgendein anderes laufendes, fliegendes oder schwimmendes Tier.

Ein Mensch auf einem Fahrrad ist effizienter als ein Auto oder ein Verkehrsflugzeug, wenn auch nicht so effizient wie ein Lastwagen oder ein Zug. Ein Mensch, der einen Kilometer auf einem Fahrrad zurücklegt, wendet nur etwa ein Fünftel der Energie auf, die er für die gleiche Strecke zu Fuß braucht, und er ist ungefähr dreimal so schnell.

Warum wir fürs Fahrradfahren weniger Energie aufwenden müssen als fürs Gehen, hat mehrere Gründe. Beim Gehen müssen unsere Beinmuskeln mit jedem Schritt den ganzen Körper heben und senken und dazu die Beine vor- und zurückbewegen. Außerdem ist Gehen mit erheblicher Reibung verbunden – mit jedem Schritt wenden wir einen Teil unserer Energie dazu auf, unsere Schuhe und Strümpfe abzuwetzen.

Auf dem Fahrrad bewegen wir nur die Beine auf und ab, wobei das Bein, das sich nach oben bewegt, noch zum Teil vom anderen Bein gehoben wird, das die Pedale nach unten tritt. Auf dem Fahrrad sitzen wir in gleichbleibendem Abstand vom Boden und müssen keine Anstrengung verschwenden, um den ganzen Körper zu heben oder zu senken.

Die Reibung wird beim Fahrradfahren durch Kugellager und Luftbereifung weitgehend verringert, zwei technische Entwicklungen, die übrigens ihre erste Anwendung vor 100 Jahren im Fahrrad fanden und erst später für Automobile und andere Maschinen übernommen wurden.

Das Haupthindernis, mit dem sich ein Fahrradfahrer auseinanderzusetzen hat, ist der Luftwiderstand, der mit wachsender Geschwindigkeit zunimmt. Doch bei gemäßigter Geschwindigkeit praktiziert ein Mensch auf einem Fahrrad die effizienteste Fortbewegungsart, die wir kennen.

Rotkohl als pH-Indikator

Vielleicht wirbt der Hersteller Ihres Shampoos damit, daß es »hautneutral« sei oder einen niedrigen pH-Wert habe. Aber wie sollen Sie wissen, daß es stimmt? Wenn Chemiker vom »pH-Wert« einer Substanz sprechen, meinen sie den Säure- oder Laugengrad auf einer pH-Skala von 1 bis 14. Alles über 7 bezeichnet man als alkalisch, alles unter 7 als sauer. Und 7 ist der neutrale Punkt, wo ein Stoff weder sauer noch alkalisch ist.

Ein Mittel, um festzustellen, ob Ihr Shampoo sauer oder alkalisch ist, ist die Verwendung von sogenanntem Lackmuspapier. Wenn Sie das Papier mit einem Tropfen Shampoo befeuchten, verändert es je nach dem pH-Wert seine Farbe. Auf einer Farbtabelle, die dem Lackmuspapier beiliegt, können Sie ablesen, welchem pH-Wert die angezeigte Farbe entspricht.

Doch wenn Sie kein Lackmuspapier haben, können Sie auch das Wasser nehmen, in dem Sie Rotkohl gekocht haben. Unmittelbar nachdem Sie den Kohl aus dem Topf genommen haben, ist die Brühe leicht sauer – mit einem pH-Wert von ungefähr 6 – und purpurfarben. Wenn Sie jetzt langsam Säure hinzufügen, zum Beispiel Essig, geht der pH-Wert zurück, und auch die Farbe verändert sich: Bei einem pH-Wert von etwa 3 wird die Brühe rot. Wenn Sie Laugensalz hinzufügen, zum Beispiel Backpulver aus Natriumbikarbonat, geht der pH-Wert zurück, und die Brühe wird blau – bei einem pH-Wert von ungefähr 8. Ein starkes Laugensalz, beispielsweise Scheuerpulver, färbt die Brühe grün, was einem pH-Wert von rund 11 entspricht.

Auf dem Weg von einem hohen Säuregrad zu einem hohen Laugengrad durchläuft die Rotkohlbrühe also eine breite Farbskala – von hellrot über purpurrot und blau bis hin zu grün. Die Farbveränderungen wirken wie Zauberei, weil die Farben der Zutaten nicht den resultierenden Farben entsprechen, aber was Sie vor allem sehen, ist die Beziehung zwischen Farbe und pH-Wert. Mit der Rotkohlbrühe können Sie auch die pH-Werte anderer im Haushalt verwendeten Chemikalien und sogar den Boden in Ihrem Garten messen.

Kochen mit Metall-Legierungen

Wer schon mal Kochtöpfe aus Aluminium benutzt hat, weiß, daß das Aluminium nach einiger Zeit Flecken bekommt und sich verfärbt. Schuld daran sind die Reaktionen des Aluminiums mit der Luft und mit den Nahrungsmitteln, die in den Töpfen gekocht werden. Auf lange Sicht kann das Aluminium, das von den Töpfen in die Speisen gelangt, auch schädlich sein.

Viele Töpfe und Pfannen werden ebenso wie Bootsteile aus Edelstahl hergestellt, weil Edelstahl im Gegensatz zu den meisten Metallen nicht rostet. Edelstahl ist eine Mischung – oder »Legierung« – aus Eisen und anderen Metallen. Er rostet nicht, weil er etwa 15 Prozent Chrom enthält, das weit weniger reaktionsfähig ist als Eisen. Am Chrom liegt es auch, daß Edelstahl häufig glänzt – wie die chromblitzenden Stoßstangen an einem Auto.

Bei allen Vorteilen hat Edelstahl oder rostfreier Stahl auch seine Nachteile. Ein Nachteil von Chromstahl ist – neben seinem hohen Preis – der Umstand, daß Chrom Wärme schlechter leitet als Eisen. Infolgedessen bilden Pfannen aus rostfreiem Stahl häufig »heiße Flecken«, statt die Wärme gleichmäßig zu verteilen wie gußeiserne Pfannen. Zur Vermeidung dieses Problems haben die besten Pfannen aus rostfreiem Stahl Kupferböden. Da Kupfer ein ausgezeichneter Wärmeleiter ist, breitet sich die Wärme gleichmäßiger aus.

Wenn Sie sich also das nächste Mal eine Tomatensoße in einer Edelstahlpfanne warm machen, dann denken Sie daran, daß der Chromanteil in der Metall-Legierung zwar für ein glänzendes Aussehen Ihrer Pfanne sorgt, möglicherweise aber auch daran schuld ist, daß die Soße anbrennt.

Das Erbe der Dronte

Die letzte Dronte ließ Ende des 17. Jahrhunderts ihr Leben, vermutlich, um Seeleuten als Nahrung zu dienen. Auf der Insel Mauritius, wo diese großen flügellosen Vögel lebten, wurden sie jahrelang von Seeleuten geschossen und gegessen. Heute ist die Dronte für uns einfach ein klassisches Beispiel für einen Anachronismus, doch einst war die Dronte von großer Bedeutung.

Auf Mauritius ist auch der Baum *Calvatia major* heimisch, dessen Fruchtsteine so hart waren, daß sie nicht von alleine keimen konnten. Erst wenn die äußeren keimhemmenden Schichten entfernt waren, konnten neue Bäume aus ihnen wachsen. Dronten fraßen diese Samen und verdauten die äußeren Schichten. Dadurch wurden die Samen keimfähig, und wenn sie ausgeschieden wurden, entwickelten sich aus ihnen sehr rasch junge Pflanzen. Als die letzte Dronte starb, gab es auf der Insel keine Tiere mehr, die den Samen von *Calvatia major* diesen Dienst hätten erweisen können. Heute gibt es nur noch ein Dutzend dieser Bäume auf Mauritius, alle älter als 300 Jahre.

Die Beziehung zwischen der Dronte und dem *Calvatia major* ist ein Beispiel für das, was Biologen »Koevolution« nennen – einen Prozeß, in dessen Verlauf sich zwei Arten so entwickeln, daß sie am Ende voneinander abhängig sind. Die Dronte brauchte den Baum für ihre Ernährung, der Baum war auf die Dronte angewiesen, weil ohne sie seine Samen nicht keimen konnten. Die Koevolution zeigt, daß alle Arten zu einem komplexen Beziehungsgeflecht gehören und daß mit jeder Art, die ausstirbt, auch das Ende für einige andere Arten gekommen sein kann. Manchmal passen sich Arten an die veränderten Lebensumstände an, die durch das Aussterben ihrer Koevoluotionspartner entstanden sind, aber oft stirbt die abhängige Art, in unserem Beispiel *Calvatia major*, ebenfalls aus.

Die Böhnchen und die Tönchen

Viele Menschen stellen fest, daß Bohnen, besonders getrocknete Bohnen, schwer verdaulich sind. Das Ergebnis ist zwar harmlos, kann im falschen Augenblick aber sehr peinlich sein.

In den letzten Jahrzehnten ist die Flatulenz oder Blähsucht verstärkt untersucht worden, obwohl das Phänomen selbst nicht gerade neu ist. Im Mittelalter hat Augustinus die Blähsucht als ein weiteres Indiz für den Sündenfall des Menschen gewertet. Lange Zeit glaubte man, die Blähsucht steigere das sexuelle Verlangen durch mechanische Reizung der Genitalien, weshalb der heilige Hieronymus den Nonnen, die seiner Obhut anvertraut waren, den Verzehr von Bohnen untersagte.

In den 50er Jahren fanden Chemiker heraus, daß der ärgerliche Bestandteil in den Bohnen eine Gruppe von chemischen Stoffen ist, die man als *Oligosaccharide* bezeichnete, ein Wort aus dem Griechischen, das soviel wie »wenige Zucker« bedeutet. Wie der Name sagt, sind die Oligosaccharide komplexe Zucker, die aus wenigen einfachen Zuckern aufgebaut sind, sich aber im Gegensatz zu einigen anderen komplexen Zuckern von den chemischen Stoffen, die im menschlichen Verdauungstrakt hergestellt werden, nicht zerlegen lassen. Wenn die unverdauten Oligosaccharide weiter in den Darm gelangen, verrichten Bakterien das Werk, zu dem unser Körper nicht in der Lage ist. Bei der Zerlegung der komplexen Moleküle, erzeugen die Bakterien eine Vielzahl von Gasen, vor allem aber Kohlendioxid – jenes Gas, das wir und andere Tiere ständig ausatmen. In den 60er Jahren hat man errechnet, daß ein Erwachsener im Durchschnitt etwa einen halben Liter Gas pro Tag erzeugt. Zum Glück hat nur ein sehr kleiner Prozentsatz dieses Gases einen unangenehmen Geruch.

Nicht alle Bohnen enthalten gleiche Mengen von Oligosacchariden. Am übelsten sind Limabohnen und weiße Bohnen, daher versuchen Botaniker gegenwärtig Bohnen zu entwickeln, die weniger Oligosaccharide enthalten.

Einen kühlen Kopf bewahren

Wenn uns warm wird, schwitzen wir. Dann verdunstet der Schweiß, und dadurch kühlt sich der Körper ab. Wird einem Hund warm, hechelt er. Die Luft, die rasch durch die nasse Nase und über die Zunge des Hundes streicht, beschleunigt die Verdunstung und kühlt seinen Kopf. Will sich der Körper des Hundes von überflüssiger Wärme befreien, muß das Blut die Wärme erst zum Kopf befördern, bevor sie abgeführt werden kann. Während wir uns durch Schwitzen am ganzen Körper Abkühlung verschaffen können, ist das Kühlsystem des Hundes fast ausschließlich auf seinen Kopf beschränkt.

Nun sollte man meinen, es wäre wirksamer, den Körper direkt abzukühlen, als erst den Kopf zu kühlen und die Abkühlung des restlichen Körpers dem Kopf zu überlassen. Doch in gewisser Hinsicht ist Hecheln wirksamer als Schwitzen. Warmblütige Tiere erhalten unabhängig von der Außentemperatur eine ziemlich konstante Körpertemperatur aufrecht. Doch auch Warmblüter erwärmen sich unter dem Einfluß von körperlicher Bewegung, Hitze oder Krankheit. Ein solcher Temperaturanstieg mag für das Tier vorteilhaft sein, nicht aber für das Gehirn. Selbst ein geringer Anstieg der Hirntemperatur kann schwere Schäden hervorrufen.

Wie können wir dann unseren Körper erwärmen und trotzdem einen kühlen Kopf bewahren? Unter anderem dadurch, daß der Kopf durch einen relativ dünnen Hals vom Körper getrennt ist. Wie der Griff einer Bratpfanne rascher abkühlt als der Rest der Pfanne, so kühlt der Kopf eines Tieres schneller ab als sein Körper. Das Gehörn mancher Tiere und die Ohren des Eselhasen sind sozusagen Anhangsgebilde am Griff der Bratpfanne und dienen dazu, die Wärme noch gründlicher abzuführen. Wie Hörner oder wie die Ohren des Eselhasen sorgt auch das Hecheln dafür, daß sich das Tier zunächst von der Kopfwärme befreit. Daraus folgt zwar nicht, daß Ihr dicht behaarter Schäferhund an einem heißen Tag kühler ist als Sie, aber durch das Hecheln behält er zumindest einen kühlen Kopf.

Benjamin Franklin läßt einen Dollar fallen

1757 hat Benjamin Franklin einige scharfsinnige Beobachtungen zu Wärme und Kälte angestellt. Als er das Metallschloß an seinem Schreibtisch anfaßte und dann das Holz, fiel ihm auf, daß sich das Schloß kälter anfühlte, obwohl beide der gleichen Raumtemperatur ausgesetzt waren. Daraus schloß er, daß Metall ein besserer Wärmeleiter sein müsse als Holz und seiner Hand mehr Wärme entzöge als dieses.

1757 kann Franklin noch nicht wirklich gewußt haben, was Wärme ist. Erst im letzten Jahrhundert hat sich herausgestellt, daß Wärme Zufallsbewegungen der Atome sind, aus denen alle Gegenstände um uns herum bestehen. Raschere Bewegungen äußern sich als höhere Temperatur. Bei Berührung werden diese Bewegungen von wärmeren auf kältere Gegenstände übertragen. In normalen Größenverhältnissen verhält sich die Wärme jedoch weitgehend wie eine Flüssigkeit, die von einem Gegenstand zum anderen fließt.

Die Beobachtungen, die Benjamin Franklin an seinem Schreibtisch machte, zeigten, daß Metall die Wärme rascher leitet als Holz. Noch sinnfälliger demonstrierte Franklin dieses Phänomen mit einem Silberdollar und einer Kerze. Dazu schrieb er: »Wenn Sie in den Fingern der einen Hand einen Silberdollar halten und in der anderen Hand ein Stück Holz von gleicher Größe und wenn Sie beide Gegenstände gleichzeitig in die Flamme einer Kerze halten, dann werden Sie feststellen, daß Sie den Dollar früher als das Holzstück fallen lassen müssen.«

Von einer Zelle zu vielen

Einige Lebewesen, Bakterien beispielsweise, bestehen nur aus einer Zelle. Andere, etwa Menschen und Bäume, sind aus vielen – manchmal Milliarden – Zellen aufgebaut, wobei jede eine besondere Aufgabe erfüllt und alle Zellen miteinander kooperieren. Nun befinden sich aber einige Lebewesen in einem Grenzbereich zwischen den beiden Kategorien.

Ein Beispiel ist die Ordnung *Volvocales*, die zur Klasse der Grünalgen gehört. Unter dem Mikroskop zeigt sich, daß die einzelne Zelle dieser Algen eiförmig ist und zwei peitschenartige Schwänze besitzt, die sie zum Schwimmen benutzt. Die einfachsten Algen dieser Ordnung leben in Ansammlungen von nur vier dieser Zellen, die durch eine Art Gelee aneinander haften und so angeordnet sind, daß ihre Peitschenschwänze alle zur gleichen Seite zeigen. Die ganze Kolonie der vier Zellen schwimmt als Einheit. Es gibt andere Gattungen von *Volvocales* mit so wohlklingenden Namen wie *Pandorina* und *Eudorina*, die aus jeweils 16, 32 oder 64 Zellen eine gemeinsam schwimmende Einheit bilden, und alle diese Zellen kooperieren zum Wohl der Kolonie.

Die nächste Stufe auf der Komplexitätsleiter ist erreicht, wenn zur Kooperation die Spezialisierung hinzukommt. Es gibt Kolonien von 64 oder 128 Zellen – beispielsweise bei *Pleodorina* –, bei denen nur die Zellen auf der einen Seite der Kolonie fortpflanzungsfähig sind. Die anderen Zellen helfen beim Schwimmen, können sich aber nicht reproduzieren. Die höchste Komplexität finden wir bei den Volvoxkolonien oder Kugelalgen. Sie bestehen aus Tausenden von Zellen, die sich zu einer smaragdgrünen Hohlkugel zusammenschließen und gemeinsam schwimmen. Im Inneren einer jeden Volvoxkugel gibt es einige große Zellen, deren einzige Aufgabe die Fortpflanzung ist. Diese spezialisierten Fortpflanzungszellen können noch nicht einmal schwimmen.

Die verschiedenen Algen der Ordnung *Volvocales*, deren Organisation von extremer Einfachheit bis zu einer gewissen Komplexität reicht, lassen erkennen, wie sich die ersten mehrzelligen Lebewesen entwickelt haben könnten.

Köln und der blaue Himmel

Vor ungefähr 100 Jahren erklärte der englische Physiker John Tyndall in einem Artikel, warum der Himmel blau ist. Tyndall: »Kölnisch Wasser wird hergestellt, indem man aromatische Harze in Alkohol auflöst. Gießt man die duftende Flüssigkeit in Wasser, zeigt sich augenblicklich eine weiße Trübung durch Ausfällung der Stoffe, die vorher in Lösung waren.«

Mit »Ausfällung« meint Tyndall die Bildung winziger fester Teilchen, zu der es kommt, wenn sich der Alkohol im Kölnisch Wasser mit dem Wasser mischt. Weiter heißt es bei Tyndall: »Vor einem dunklen Hintergrund – schwarzem Samt zum Beispiel – zeigt das Wasser ... eine deutlich erkennbare blaue Färbung.«

Sie können Tyndalls Experiment mit Ihrem eigenen Kölnisch Wasser wiederholen. Füllen Sie etwas Leitungswasser in ein Glas, warten Sie ein paar Minuten, bis die Bläschen an die Oberfläche gestiegen und verschwunden sind, und lassen Sie dann ein paar Tropfen Kölnisch Wasser ins Wasser fallen. Die Mischung aus Kölnisch Wasser und Leitungswasser wird aussehen, als entwickle sie Rauch – die von Tyndall erwähnte Ausfällung.

Wenn Sie das Glas gegen das Fenster halten, wird der rauchige Niederschlag rötlich aussehen. Betrachten Sie das Glas jedoch gegen einen dunklen Hintergrund bei seitlich einfallendem Licht, dann wird die gleiche rauchige Substanz im Wasser blau aussehen, mehr oder weniger wie der Himmel. Luftmoleküle wirken auf das Sonnenlicht genauso ein wie die Teilchen in der Kölnisch-Wasser-Mischung. In der Regel streuen außerordentlich kleine Objekte wie Moleküle blaues Licht seitwärts, während sie rotes Licht durchlassen. Im Sonnenlicht mischen sich alle Farben des Regenbogens. Zum Teil wird der blaue Anteil des Sonnenlichts von Luftmolekülen in alle Richtungen gestreut, wodurch der wolkenlose Himmel sein strahlendes Blau bekommt. Wenn die Sonne niedrig am Himmel steht, müssen ihre Strahlen auf dem Weg zu uns eine lange Strecke in der Luft zurücklegen. Dabei verlieren sie viel Blau durch Streuung, so daß das Licht, das übrigbleibt und in unsere Augen fällt, überwiegend rötlich ist.

Vater bestimmt das Geschlecht

Das Mikroskop hat gezeigt, daß jede menschliche Zelle 46 sogenannte Chromosomen enthält, die, wie die Wissenschaft in diesem Jahrhundert entdeckt hat, Träger der genetischen Information sind. Unter genetischer Information verstehen wir die Anweisungen, die eher oberflächliche Merkmale wie die Augenfarbe und eher grundlegende wie das Geschlecht festlegen. Diese 46 Chromosomen sind in 23 Paare aufgeteilt. Ein Chromosom jeden Paares bekommen wir vom Vater, das andere von der Mutter. In allen Paaren, von einem einzigen abgesehen, haben die beiden Chromosomen weitgehend die gleiche Struktur und Größe.

Nur bei einem Paar muß eine solche Übereinstimmung nicht vorliegen. Unabhängig von Ihrem Geschlecht besitzen Sie ein sogenanntes X-Chromosom, das Sie als das eine Teil des Paars von Ihrer Mutter geerbt haben. Wenn Sie ein Mann sind, haben Sie ein sogenanntes Y-Chromosom von Ihrem Vater geerbt, welches das X-Chromosom der Mutter ergänzt. Sind Sie eine Frau, dann haben Sie auch von Ihrem Vater ein X- und kein Y-Chromosom geerbt, so daß Sie nun in diesem letzten Paar zwei X-Chromosomen haben.

Übrigens lautet die wörtliche Übersetzung des Wortes »Chromosomen« Farbkörper. Vor 100 Jahren stellten die Biologen fest, daß die Teile im Zellinneren unter dem Mikroskop sichtbar werden, wenn man die Zellen einfärbt. Chromosomen nehmen bestimmte Farben besonders leicht auf und erscheinen dann unter dem Mikroskop als wurstförmige Körper.

Also haben Frauen die Kombination XX in dem 23. Chromosomenpaar, das für die Geschlechtsbestimmung verantwortlich ist, während Männer die Kombination XY besitzen. Von der Mutter können Sie nur ein X-Chromosom haben, weil menschliche Eizellen nur X-Chromosomen enthalten. Von Ihrem Vater dagegen können Sie entweder ein X- oder ein Y-Chromosom bekommen, weil Samenzellen beide Arten aufweisen können. Ihr Geschlecht ist also letztlich dadurch bestimmt worden, daß Sie von Ihrem Vater ein X- oder Y-Chromosom erhalten haben.

Die Giftpille des Monarchen

Wolfsmilchgewächse verteidigen sich gegen hungrige Feinde, indem sie aus chemischen Stoffen, die man in der Wissenschaft als Herzglycoside bezeichnet, ein bitter schmeckendes Gift herstellen. Die meisten Insekten und Tiere, die einmal Wolfsmilch gekostet haben, versuchen es nie wieder, falls sie das Glück haben, den ersten Versuch überlebt zu haben.

Eine Ausnahme ist die Larve des Monarchfalters: Ihr ist es gelungen, die Toxine in den Wolfsmilchgewächsen unschädlich zu machen, allerdings nicht, indem sie sie verdaut und als Abfallprodukte ausscheidet, sondern indem sie die Wolfsmilchgifte im Körper speichert. Selbst nachdem sich die Larve in einen ausgewachsenen orangefarben-schwarzen Schmetterling verwandelt hat, enthält der Körper immer noch die Wolfsmilchgifte, die das Insekt ganz am Anfang seines Lebens zu sich genommen hat. Die meisten Lebewesen werden krank oder gehen ein, wenn sie Wolfsmilch fressen. Doch weder die Larve noch der ausgewachsene Monarchfalter nimmt den geringsten Schaden.

Zu den Tieren, die Schmetterlinge fressen, gehört der Blauhäher. Doch der unbedarfte Blauhäher, der versucht, einen Monarchfalter zu verspeisen, hat plötzlich den ganzen Schnabel voll bitterem, übelkeiterregendem Wolfsmilchgift. So hat er wieder eine Lektion gelernt: Friß keine Schmetterlinge, die orangefarben und schwarz sind! Natürlich hat der Schmetterling, den sich der Blauhäher zu Gemüte geführt hat, nichts mehr davon, aber das Geschehen hat langfristige Vorteile für die Arterhaltung der Monarchfalter.

Im Laufe der Entwicklungsgeschichte hat sich der Monarchfalter also eine Art Giftpille zu seinem Schutz zugelegt. Der Schmetterling benutzt das Verteidigungssystem der Wolfsmilchgewächse, um sich selbst für seine potentiellen Feinde unattraktiv zu machen. Und wenn Sie ein Schmetterling sind, für den es heißt, unter hungrigen Blauhähern zu überleben, dann bedeutet es für Sie einen Vorteil, orange und schwarz gefärbt zu sein – selbst wenn Sie nie im Leben Wolfsmilch gefressen haben. Sie brauchen nicht giftig zu sein, es genügt, wenn Sie giftig aussehen. Das ist die Strategie des

Nymphaliden, eines amerikanischen Tagschmetterlings. Er speichert kein Wolfsmilchgift, sieht dem Monarchfalter aber sehr ähnlich und hat deshalb im allgemeinen nichts von Blauhähern zu befürchten.

Wir haben gesehen, welche Vorteile der Monarchfalter von der besonderen Beziehung zu den Wolfsmilchgewächsen hat und daß davon sogar noch Schmetterlinge profitieren, die wie Monarchen aussehen. Doch was bringt das den Wolfsmilchgewächsen? Schließlich wird doch ein Teil der Pflanze von den Monarchlarven gefressen. Warum hat die Wolfsmilch keine Gifte entwickelt, die die Monarchlarven ebenso wirksam abschrecken wie die meisten anderen Tiere? Ein mögliche Antwort lautet: Die Monarchlarven konzentrieren den Giftgeruch, weil sie das Gift speichern. Da sie auf dem Wolfsmilchgewächs bleiben, vertreibt ihr Geruch andere potentielle Feinde der Pflanze.

Die Geschichte der Wolfsmilch und der Schmetterlinge ist faszinierend. Aber das ist kein Grund zur Annahme, sie wäre ungewöhnlich. Bei den Pflanzen und Tieren der Erde dürfte es Millionen anderer chemischer Verteidigungsstrategien von größter Raffiniertheit geben – von denen die meisten uns noch unbekannt sind.

Kohlkriege

Hören Sie noch eine wahre Geschichte über ein Insekt, eine Pflanze und einen chemischen Stoff, den die Pflanze herstellt. Kohlpflanzen und ihre Verwandten produzieren ein scharfriechendes Senföl. Damit verteidigt sich der Kohl. Das Senföl stellt er aus einem chemischen Ausgangsstoff namens Sinigrin her, das auf die meisten Insekten giftig wirkt. Zum Beispiel wird eine Schwalbenschwanzlarve von Sinigrin getötet. Daher machen die meisten Insekten um Kohlpflanzen, die Sinigrin enthalten, einen großen Bogen.

Aus Experimenten wissen wir jedoch, daß die Larven eines anderen Schmetterlings – des Großen Kohlweißlings – nur Pflanzen fressen, die Sinigrin enthalten. Lieber würden sie verhungern, als etwas anderes zu fressen. Weibliche Kohlweißlinge kann man mit einem in Sinigrin getauchten Stück Papier an der Nase herumführen – sie legen ihre Eier darauf. Sinigrin lockt also die Großen Kohlweißlinge an und vertreibt fast alle anderen Insekten. Wie läßt sich das erklären?

Offenbar haben die Kohlarten, wie die meisten anderen Pflanzen, im Laufe ihrer Entwicklungsgeschichte die Fähigkeit erworben, zur Abschreckung von Tieren, die sie fressen könnten, Gifte herzustellen. Doch vor nicht allzu langer Zeit – entwicklungsgeschichtlich gesehen – ist einem bestimmten Insekt, dem Großen Kohlweißling, das Kunststück gelungen, diese Gifte zu verzehren, ohne Schaden zu nehmen. Damit hatte dieses Insekt ein Monopol auf die Kohlbestände und brauchte mit anderen Insekten nicht mehr um Nahrung zu konkurrieren. Dadurch haben die Großen Kohlweißlinge ihre Vorliebe für Sinigrin erworben. Der Geruch des Giftes signalisiert ihnen, daß begehrte Nahrung in der Nähe ist. Das führt uns zu einer anderen Frage: Warum sind nicht alle Kohlpflanzen der Erde von Kohlweißlingen aufgefressen worden? Natürlich liegt es nicht im Interesse der Kohlweißlinge, ihre gesamten Nahrungsvorräte zu vernichten. Das weiß der einzelne Schmetterling zwar nicht, aber zum Glück für die Schmetterlinge gibt es andere Gifte und Parasiten, die ihre Population reduzieren, wenn sie zu groß wird.

Ungewöhnliches Eis

Eis schwimmt auf Wasser. Das wissen wir alle und denken uns nichts dabei, weil Wasser und Eis auf der Erdoberfläche allgegenwärtig sind. Doch die Chemiker sagen, der Auftrieb des Eises sei ungewöhnlich. Die meisten Flüssigkeiten werden dichter, wenn sie gefrieren. Das leuchtet ein, wenn wir uns klar machen, was die Physik im 20. Jahrhundert über das Wesen der Wärme herausgefunden hat. Wärme geht auf die Zufallsbewegungen von Atomen zurück. Schnellere Bewegungen bedeuten höhere Temperaturen, langsamere Bewegungen niedrigere Temperaturen. Ein Atom in einem kalten Gegenstand – das heißt, ein Atom, das sich langsam bewegt – nimmt in der Regel weniger Platz ein als ein rasch beweglichles Atom in einem wärmeren Gegenstand. Daher ziehen sich die meisten Gegenstände zusammen, wenn sie abkühlen. Und die meisten Stoffe wiegen in kaltem und festem Zustand mehr pro Kubikzentimeter als in warmem und flüssigem Zustand.

Anders das Eis. Wassermoleküle können sich nur zu einem Kristall verbinden, in dem die Moleküle sozusagen auf Armeslänge voneinander entfernt sind. Stellen Sie sich einen vollen Fahrstuhl vor, in dem jeder seine Nachbarn auf Armeslänge von sich wegdrückt, und Sie bekommen eine Vorstellung davon, was in kaltem Wasser geschieht. Wasser dehnt sich aus, wenn es zu Eis wird. Eis wiegt weniger pro Kubikzentimeter, daher schwimmt es.

Der Schwimmfähigkeit des Eises verdanken Fische und andere Wasserlebewesen, daß sie den Winter überleben. Seen und Meere gefrieren von oben nach unten. Das Eis an der Oberfläche schützt das Wasser darunter vor der Kälte. Stellen Sie sich die umgekehrte Situation vor: Das Eis ginge unter, statt zu schwimmen. Dann würde sich das Eis auf dem Grund aller Seen auftürmen, wo es gegen die Sonne abgeschirmt wäre und nie mehr tauen würde. Bald wäre jedes Gewässer gefroren, abgesehen von einer dünnen Wasserschicht an der Oberfläche, die sich im Sommer bilden würde. Zum Glück für das Leben auf der Erde verhält sich das Wasser ungewöhnlich: Als fester Körper, in gefrorenem Zustand, ist es weniger dicht als in flüssigem Zustand.

Tier oder Pflanze?

Häufig lautet die Anwort weder noch. Bis zum Ende des 19. Jahrhunderts gehörten zu den Tieren alle Lebewesen, die sich bewegen, fressen, bis zu einem gewissen Alter wachsen und dann in ihrem Wachstum zum Stillstand kommen. Den Pflanzen wurde zugerechnet, was sich nicht bewegt oder frißt und unbegrenzt wächst. Pflanzen fressen nicht, weil sie sich ihre Nahrung mittels der Photosynthese selbst aus Kohlendioxid, Wasser, Mineralien und Sonnenlicht herstellen.

In den letzten 100 Jahren haben erhebliche Verbesserungen der Mikroskope dieses einfache Schema in Frage gestellt. Wie sich nämlich unter den Mikroskopen gezeigt hat, besitzen beispielsweise Pilze eine so eigene Zellstruktur, daß sie genaugenommen weder als Pflanzen noch als Tiere zu bezeichnen sind. Einige Einzeller produzieren ihre Nahrung wie Pflanzen durch Photosynthese, schwimmen aber umher wie Tiere.

Während das Mikroskop die alte Zweiteilung in Tiere und Pflanzen untergrub, offenbarte es eine andere grundlegende Unterscheidung aller Lebewesen. Einige lebende Zellen besitzen einen Kern, einen separaten Körper in der Zelle, der sich teilt, wenn die Zelle sich teilt, und der den überwiegenden Teil der genetischen Information enthält. Andere Zellen dagegen haben keinen Kern; bei ihnen ist die genetische Information über das Innere der Zelle verteilt.

Bei Zellen mit Kern sprechen wir von Eukaryoten, bei Zellen ohne Kern von Prokaryoten. Wir Menschen sind eukaryotisch – unsere Zellen haben einen Kern. Das gleiche gilt für die Zellen der Tiere und Pflanzen, die wir täglich sehen. Bakterien sind prokaryotisch – sie haben keinen Kern. Tier oder Pflanze? Diese alte Unterscheidung ist durch eine neue ersetzt worden. Heute müßten wir fragen: Prokaryot oder Eukaryot?

Vielen Biologen wäre eine Einteilung des Lebens nicht in zwei, sondern in fünf »Reiche« lieber. Vergegenwärtigen wir uns die Unterscheidung zwischen den »Reichen« an einem alltäglichen Beispiel, einem Gang durch einen Supermarkt.

Erste Station: die Milchprodukte. Natürlich sind sie letztlich alle tierischen Ursprungs.

Als nächstes die Abteilung für Fleisch und Meeresfrüchte. Ebenfalls Tiere, keine Frage.

Dann die Obst- und Gemüseabteilung. Sellerie, Tomaten, Äpfel – alle pflanzlichen Ursprungs. Aber was ist mit den Pilzen? Pilze wachsen auf dem Boden wie Pflanzen, aber damit ist es mit der Ähnlichkeit schon vorbei. Pilze ernähren sich von verwesenden Stoffen auf dem Waldboden, nicht von Kohlendioxid und Sonnenlicht. Ihre Zellwände bestehen aus Chitin, einer Substanz, die auch den äußeren Panzer von Insekten bildet. Pilze sind weder Pflanzen noch Tiere – sie gehören einem eigenen Reich an, den Fungi, was zu Deutsch ebenfalls »Pilze« heißt. Zu den Pilzen in diesem erweiterten Sinne gehört auch die Hefe aus der Backwarenabteilung und die Schimmelschicht auf manchen Käsen.

Apropos Käse, die Säuren, die zur Gerinnung der Milchproteine und damit zur Käse- und Joghurtherstellung beitragen, stammen gewöhnlich von Bakterien, die weder Pflanzen noch Tiere noch Pilze sind – sondern Angehörige eines vierten Reichs, desjenigen der Prokaryoten. Wir erinnern uns: Prokaryoten sind Zellen ohne Kern. Diese Unterteilung hat vor allem entwicklungsgeschichtliche Bedeutung. Prokaryoten sind relativ einfach. Daraus läßt sich schließen, daß die Prokaryoten in der Geschichte des Lebens auf der Erde zuerst auftraten.

Schließlich kommt die Drogerieabteilung, wo wir uns eine Tube Zahnpaste holen. Das Schleifmittel in der Zahnpaste besteht wahrscheinlich aus den mineralischen Skeletten von Diatomeen, einzelligen Organismen, die sich von Bakterien grundsätzlich unterscheiden. Diatomeen leben im Meer und gehören einem fünften Reich an, den Protozoen. Wahrscheinlich haben sich alle heutigen Pflanzen und Tiere vor langer Zeit aus Protozoen entwickelt.

Mehr als eine gewöhnliche Sauna

Im Jahr 1775 führte ein gewisser Dr. Blagden, Sekretär einer wissenschaftlichen Gesellschaft, die man unter dem Namen »Royal Society« kennt, einen spektakulären Selbstversuch durch, um zu demonstrieren, daß der menschliche Körper auch unter extremen Bedingungen in der Lage ist, eine konstante innere Temperatur aufrechtzuerhalten. Mit einigen Freunden begab sich Dr. Blagden in einen Raum, der auf eine Temperatur von 127 Grad Celsius erhitzt worden war. Das ist deutlich über dem Siedepunkt des Wassers, der bekanntlich bei 100 Grad Celsius liegt. *Vor Nachahmung wird gewarnt!* 45 Minuten verweilten sie in dem 127 Grad warmen Raum, um ihn anschließend unbeschadet zu verlassen. Dagegen erwies sich ein Steak, das Dr. Blagden mit hineingenommen hatte, als gekocht. Im Gegensatz zum Steak hatte Dr. Blagden in dem heißen Raum heftig geschwitzt, und das hatte ihn davor bewahrt, ebenfalls gekocht zu werden. Die Verdunstung von Wasser – Schweiß – führt Energie ab – die Energie der Wärme, die vom Blutkreislauf zur Haut gebracht wird. Jedes Wassermolekül, das sich von Dr. Blagdens feuchter Haut löste, nahm Wärme mit, und daher konnte er in einer Umwelt überleben, die weit wärmer war als seine Körpertemperatur.

Dieses Prinzip demonstrierte Dr. Blagden noch durch einen weiteren Versuch. Und zwar nahm er zwei Eimer Wasser mit in den heißen Raum. In den einen Eimer hatte er Öl gegossen, das eine geschlossene Schicht auf dem Wasser bildete und die Verdunstung des Wassers verhinderte. Nach kurzer Zeit begann das ölbedeckte Wasser zu kochen. In dem anderen Eimer war das Wasser nicht mit Öl bedeckt. Hier blieb das Wasser viel kühler, weil die Verdunstung dem Wasser an der Oberfläche Wärme entzog, so wie der verdunstende Schweiß Dr. Blagdens Körper Wärme entzog.

Daraus folgt, daß Dr. Blagden in dem 127 Grad warmen Raum nur überleben konnte, wenn die Luft trocken war. Tatsächlich goß Dr. Blagden einmal Wasser auf den Fußboden, um die Luft zu befeuchten. Das verringerte die Schweißverdunstung. Fluchtartig mußte Dr. Blagden den Raum verlassen.

Wie man Milcheiweiß sichtbar machen kann

Geben Sie einen Teelöffel Milch auf den Boden eines Glases. Ein Teelöffel genügt, weil Sie die Milch nicht trinken wollen. Fügen Sie dann einen Teelöffel Essig hinzu, warten Sie ein paar Sekunden und beobachten Sie, wie die Milch gerinnt. Das Milchgerinnsel besteht zum größten Teil aus Kasein, dem wichtigsten Milcheiweiß. Damit haben Sie jedoch nicht die chemische Zusammensetzung des Milcheiweißes verändert, sondern nur durch eine Veränderung seiner Umgebung dafür gesorgt, daß es sich anders verhält.

Normalerweise sind kleine Bündel von Milcheiweißmolekülen über die Milch verteilt. Sie streuen das Licht und sind daher mitverantwortlich für die weiße Farbe der Milch. Wenn die Umgebung sauer wird – etwa, indem Sie Essig hinzufügen – verändern sich die elektrischen Kräfte zwischen den Proteinen. In einer sauren Umgebung klumpen die Milcheiweiße zusammen und bilden das Milchgerinnsel, das Sie nach der Zugabe von Essig auf dem Boden des Glases erblicken. Kippen Sie das Glas etwas, dann können Sie das Milchgerinnsel besser sehen.

Unsere Versuchsmischung aus Milch und Essig ist im Prinzip nutzlos, aber die Milchgerinnung durch Säure unter kontrollierteren Bedingungen ist ein wesentlicher Schritt der Käseherstellung. Dabei wird die Säure häufig von einem sorgfältig gezüchteten Bakterienstamm geliefert.

Eine vollkommen andere Anwendung findet das gleiche Prinzip in dem Mechanismus, der kleine Verletzungen unserer Haut verschließt. Proteine – Eiweiße –, die normalerweise in unserem Blut verteilt sind, treffen am Ort der Verletzung auf bestimmte Enzyme. Unter deren Einfluß verbinden sich die Proteine zu einem Gewebe – einem Blutgerinnsel –, das die Wunde verschließt und die verletzte Haut wieder zusammenzieht.

Zwei Zaubertricks

Für das eine Experiment brauchen Sie lediglich ein Markstück und eine kleine Briefmarke. Legen Sie die Briefmarke auf einen Tisch, und halten Sie das Geldstück in einem Abstand von etwa einem Zentimeter waagrecht über die Briefmarke. Nun blasen Sie kräftig auf das Markstück. Augenblicklich hebt sich die Briefmarke von der Tischplatte und scheint an der Rückseite der Münze zu kleben, solange Sie blasen.

Das ist eine schnelle und einfache Demonstration des Prinzips, das auch Flugzeuge in der Luft hält. Ein Luftstrom – oder jedes andere strömende Fluidum – hat einen geringeren Druck als die Atmosphäre in seiner Umgebung. Je rascher die Strömung, desto niedriger der Druck. Dieses Phänomen bezeichnet man gemeinhin als Bernoullisches Prinzip, benannt nach dem Schweizer Physiker Daniel Bernoulli aus dem 18. Jahrhundert. Die Luft, die rasch an den Rändern des Geldstücks vorbeiströmt, verringert den Luftdruck in diesem Bereich. Daraufhin wird die Briefmarke durch den atmosphärischen Druck an ihrer Unterseite gegen das Geldstück gehoben.

Den gleichen Effekt machen sich die Flügel von Vögeln und die Tragflächen von Flugzeugen zunutze. Die Oberseite einer Tragfläche ist gerundet, die Unterseite relativ flach. Wenn sich die Tragfläche durch die Luft bewegt, veranlaßt diese besondere Form die Luft, sich rascher über die Oberseite als über die Unterseite zu bewegen. Der schnellere Luftstrom an der Oberseite der Tragfläche hat einen geringeren Druck als der langsamere Luftstrom an der Unterseite.

Daraus resultiert eine Kraft, die die Tragfläche nach oben drückt. Ist sie groß genug und der Luftstrom rasch genug, dann kann die Kraft das Flugzeug in der Luft halten. Gleiches gilt, wie gesagt, für die Flügel eines Vogels.

Es gibt noch eine zweite einfache Methode, das Prinzip zu demonstrieren. Dazu brauchen Sie eine Kerze und eine Geschäfts- oder Spielkarte.

Halten Sie die Karte so, daß sie sich zwischen Ihrem Mund und der Kerze befindet, etwa fünf Zentimeter von der Flamme entfernt. Blasen Sie jetzt gegen die Mitte der Karte. Zum Erstaunen aller Gäste wird sich die Kerzenflamme der Karte zuneigen, nicht von ihr fort.

Bei diesem Kerzentrick bewirkt der rasche Luftstrom an den Rändern der Karte, daß sich auf ihrer Rückseite der Luftdruck verringert. Der atmosphärische Druck auf der anderen Seite der Kerze bewegt die Luft – und mit ihr die Flamme – auf die Karte zu.

Nehmen Sie jetzt eine Weinflasche – es kann auch eine Brause- oder Ketchupflasche sein – und halten Sie sie zwischen sich und die Kerze. Blasen Sie gegen die Seite der Flasche. Durch ihre Rundung ist die Flasche stromlinienförmig – Ihre Atemströme links und rechts der Flasche vereinigen sich auf der Rückseite und setzen ihren Weg in Richtung Flamme gemeinsam fort. Die Kerzenflamme wird ausgeblasen, als wäre die Flasche überhaupt nicht vorhanden.

Weine ohne Beine

Gießen Sie etwas Wein oder ein anderes alkoholisches Getränk in ein Glas, schwenken Sie das Glas so, daß die Innenseiten des Glases befeuchtet sind, stellen Sie das Glas wieder auf den Tisch und warten Sie ab, was geschieht.

Wahrscheinlich erblicken Sie an der Innenseite des Glases, etwa einen Zentimeter über der Oberfläche des Getränks, einen Flüssigkeitsring. Allmählich wird er dicker, bis die Flüssigkeit an der Seite des Glases in Streifen hinabzulaufen beginnt, die im Englischen gelegentlich als *legs* (»Beine«) oder *tears* (»Tränen«) bezeichnet werden, im Deutschen auch als *Kirchenfenster*.

Vor mehr als 140 Jahren hat James Thomson, der weitgehend unbekannte Bruder des berühmten englischen Physikers William Thomson, eine Vorlesung über diesen Gegenstand gehalten. In seiner Erklärung ging er von der Oberflächenspannung aus – der Anziehungskraft zwischen Flüssigkeitsmolekülen, die unter anderem dazu führt, daß sich das Wasser auf der Oberfläche eines gut gewachsten Autos zu Tröpfchen zusammenzieht.

Thomson wies auf zwei wichtige Unterschiede zwischen Alkohol und Wasser hin: Alkohol verdunstet rascher als Wasser, und Alkohol hat eine geringere Oberflächenspannung – eine geringere Anziehungskraft zwischen den Molekülen – als Wasser.

Die »Beine« an einem Weinglas erklärte Thomson durch den Umstand, daß der Alkohol rascher aus der Flüssigkeitsschicht am Glas verdunstet. Zurück bleibt eine Wasserschicht mit weniger Alkohol und stärkerer Anziehung zwischen den Molekülen als im Wein darunter.

Nun zieht die Anziehungskraft zwischen den Molekülen mehr Wein an den Seiten des Glases empor, bis sich der Ring formt. Wird dieser zu schwer, läuft die Flüssigkeit am Glas hinunter und bildet »Beine«.

Ein hübsche Erklärung, aber läßt sie sich überprüfen? 1855 unterzog Thomson seine Hypothese einem Test, indem er etwas Wein in ein Fläschchen goß und dieses mit einem Korken so fest verschloß, daß kein Alkohol verdunsten konnte. Daraufhin bildeten sich auch keine Beine. Als er den Korken entfernte, so daß wieder frische Luft an den Wein gelangte, traten augenblicklich »Beine« auf. Wein in einem verkorkten Fläschchen hat keine Beine. 1855 ist das Experiment gelungen. Klappt es auch in Ihrer Küche?

Unsichtbare Reflexion

1901 sandte Guglielmo Marconi ein Funksignal von England nach Neufundland, quer über den Atlantik. Wie das geschehen konnte, war ein großes Rätsel für Marconi und alle Fachleute. Man wußte, daß sich Funksignale genau wie Lichtstrahlen geradlinig fortbewegen. Tatsächlich sind Funksignale und Lichtstrahlen zwei Erscheinungsweisen desselben Phänomens. Wie ist Marconis Signal dann mit der Erdkrümmung fertig geworden?

Um das Jahr 1902 schlugen die beiden englischen Ingenieure Arthur Kennelly und Oliver Heaviside unabhängig voneinander die gleiche Erklärung vor: Nach ihrer Meinung lenkt oder reflektiert eine unsichtbare Schicht in der oberen Atmosphäre Funkwellen über den Horizont. 1924 entdeckte der englische Physiker Appleton diese Kennelly-Heaviside-Schicht tatsächlich, als er ein Signal von Bournemouth nach Oxford schickte. Dabei stellte er fest, daß er das empfangene Signal einfach dadurch verstärken oder abschwächen konnte, daß er die Wellenlänge des Signals im Sender veränderte.

Ein Teil des in Oxford empfangenen Signals kam direkt aus Bournemouth, und ein anderer Teil traf dort auf dem Umweg über die Kennelly-Heaviside-Schicht ein – ein längerer Weg. Wenn die beiden Teile des Signals am Empfänger mit phasengleichen Wellen eintrafen, wurde ein starkes Signal empfangen. Veränderte Appleton nun die Wellenlänge, war das empfangene Signal schwächer, weil dann der Gipfel einer Welle mit dem Tal einer anderen zusammentraf. Die beiden Wellen waren phasenverschoben und hoben sich daher auf.

Edward Victor Appleton hat 1924 nicht nur die Existenz der ersten Reflexionsschicht in dem Teil der Atmosphäre nachgewiesen, die wir heute Ionosphäre nennen, sondern hat auch ihre Höhe berechnet: ungefähr 80 Kilometer über der Erdoberfläche.

Übrigens hat unser Appleton nichts mit dem Victor Appleton zu tun, unter dessen Namen die Science-Fiction-Romane *Tom Swift* erschienen sind. Dieser Appleton war ein Pseudonym, das ein Autorenkollektiv benutzte.

Annäherung an den Taupunkt

Stellen Sie sich die Luft in der unteren Atmosphäre über dem Verwaltungsbezirk vor, in dem Sie leben. Diese Luft enthält eine gewisse Menge Wasserdampf. Um wieviel Wasserdampf es sich handelt, können Sie ungefähr schätzen, wenn Sie darauf achten, was für ein Wert für die relative Luftfeuchtigkeit im Wetterbericht genannt wird.

Die relative Luftfeuchtigkeit gibt an, wieviel Wasserdampf sich in der Luft befindet, gemessen an der Menge, die die Luft maximal enthalten kann. Wenn die Luft über Ihrem Kreis nur 50 Prozent des Wasserdampfes enthält, den sie aufnehmen kann, dann beträgt die relative Luftfeuchtigkeit 50 Prozent.

Mit an Sicherheit grenzender Wahrscheinlichkeit verändert sich die relative Luftfeuchtigkeit im Fortgang des Tages. Oft gelangt durch Verdunstung von Meerwasser weiterer Dampf in die Luft. Doch vor allem verändert sich die relative Luftfeuchtigkeit in Abhängigkeit von der Temperatur.

Am Abend, wenn die Luft abkühlt, wird die relative Luftfeuchtigkeit zunehmen. Kühle Luft kann nicht soviel Wasserdampf aufnehmen wie warme. Je kühler die Luft wird, desto näher kommt also die Menge des bereits aufgenommenen Wasserdampfs dem Maximalwert, den die Luft enthalten kann. Bei einer bestimmten Temperatur wird die Luft gesättigt sein. Die relative Luftfeuchtigkeit erreicht 100 Prozent. Mehr Wasserdampf kann die Luft nicht aufnehmen. Möglicherweise bildet sich dann Nebel. Diese Temperatur ist der sogenannte Taupunkt, ein weiterer Wert, der gelegentlich in Wetterberichten auftaucht. Wenn sich die Lufttemperatur dem Taupunkt nähert, geht die relative Luftfeuchtigkeit gegen 100 Prozent.

Jeder Gegenstand, dessen Temperatur gleich dem Taupunkt ist oder darunter liegt, wird Wasser veranlassen, aus der Luft zu kondensieren. Im Sommer kondensiert Wasser auf einem Glas Eistee, weil die Glastemperatur nicht nur geringer ist als die der Luft, sondern auch unter dem Taupunkt liegt.

In der Nacht verliert ein Grashalm Wärme an den Himmel wie

ein Heizkörper an die Luft im Zimmer. Nun kann ein Grashalm aber weit weniger Wärme aufnehmen, daher kühlt er rasch ab und bringt den Wasserdampf in der Luft zum Kondensieren – mit anderen Worten, seine Temperatur fällt unter den Taupunkt.

Interpretation von Ölflecken

Stellen Sie sich vor, daß der Motor Ihres Autos ein winziges Ölleck hat. Früher oder später wird sich ein Öltropfen bilden, der an der Unterseite des Motors hängt wie ein Tropfen an einem undichten Wasserhahn. Einige Zeit darauf wird der Öltropfen fast, aber noch nicht ganz, so schwer sein, daß er sich unter dem eigenen Gewicht vom Motor löst. Nehmen Sie nun an, Sie fahren durch eine kleine Senke in der Straße. Wenn Sie beim Verlassen der Senke die bescheidene Anhöhe erklimmen, spüren Sie, wie Sie in die Polster des Autositzes gepreßt werden, weil das Auto auf der Schräge aufwärts beschleunigt wird. Die gleiche Aufwärtsbeschleunigung löst den hängenden Öltropfen von Ihrem Motor. Der Tropfen fällt auf den Straßenbelag und hinterläßt einen kleinen Fleck.

Stellen Sie sich Hunderte oder Tausende von Autos vor, die mit lecken Motoren diese Straßensenke durchfahren. Dort summieren sich die vielen kleinen Ölflecken zu einem großen Fleck, der verkündet: »Hier ist ein Straßenabschnitt, wo die Autos aufwärts beschleunigen.« Natürlich sind tiefe Senken in der Straße auch ohne Ölflecken leicht zu erkennen. Doch wenn unsere Überlegungen zutreffen, müßten auch sehr flache Senken einen größeren und dunkleren Ölfleck aufweisen als ebene Straßenabschnitte.

Tatsächlich zeigt sich in der Regel auf jedem Teil einer Straße, wo Autos gezwungen sind, aufwärts oder seitwärts zu beschleunigen, ein überdurchschnittlich großer und überdurchschnittlich dunkler Ölfleck. Wenn ein Auto beispielsweise einen Hügel hinabfährt, wird es aufwärts beschleunigt, sobald es am Fuße der Anhöhe wieder auf die waagrecht verlaufende Straße trifft. Einen Augenblick lang wird der Fahrer in den Sitz gepreßt. Gleichzeitig kann sich ein Öltropfen von der Unterseite seines Motors lösen und auf die Straße fallen. Manchmal werden Öltropfen auch vom Motor geschleudert, wenn ein Auto mit großer Geschwindigkeit in eine Kurve geht.

So können Sie zum Ölfleckendeuter werden: Finden Sie heraus, ob Flecken auf Bundesstraßen in Ihrer Nähe Aufschluß über den Fahrbahnverlauf geben.

Ein Eiswürfel läßt sich nicht erwärmen

Genauer: Er läßt sich nicht auf mehr als 0 Grad Celsius erwärmen. Geben Sie ein paar Eiswürfel in einen kleinen Topf und erwärmen Sie diesen auf dem Herd. Das Eis wird schmelzen, aber nicht wärmer als 0 Grad werden.

Dieser merkwürdige Umstand beschäftigte im 18. Jahrhundert den schottischen Physiker Joseph Black. Vor allem interessierte ihn die Frage, warum Eis und Schnee so *langsam* schmelzen. Wenn wir einen Eiswürfel auf 0 Grad erwärmen und dann noch ein wenig Wärme hinzufügen, schmilzt das Eis keineswegs mit einem Schlage. Längere Zeit noch müssen wir Wärme hinzugeben, um den Würfel ganz zu schmelzen. Daher gelangte Joseph Black zu dem Schluß, daß Wärme die Dinge nicht immer erwärme. Er schrieb: »Schmelzendes Eis nimmt Wärme sehr rasch auf, doch diese bewirkt lediglich, daß das Eis sich in Wasser verwandelt, welches nicht spürbar wärmer ist als das Eis zuvor ... Eine große Menge der Wärme, die in das schmelzende Eis eingeht, bewirkt nichts anderes als seine Verflüssigung; [die Wärme] scheint vom Wasser aufgenommen und versteckt zu werden, so daß sie mit einem Thermometer nicht mehr nachweisbar ist.«

Wie Joseph Blacks Beobachtungen aus den 50er Jahren des 18. Jahrhunderts wirklich zu verstehen sind, fand man erst heraus, als man Anfang des 20. Jahrhunderts die wahre Natur der Wärme entdeckte. Wärme beruht auf Zufallsbewegungen der Atome; je höher die Temperatur, desto rascher die Bewegungen.

Im Eis sind die Wassermoleküle zu einem festen Kristall verbunden, der molekulare Schüttelbewegungen bis zu einem gewissen Grade aushält, ohne Moleküle freizugeben. Doch wenn die Bewegungen zu heftig werden – wenn die Temperatur auf 0 Grad ansteigt –, reißen sich Wassermoleküle vom Eis los und bilden flüssiges Wasser. So lange wir einem Eiswürfel Wärme zuführen, wird diese Wärme ausschließlich dazu verwendet, weitere Wassermoleküle loszureißen, bis kein Eis mehr übrig ist. Das braucht seine Zeit, daher schmilzt Eis langsam – zum Glück für die Menschen, die am Fuß schneebedeckter Gebirge leben.

Heulender Wind

Wenn der Wind über Kiefernadeln streift, brechen die Nadeln den glatten Luftstrom. Hinter jeder Nadel entsteht ein Nachlauf, ähnlich dem wirbelnden Kielwasser, das ein Paddel im Fluß hinterläßt. Dieser Nachlauf besteht aus Wirbeln, die sich unmittelbar hinter der Kiefernadel bilden, sich lösen und mit dem Wind davontreiben.

Zu beiden Seiten der Kiefernadeln formen sich diese Wirbel in einem regelmäßigen Rhythmus dutzend- oder hundertmal pro Sekunde und erzeugen einen Ton von bestimmter Höhe. Der Ton wird höher, wenn der Wind stärker weht – die Luft sich rascher bewegt. Höher ist der Ton ebenfalls, wenn der Durchmesser der Kiefernadeln geringer ist.

Anfang des 20. Jahrhunderts hat der ungarische Physiker Theodore von Kármán die Wirbel, die sich hinter zylindrischen Hindernissen bilden, mathematisch untersucht. Das war eine schwierige Aufgabe, aber von Kármán entwickelte eine einfache Formel, mit deren Hilfe sich die Tonhöhe – also die Geschwindigkeit, mit der sich die Wirbel bilden – vorhersagen läßt, wenn der Durchmesser des Zylinders und die Windgeschwindigkeit bekannt sind.

Bei ihrer Bewegung in Windrichtung nehmen die Wirbel, die von einem zylindrischen Objekt gebildet worden sind, alternierende Positionen im Nachlauf ein, wie Straßenlaternen auf gegenüberliegenden Straßenseiten. Heute spricht man von einer »Kármánschen Wirbelstraße« hinter einem zylindrischen Objekt. Früher hörte man öfter ein Summen an Telegraphendrähten, die zwischen Masten aufgespannt waren. Das Geräusch wurde nicht durch Elektrizität hervorgerufen, sondern durch die regelmäßigen Wirbel, die sich in Windrichtung hinter jedem Draht bildeten. Heute werden kaum noch Kabel über der Erde verlegt, aber wenn der Wind durch eine Kiefer fährt, können wir das unheimliche Geräusch der Kármánschen Wirbelstraße noch vernehmen.

Höhenmessung mittels Thermometer

In Denver dauert es länger, ein Ei hart zu kochen, als in New York. Das liegt daran, daß Wasser in Denver bei ungefähr 95 Grad Celsius kocht, in New York dagegen bei rund 100 Grad. In Denver, das etwa 1500 Meter über dem Meeresspiegel liegt, ist der Luftdruck geringer – das heißt, es prallen weniger Luftmoleküle gegen die Wasseroberfläche als in New York, das sich auf der Höhe des Meeresspiegels befindet. Ein Topf mit kochendem Wasser ist in Denver etwas kühler als ein Topf mit kochendem Wasser in New York, weil in Denver die Höhe größer und der Luftdruck etwas geringer ist. Pro 100 Meter Höhe geht der Siedepunkt des Wassers um etwa 0,3 Grad Celsius zurück.

Sobald das Wasser den Siedepunkt erreicht hat, können Sie die Flüssigkeit nicht mehr weiter erwärmen. Neue Wärmeenergie, die dem kochenden Wasser zugeführt wird, kommt dem Verdunstungs- oder Dampfbildungsprozeß zugute und nicht der Erwärmung der Flüssigkeit. Selbst wenn Sie das Gas unter einem Topf mit kochendem Wasser in Denver auf die höchste Stufe stellen, wird die Wassertemperatur bei 95 Grad verharren – es sei denn, Sie verschließen den Topf so fest, daß sich der Druck in seinem Inneren erhöht. Dann haben Sie einen Dampfkochtopf.

Wenn der Siedepunkt vom Luftdruck abhängt, dann müßte es doch möglich sein, den Luftdruck mittels der Temperatur des Siedepunktes zu messen. Auf diese schlaue Idee verfiel Gabriel Daniel Fahrenheit höchstpersönlich in den 20er Jahren des 18. Jahrhunderts. Eines seiner Thermometer versah Fahrenheit nicht mit Gradeinteilungen, sondern mit einer Skala, die den Luftdruck angab. Nun brauchte man das Instrument nur noch in kochendes Wasser zu tauchen, und schon konnte man den Luftdruck ablesen.

Um das Jahr 1800 ging der kolumbianische Geograph Francisco José de Caldas noch einen Schritt weiter. Da er wußte, daß der Luftdruck mit wachsender Höhe zurückgeht, ermittelte er mit dem Siedepunkt des Wassers die Höhe der Berge in seiner südamerikanischen Heimat.

Vom Nutzen der Bakterien

Alle Eiweiß- oder Proteinmoleküle enthalten Stickstoffatome. Alle lebenden Organismen brauchen Proteine, infolgedessen benötigen sie auch Stickstoff. Die Luft, die uns umgibt, besteht zu 78 Prozent aus Stickstoff, aber unser Körper kann den Stickstoff in dieser Form nicht verwerten. Um unsere Proteine mit dem nötigen Stickstoff zu versorgen, müssen wir entweder Pflanzen essen oder Tiere, die Pflanzen gefressen haben. Pflanzen beziehen ihren Stickstoff – teilweise zumindest – aus sogenannten Nitraten, in Wasser gelösten Stickstoffverbindungen, die mit den Wurzeln aufgenommen werden. Diese Nitrate werden von Bakterien bei der Zersetzung von pflanzlichem und tierischem Gewebe hergestellt. So entsteht ein Stickstoffkreislauf: Tiere und Pflanzen sterben, ihre Gewebe werden von Bakterien zersetzt, dabei entstehen Nitrate, die Nitrate werden von Pflanzen aus dem Boden aufgenommen, die Pflanzen werden von Tieren gefressen und so fort.

Doch damit noch nicht genug. Einige Bodenbakterien zerlegen Nitrate und geben den Stickstoff an die Atmosphäre ab. Diese Bakterien entziehen dem biologischen Kreislauf verwertbaren Stickstoff. Würde der verlorene Stickstoff nicht ständig wieder ergänzt, wäre es bald vorbei mit dem Leben auf der Erde.

Glücklicherweise wird der verlorengegangene Stickstoff größtenteils durch sogenannte stickstoffixierende Bakterien ersetzt. Ihnen fällt eine lebenswichtige Aufgabe zu: Sie binden den Stickstoff aus der Luft in Molekülen, die Pflanzen verwerten können – allerdings nicht alle Pflanzen. Stickstoffixierende Bakterien leben in den Wurzeln der sogenannten Hülsenfrüchte – Bohnen beispielsweise. So führen Landwirte den Fruchtwechsel etwa zwischen Mais und Bohnen unter anderem deshalb durch, weil die stickstoffixierenden Bakterien in den Wurzeln der Bohnen den Stickstoff an den Boden zurückgeben. Heute läßt sich verwertbarer Stickstoff dem Boden auch in Form von Kunstdünger zuführen. Nach wie vor wird die Stickstoffixierung jedoch überwiegend von Bakterien geleistet. Jedes Lebewesen, das auf pflanzliche Nahrung angewiesen ist, braucht letztlich auch stickstoffixierende Bakterien.

Erfindung des Staubsaugers

Der eindrucksvollen achtbändigen *History of Technology* zufolge, die Charles Singer und Trevor Williams herausgegeben haben, hat der englische Bauingenieur H. Cecil Booth um das Jahr 1900 das Prinzip des Staubsaugers entwickelt. In einem Londoner Hotel sah sich Booth die Vorführung eines neuen Gerätes an, das dazu bestimmt war, die Sitze von Straßenbahnwagen zu säubern. Dieses amerikanische Gerät blies Druckluft auf die Sitze, um den Staub zu entfernen. Booth überlegte sich, daß der Sitzreinigungsapparat besser funktionieren müßte, wenn er die Luft einsaugen würde, statt sie hinauszublasen. Kaum war er in sein Büro zurückgekehrt, legte er ein Handtuch auf den Teppich, kniete sich auf den Boden und saugte die Luft durch das Handtuch an. Natürlich war die andere Seite des Handtuchs mit Staub bedeckt. Von diesem Experiment beflügelt, konstruierte Booth ein Gerät, das Luft durch einen Stoffbeutel ansaugte – der Staubsauger war geboren.

Wenig später hatte H. Cecil Booth die British Vacuum Cleaner Company gegründet. Mit Pferdewagen suchten die uniformierten Mitarbeiter des Unternehmens Privathaushalte auf und führten durch die Fenster lange Saugrohre in die zu säubernden Zimmer ein. Einer der ehrenvollsten Aufträge aus der Anfangszeit der Firma war die Reinigung der Westminster Abbey für die Krönung von König Edward VII. im Jahr 1902. 1904 brachte Booths Gesellschaft einen kleinen Heimstaubsauger heraus, dessen elektrische Luftpumpe und der Stoffbeutel auf einen kleinen Wagen montiert waren. Die Hausfrau reinigte den Teppich mit einem langen Saugschlauch, der an den Wagen angeschlossen wurde.

1908 entwickelte der Amerikaner James Spangler ein kompakteres Modell: eine elektrische Saugpumpe, die vertikal auf vier Rädern angebracht war. Die Pumpe saugte Luft und Staub aus dem Teppich und blies sie in einen Stoffbeutel, statt sie, wie in Booths Version, durch den Staubbeutel anzusaugen. Dieses Patent verkaufte Spangler an die Hoover Company, die ihr ursprüngliches Geschäftsfeld – die Lederverarbeitung – preisgab, um sich fortan nur noch dem Staubsauger zu widmen.

Eine widerstandsfähige Geschäftskarte

Nehmen Sie eine gewöhnliche Visitenkarte und falten Sie die Enden rechtwinklig ab, so daß die Karte eine kleine Brücke von gut einem Zentimeter Höhe bildet. Stellen Sie die Karte so auf den Tisch, daß sie auf den gefalteten Kanten steht. Fordern Sie jemanden auf, die Karte dadurch umzudrehen, daß er in den Hohlraum an ihrer Unterseite bläst. Die Karte wird gar nicht daran denken, sondern am Tisch kleben bleiben. Je stärker Ihr Kandidat bläst, desto unbeirrbarer wird die Karte ihre Position beibehalten.

Das ist ein weiterer Zaubertrick, der auf dem Prinzip beruht, daß ein Luftstrom in rascher Bewegung einen geringeren Druck ausübt als die bewegungslose Luft in seiner Umgebung – wieder gemäß dem Prinzip von Daniel Bernoulli. Der rasche Luftstrom unter der gefalteten Karte besitzt einen geringeren Druck als die unbewegliche Luft darüber. Der Luftdruck über der Karte preßt sie also auf den Tisch.

Bernoullis Prinzip ist für die gesamte Luftfahrt von maßgeblicher Bedeutung. Wie Vogelflügel sind Tragflächen oben gekrümmt und unten relativ flach. Dadurch wird die Luft veranlaßt, an der Oberseite der Tragflächen rascher zu strömen als an ihrer Unterseite. Das wiederum bewirkt, daß der Luftdruck an der Oberfläche der Tragfläche geringer ist als an ihrer Unterseite. Infolgedessen drückt eine Kraft, die aus dem Luftdruckunterschied resultiert, die Unterseite der Tragfläche nach oben.

Aus Bernoullis Prinzip ergibt sich der Schluß, daß es eigentlich möglich sein müßte, die Karte zu drehen, indem man waagerecht über die Oberseite bläst, weil sich dann der rasche Luftstrom über und nicht unter der Karte befindet. Das läßt sich zwar bewerkstelligen, erfordert aber Übung und Glück.

Den Bogen überspannt

Wenn Sie ein Papierschnipsel leicht biegen, schnellt es in seine ursprüngliche Form zurück. Biegen Sie ihn zu stark, bleibt er in der neuen Form, obwohl er seine Elastizität nicht verloren hat. Dieser Umstand erscheint nicht weiter bemerkenswert, bis man versucht, ihn zu erklären. Vor mehr als 200 Jahren hat sich der französische Physiker Charles-Augustin Coulomb den Kopf über das Verhalten elastischer Metalle zerbrochen. Er hat ein Gewicht an einen langen Metalldraht gehängt, es längs der Drahtachse gedreht und dann losgelassen. Wenn er das Gewicht nur ein wenig drehte, rotierte es ein bißchen hin und zurück, wie ein Uhrgewicht oder ein Kletterer am Ende eines Seils, um schließlich in seiner ursprünglichen Position zum Stillstand zu kommen. Doch wenn Coulomb das Gewicht zu weit drehte, beendete es seine Bewegung nicht in der ursprünglichen, sondern in einer neuen Position.

Charles-Augustin Coulomb kam zu dem Schluß, daß er es mit zwei verschiedenen Widerstandsarten zu tun hatte, wenn er das Gewicht am Ende des Drahtes drehte. Die erste war die Elastizität, die das Gewicht nach einer leichten Drehung in seine ursprüngliche Position zurückbeförderte; die zweite war die Kohäsion, die das Metall zusammenhielt und dafür sorgte, daß der Draht seine Grundstruktur bewahrte. Coulomb vermutete, daß der Draht permanent verdreht – das heißt, aus der Form gebogen – wurde, wenn sich kleine Bestandteile des Metalls im Draht übereinanderschoben. Dann war die Kohäsionskraft überwunden.

Das war vor über 200 Jahren. Sehr viel später, als man der Atomstruktur der Metalle auf die Spur kam, erwies sich Coulombs Vermutung als richtig. Bewegt man die Atome, aus denen ein Metall besteht, etwas auseinander, so werden sie von den zwischen ihnen wirkenden Kräften wieder in ihre Ausgangsposition gezogen. Doch wenn die Kraft, die auf das Metall ausgeübt wird, groß genug ist, schieben sich ganze Atomschichten übereinander. Diese Schichten lassen sich nie wieder in ihre ursprüngliche Lage bringen. Der Bogen ist überspannt: Das Metall hat seine Form für immer verloren.

Wasserspiele mit Rosinen

Füllen Sie ein Glas mit einem frischen kohlensäurehaltigen Getränk – egal welchem. Warten Sie, bis sich der Schaum gesetzt hat. Lassen Sie nun einige Rosinen hineinfallen und warten Sie. Zunächst sinken die Rosinen unverzüglich auf den Boden des Glases. Doch schon nach kurzer Zeit steigen sie wieder an die Oberfläche. Nachdem sich die Trockenfrüchte einige Sekunden knapp unterhalb der Oberfläche aufgehalten haben, scheinen sie plötzlich wieder abzutauchen. Schon bald zeigt sich, daß jede Rosine in regelmäßigem Rhythmus aufsteigt, sinkt, aufsteigt und so fort. Tatsächlich befördern die Rosinen Kohlendioxid aus dem Wasser, und zwar in Gestalt von Blasen, die sich in ihrer schrumpligen Haut festsetzen. In dem Glas verliert das kohlensäurehaltige Getränk langsam Kohlendioxid an die Luft – daher ist es auch nach zwei Stunden schal. Kohlendioxidblasen, die sich unter der Oberfläche bilden und nach oben steigen, beschleunigen diesen Prozeß lediglich.

Doch mitten in einer sauberen und ruhigen Flüssigkeit bilden sich keine Blasen. Dazu kommt es erst, wenn die Flüssigkeit mit einem festen Körper in Berührung kommt. Das kann ein kleines Staubteilchen sein oder die Oberfläche einer Rosine. Sobald eine Blase sich zu bilden beginnt, ist sie bestrebt zu wachsen. Das in der Flüssigkeit gelöste Kohlendioxid ergreift gewissermaßen die Gelegenheit, die Flüssigkeit zu verlassen und sich als Gas zu verflüchtigen. Infolgedessen wachsen die Blasen auf einer untergetauchten Rosine, bis sie sie an die Oberfläche heben. Dort platzen die Blasen, auch wenn die Oberflächenspannung der Flüssigkeit sie vielleicht noch eine Zeitlang unter der Oberfläche festhält. Hat die Rosine genügend Blasen verloren, büßt sie ihren Auftrieb ein und sinkt.

Sie können die Rosinen auch in kleine Stücke schneiden, bevor Sie sie in das kohlensäurehaltige Getränk fallen lassen. Kleinere Stücke sind leichter und daher von den Blasen müheloser zu heben. In einigen Büchern wird auch empfohlen, diese Vorführung mit Kaffeesatz oder kleinen Hemdenknöpfen zu bestreiten.

Wasser läßt sich nur schwer erwärmen

An der Erdoberfläche ist Wasser bei weitem die verbreitetste Flüssigkeit. Außerdem besteht jedes Lebewesen zu 50 bis 95 Prozent aus Wasser. Es ist uns sehr vertraut, aber chemisch nicht ohne merkwürdige Eigenheiten.

Eine seiner Eigenheiten ist der Umstand, daß es ihm im Vergleich zu anderen Stoffen gewissermaßen widerstrebt, seine Temperatur zu wechseln. Wenn Sie beispielsweise eine kleine Menge Wasser auf einem Gasherd um ein Grad erwärmen wollen, müssen Sie fast doppelt soviel Gas verbrennen wie bei dem Versuch, die gleiche Menge Alkohol um ein Grad zu erwärmen. Chemiker sprechen davon, daß Wasser im Vergleich zu fast jedem anderen Stoff eine hohe spezifische Wärme besitzt.

Die Erklärung führt uns tief in die molekulare Welt hinein. Rufen wir uns ins Gedächtnis, daß Wärme auf Zufallsbewegungen von Molekülen beruht. Raschere Bewegung bedeutet höhere Temperatur. Wassermoleküle ziehen sich, verglichen mit den Molekülen der meisten anderen Stoffe, sehr stark an. Fügt man dem Wasser nun Energie in Form von Wärme hinzu, wird ein Großteil der Energie darauf verwendet, die starke Anziehungskraft zwischen den Molekülen aufzuheben, statt ihre Bewegung zu beschleunigen. Infolgedessen müssen Sie viel Gas unter einem Topf verbrennen, um die Temperatur des Wassers im Topf auch nur ein wenig zu erhöhen.

Dieses Widerstreben des Wassers, seine Temperatur zu verändern, hat zur Folge, daß sich im Meer lebende Geschöpfe nicht auf rasche Temperaturschwankungen einzustellen haben. Nachts kühlt das Meer langsam ab, und am Morgen erwärmt es sich ebenso langsam. Im Herbst wird Meerwasser ganz allmählich kälter und im Frühjahr allmählich wieder wärmer. Die Ozeane sind Wärmespeicher, bieten den Meeresbewohnern eine relativ konstante Umwelt und wirken sich mäßigend auf das Wetter aus.

Luftfeuchtigkeit – relativ zu was?

Relative Luftfeuchtigkeit vergleicht die Menge Wasserdampf, die im Augenblick tatsächlich in der Luft enthalten ist, mit der Menge Wasserdampf, die die Luft maximal enthalten kann. Beträgt die relative Luftfeuchtigkeit 100 Prozent, dann kann die Luft keinen Wasserdampf mehr aufnehmen – die Luft ist, wie es heißt, gesättigt. In gesättigter Luft kann Wäsche nicht trocknen.

Wenn die Luft dagegen nicht gesättigt ist – wenn die relative Luftfeuchtigkeit unter 100 Prozent liegt –, enthält sie weniger Wasserdampf, als sie aufnehmen kann. Bei, sagen wir, 50 Prozent Luftfeuchtigkeit enthält die Luft nur die Hälfte des Wasserdampfs, den sie aufnehmen kann, bei 75 Prozent drei Viertel und so fort. Nasse Wäsche trocknet, wenn die Luftfeuchtigkeit weniger als 100 Prozent beträgt, weil die Luft sozusagen noch Platz für weiteren Wasserdampf hat.

Von wieviel Wasser ist eigentlich die Rede? Ein Beispiel: Nehmen wir warme, feuchte Sommerluft, eine Temperatur von 30 Grad Celsius und eine Luftfeuchtigkeit von 100 Prozent. Wir betrachten die Menge Luft, die wir brauchen, um eine Telefonzelle zu füllen. (Das Volumen einer Telefonzelle wird im allgemeinen mit zwei Kubikmetern angesetzt.) Das Wasser, das die gesättigte Sommerluft in dieser Telefonzelle enthält, wiegt 50 bis 60 Gramm.

Zum Vergleich nun feuchte Winterluft: die relative Luftfeuchtigkeit beträgt wiederum 100 Prozent, die Temperatur aber minus 20 Grad Celsius. Abermals füllen wir eine Telefonzelle. Das Wasser in dieser Probe gesättigter Winterluft wiegt nur noch knapp zwei Gramm. Kaltluft hat eine weit geringere Aufnahmefähigkeit für Wasserdampf als Warmluft. Die relative Luftfeuchtigkeit gibt an, wie nahe die Luft der Sättigung ist. Um kalte Luft zu sättigen, ist nur wenig Wasserdampf nötig, wesentlich mehr dagegen, um warme Luft zu sättigen.

Wir wissen jetzt, daß warme Luft mehr Wasserdampf aufnehmen kann als kalte Luft. Warum fühlt sich die erwärmte Luft dann so trocken an, wenn wir im Winter die Heizung anstellen? Wie trocken sich die Luft *anfühlt*, verrät uns lediglich, wie rasch die Feuchtigkeit auf unserer Haut verdunstet. Wenn die relative Luftfeuchtigkeit fällt – mit anderen Worten, weiter unter den Sättigungspunkt absinkt –, fühlt sich die Luft trockener an, weil sie mehr Feuchtigkeit von unserer Haut aufnimmt.

An einem kalten Wintertag befindet sich wahrscheinlich weit weniger Feuchtigkeit in der Außenluft als an einem durchschnittlichen Sommertag in derselben Region. Trotzdem kann die relative Luftfeuchtigkeit nahe bei 100 Prozent liegen, weil bei der geringeren Temperatur der Sättigungspunkt viel niedriger liegt. Wenn diese kalte, gesättigte Luft, die draußen unterhalb des Gefrierpunkts liegt, im Hausinneren auf Zimmertemperatur erwärmt wird, verliert sie zwar nichts von ihrer Feuchtigkeit, fühlt sich aber viel trockener an, weil sie jetzt dreimal soviel Feuchtigkeit von Ihrer Haut aufnehmen kann. Beträgt die relative Luftfeuchtigkeit draußen 100 Prozent, wird sich die relative Luftfeuchtigkeit im Inneren auf weniger als ein Drittel belaufen – rund 30 Prozent.

An einem kalten Tag in Milwaukee ist weniger Feuchtigkeit in der Luft als an einem heißen Tag in der Sahara, obwohl die relative Luftfeuchtigkeit im kälteren Klima höher ist. Wenn Sie die Luft in Milwaukee auf Zimmertemperatur erwärmen ohne Feuchtigkeit hinzuzufügen, wird die relative Luftfeuchtigkeit in diesem Haus geringer sein als in der Sahara.

Farben auf Metall

Nachdem man Töpfe und Pfannen aus Metall längere Zeit benutzt hat, zeigen sich auf ihrer Oberfläche oft Flecken, die in allen Farben des Regenbogens schimmern. Hervorgerufen werden diese Farben durch dünne Schichten von Metalloxiden – chemischen Stoffen, die bei hohen Temperaturen durch eine Reaktion zwischen dem Metall und der Luft entstehen. Die Farben erinnern an Ölflecken auf einer Pfütze oder an das Schillern von Seifenblasen. In der Tat gehen alle diese Farben auf den gleichen Mechanismus zurück: die Lichtreflexion an den beiden Grenzflächen einer dünnen Schicht.

Überall dort, wo die Metalloxidschicht gerade so dick ist, daß sie sich einer ganzen – also nicht gebrochenen – Zahl von Wellen akkomodiert, zum Beispiel dem roten Licht, wird rotes Licht in Ihr Auge zurückgeworfen, weil die Rotlichtwellen, die von der Rückseite der Schicht abprallen, genau in Phase sind mit den Rotlichtwellen, die von der Vorderseite der Schicht reflektiert werden. Gleiches gilt für andere Farben. Immer wenn sich die Dicke der Schicht verändert, wechseln auch die Farben. Durch unterschiedlich lange und intensive Erwärmung ergeben sich Farbveränderungen der Metalloxidschicht. Werkzeugmacher und Metallurgen können anhand dieser Farben die Temperatur eines Metallstücks beim Anlassen – einer Wärmebehandlung – abschätzen.

Um die Jahrhundertwende entwickelte der amerikanische Glashersteller Louis Comfort Tiffany ein Verfahren, mit dem sich eine dünne Metalloxidschicht auf Glas auftragen läßt, so daß es in allen Farben schillert. Lüster und andere Glasprodukte von Tiffany erzielen heute stolze Preise auf dem Antiquitätenmarkt.

Die meisten Metalloxidschichten haften fest auf der Oberfläche und schützen das darunterliegende Metall. Dadurch werden weitere Reaktionen zwischen dem Metall und dem Luftsauerstoff unterbunden. Die große Ausnahme von dieser Regel ist Eisen. Rost, der aus Eisenoxid besteht, blättert ab und legt dadurch frisches Metall bloß, das rostet, abblättert und so fort, bis kein Eisen mehr übrig ist.

Spiegelkabinett

Halten Sie zwei rechtwinklige, flache Spiegel so, daß sich ihre Ränder berühren und daß sie einen stumpfen Winkel bilden wie die Deckel eines offenen Buches. Nun führen Sie die beiden Spiegel langsam zusammen, als schlössen Sie das Buch. Achten Sie auf die Spiegelungen. Irgendwann wird das Spiegelbild des rechten Spiegels im linken Spiegel erscheinen. Etwa zur gleichen Zeit wird das Spiegelbild des linken Spiegels im rechten erscheinen. Lassen Sie den Winkel zwischen den Spiegeln weiter schrumpfen. Bald wird der linke Spiegel nicht nur das Spiegelbild des rechten Spiegels zeigen, sondern auch das, was in diesem rechten Bild gespiegelt wird, nämlich den linken Spiegel.

Und so geht es weiter. Je kleiner der Winkel zwischen den Spiegeln wird, desto mehr gespiegelte Spiegel werden sichtbar. Kurz, bevor die beiden Spiegel sich treffen, können Sie, wenn Sie in den engen Zwischenraum hineinspähen, viele Spiegelbilder erblicken – Dutzende womöglich. Die weiter entfernt wirkenden Spiegelbilder sind dunkler, weil das Glas mit jeder Spiegelung etwas Licht verschluckt.

Trennen Sie nun die beiden Spiegel und halten Sie sie parallel, so daß sie sich gegenüber stehen. Besser ist es, wenn Sie die Spiegel auf einem Tisch abstützen, so daß Sie keine Anstrengung darauf verwenden müssen, sie ruhig zu halten. Wenn Sie jetzt über den Rand eines Spiegels blicken, werden Sie das Empfinden haben, in einen Tunnel hineinzusehen. Sind die beiden echten Spiegel 15 Zentimeter voneinander entfernt, so wird jeder gespiegelte Spiegel den Eindruck erwecken, er stehe 15 Zentimeter hinter dem vorangehenden. Im allgemeinen scheint sich das Spiegelbild jedes Gegenstands, der 15 Zentimeter von einem Spiegel entfernt ist, 15 Zentimeter hinter dem Spiegel zu befinden. Wenn Sie in Ihrem Mini-Spiegelkabinett zehn Spiegelbilder erkennen können, dann wird es so aussehen, als befände sich das zehnte Spiegelbild 150 Zentimeter hinter dem Spiegel; mit anderen Worten, der Tunnel wird anderthalb Meter tief erscheinen.

Und noch ein Spiegelexperiment, das Sie ausprobieren können:

Halten Sie im Dunkeln eine Kerze zwei bis drei Zentimeter vor einen gewöhnlichen Badezimmerspiegel. Passen Sie auf, daß das Glas nicht heiß wird. Nun werden Sie mehrere Spiegelbilder der Kerzenflamme sehen, die scheinbar in einer Linie hinter dem Spiegel aufgereiht sind. Wir haben es abermals mit dem Spiegelkabinett-Effekt zu tun, wobei einer der beiden Spiegel die Spiegelfläche *hinter* dem Glas ist, der andere Spiegel hingegen die Innenseite der *Glasvorderfläche*, die etwas Licht in das Glas zurückwirft, statt es in die Luft entweichen zu lassen.

Die allgemeine Regel lautet: Bringe ein beliebiges Objekt in einigem Abstand vor einen Spiegel, und das Spiegelbild wird wie ein Abbild dieses Gegenstandes aussehen, das sich in genau dem gleichen Abstand hinter dem Spiegel befindet. Bringe ein Objekt zwischen zwei Spiegel, und das Bild dieses Gegenstandes in dem einen Spiegel wird zum Spiegelbild im anderen Spiegel.

Wenn Sie ein Kaleidoskop öffnen, werden Sie feststellen, daß dort zwei Spiegel an den Rändern zusammengefügt sind wie die Deckel eines Buchs. Schauen Sie durch das Okular des Kaleidoskops, dann fällt Ihr Blick in diese Spiegel, und Sie sehen vielfältige Spiegelbilder der durcheinandergewürfelten Plastikteile am anderen Ende. Jeder Spiegel zeigt nicht nur ein Spiegelbild des bunten Plastikmaterials, sondern auch ein Spiegelbild des anderen Spiegels, der Ihnen ein Spiegelbild des Plastikmaterials und des ersten Spiegels zeigt – und so fort.

Zu einem letzten Experiment brauchen Sie einen dritten rechtwinkligen Spiegel. Setzen Sie die drei Spiegel zu einem Dreieck zusammen, so daß sie sich an den Ecken berühren und einander zugewandt sind, wie die Wände eines winzigen dreieckigen Zimmers. Lassen Sie einen Groschen zwischen die Spiegel fallen, und blicken Sie dann über den oberen Rand eines der Spiegel. Sie werden Dutzende und Aberdutzende von Groschen sehen. Die Pariser Weltausstellung von 1889 hatte ein solches Kabinett, groß genug, um etlichen Besuchern Platz zu bieten. Aus zwei oder drei Besuchern wurde dort eine Menschenmenge!

Nehmen Sie Wetten auf eine lecke Milchtüte entgegen

Anmerkung: Überzeugen Sie sich aber vorher davon, daß niemand daran Anstoß nimmt, wenn das Experimentierfeld naß wird!

Suchen Sie sich eine leere Milchtüte, die zwei Liter faßt, und bohren Sie an der Seite drei kleine runde Löcher mit einem scharfen Bleistift hinein, eins über dem anderen: das erste einen knappen Zentimeter über dem Boden, das zweite etwa fünf Zentimeter höher und das dritte noch einmal fünf Zentimeter darüber. Stellen Sie die Milchtüte auf eine ebene Unterlage, füllen Sie die Tüte mit Wasser und beobachten Sie, wie das Wasser aus den drei Löchern quillt. Nehmen Sie Wetten zu folgender Frage entgegen: Welcher Wasserstrahl wird am weitesten kommen?

Es ist zu vermuten, daß das Wasser aus dem untersten Loch am raschesten herausspritzt – mit Recht, denn der Druck wird größer, je tiefer wir uns in einem Wasserbehälter befinden. Wenn Sie auf den Grund eines Schwimmbeckens tauchen, spüren Sie, wie der Druck in Ihren Ohren wächst. Da also der Wasserdruck hinter dem untersten Loch am größten ist, wird das Wasser aus diesem Loch mit der größten Geschwindigkeit austreten. Daher könnte man vermuten, daß der untere Strahl in größerer Entfernung von der durchlöcherten Milchtüte auf die Unterlage auftreffen wird als die beiden anderen Strahlen. Probieren Sie es aus. Zu Ihrer Überraschung werden Sie feststellen, daß der untere Strahl die geringste Entfernung zurücklegt. Sowohl der mittlere als auch der obere Strahl kommen weiter.

Wo liegt der Denkfehler? Wir haben nur die waagerechte Geschwindigkeit berücksichtigt, aber die *Zeit* übersehen, die das Wasser braucht, um die Entfernung von der Höhe des Lochs bis zur Unterlage zurückzulegen. Gewiß, das Wasser, das aus dem unterem Loch dringt, bewegt sich – waagrecht – schneller als das Wasser weiter oben. Doch der untere Strahl hat weniger Zeit zu fallen, bevor er auf die ebene Unterlage trifft. Während dieser Zeit kann das Wasser nur eine kurze waagerechte Entfernung zurücklegen.

Allerdings läßt sich das Experiment so verändern, daß das erwartete Resultat herauskommt. Versuchen Sie folgendes: Schieben Sie dieselbe durchlöcherte Milchtüte an den Tischrand, so daß die drei Wasserstrahlen auf den Fußboden spritzen. Jetzt gewinnt der unterste Strahl, das heißt, er trifft in größerer Entfernung von dem Tisch auf den Fußboden als die beiden anderen Strahlen.

Die drei Löcher sind nun nämlich fast gleich weit von der Aufschlagfläche entfernt. Damit unterscheidet sich die Fallzeit aus dem obersten Loch kaum noch von der aus dem untersten Loch, während die waagrechten Geschwindigkeiten nach wie vor erhebliche Unterschiede aufweisen. Unter diesen Voraussetzungen ist die Differenz der waagrechten Geschwindigkeiten der entscheidende Faktor, und so kommt es zum erwarteten Ergebnis: Der unterste Strahl gewinnt.

Bakterien, Mais, Autos und Terre Haute

Anfang des 20. Jahrhunderts entwickelte der in Rußland geborene Chemiker Chaim Weizmann an der Universität von Manchester ein Verfahren, in dessen Verlauf ein bestimmter Bakterienstamm Mais zu einem nützlichen chemischen Stoff und einem offenbar unnützen Abfallprodukt vergor. Der nützliche Stoff war Butylalkohol – nichts, was Sie trinken sollten. Weizmann hoffte, daß er sich bei der Herstellung von künstlichem Gummi als nützlich erweisen würde. Das scheinbar unnütze Abfallprodukt war Azeton, das die meisten von uns heute als Nagellackentferner kennen. Doch das war viel später. Zurück zum Anfang des Jahrhunderts. Der Erste Weltkrieg begann. Die Alliierten stellten mit Hilfe von Aceton den Sprengstoff Cordit her. Damit wurde das Weizmannverfahren einem neuen Zweck zugeführt. Die amerikanische Regierung übernahm Brennereien in Peoria, Illinois, und Terre Haute, Indiana, und wandelte sie in Azetonfabriken um, in denen das Weizmannverfahren zur Anwendung kam. Jetzt war Butylalkohol das unnütze Abfallprodukt.

Als der Erste Weltkrieg zu Ende ging, gab es keinen Bedarf mehr an Aceton. Nun hatten sich aber während der Kriegsjahre große Mengen Butylalkohol angesammelt, und siehe da, die Farbenindustrie entdeckte eine Verwendung für ihn. Vor 1920 war die Schwachstelle in der Autoherstellung die Spritzerei. Automobillacke brauchten bis zu drei Wochen, um zu trocknen. Zwar wußten die Fachleute längst, daß die sogenannten Nitrozelluloselacke sehr viel schneller trocknen würden, aber dazu waren sie unter anderem auf ein erschwingliches Lösungsmittel angewiesen. Diesem Anspruch genügte der Butylalkohol. Nun erwarb ein Privatunternehmen die Brennereien in Peoria und Terre Haute und produzierte das Lösungsmittel für die neuen Autolacke der 20er Jahre – wobei es das gleiche chemische Verfahren anwendete, das Chaim Weizmann einst für die Herstellung von künstlichem Gummi entwickelt hatte. Wenn diese Geschichte eine Moral hat, dann die, daß sich die praktischen Ergebnisse der Grundlagenforschung letztlich nicht vorhersagen lassen.

Große Schatten

Nach einem Abendessen bei Kerzenschein können Sie einmal folgendes ausprobieren: Blasen Sie alle Kerzen bis auf eine aus, und schalten Sie auch alle anderen Lichter im Raum aus. Die Kerze wirft Sie und Ihre Freunde als riesige, schreckenerregende Schattenbilder auf die Wände. Je größer das Zimmer, desto größer die Schatten.

Halten Sie Ihre Hand ungefähr 50 Zentimeter von der Kerze entfernt vor die Flamme, und schauen Sie sich an, welche Schatten die Hand auf der Wand produziert. Gehen Sie nun auf 20 oder 30 Zentimeter an die Kerze heran (passen Sie aber auf, daß Sie sich nicht verbrennen!), und achten Sie darauf, um wieviel größer der Schatten nun wird. Diesem Phänomen liegt ein mathematisches Verhältnis zugrunde. Wenn Ihre Hand fünfmal näher an der Kerze als an der Wand ist, dann ist der Schatten fünfmal größer als die Hand selbst. Ist Ihre Hand zehnmal näher an der Kerze als an der Wand, ist der Schatten zehnmal so groß wie die Hand. Und so fort.

Warum wirft eine gewöhnliche Stehlampe nicht so gewaltige, dunkle Schatten? Der Grund ist ganz einfach der, daß elektrische Lampen und die meisten elektrischen Glühbirnen so konstruiert sind, daß sie, anders als eine nackte Kerzenflamme, weiche Schatten werfen. Die Kerze im Eßzimmer ist eine kleine Lichtquelle; die Flamme hat in der Regel eine Höhe von knapp zwei Zentimetern. Dagegen ist eine Mattglasglühlampe gut zehn Zentimeter lang und strahlt von ihrer gesamten Oberfläche Licht ab – mithin ist sie eine größere Lichtquelle als eine Kerze. Durch einen Lampenschirm nimmt die effektive Größe der Lichtquelle noch zu. Je größer die Lichtquelle, desto diffuser der Schatten.

Wenn Sie die Hand 30 Zentimeter von der Kerze entfernt halten, fangen Sie einen Großteil des Lichtes ab, das sonst die Wände erreichen würde. Halten Sie die Hand jedoch in gleicher Entfernung von einer Lampe mit einer Mattglasbirne und einem großen Schirm, dann blocken Sie weit weniger Licht ab, daher ist der Schatten an der Wand auch erheblich unauffälliger.

Die »Schwerelosigkeit des Weltraums«

Tatsächlich ist der Weltraum beileibe nicht der einzige Ort, an dem Schwerelosigkeit auftreten kann. Sie läßt sich jederzeit und überall beobachten. Werfen Sie ein Schlüsselbund in die Luft. Werfen Sie ihn so, daß die Schlüssel nicht durcheinanderwirbeln. Nachdem die Schlüssel Ihre Hand verlassen haben, scheinen sie auf ihrer Luftreise zu schweben, wie wir es von den Fernsehbildern kennen, die schwerelose Objekte in Raumfahrzeugen zeigen. Sie können hören, wie die schwebenden Schlüssel leicht aneinanderschlagen. Solange sich die Schlüssel in der Luft befinden, hängen sie nicht mehr von dem Schlüsselring herab. Sie sind schwerelos.

Wenn Sie in einem Spaceshuttle die Erde umkreisen, müssen Sie die Schlüssel nicht hochwerfen, um diesen Effekt zu sehen; Sie brauchen sie nur loszulassen. Sie, das Raumfahrzeug und die Schlüssel sind bereits mit knapp 30 000 Kilometern pro Stunde emporgeworfen worden – von den Raketentriebwerken, die nach dem Start ein paar Minuten in Betrieb waren. Sie, das Raumfahrzeug und die Schlüssel befinden sich seither im freien Fall – so wie die Schlüssel, die Sie unten auf der Erde in die Luft geworfen haben.

Im Gegensatz zu den Schlüsseln auf der Erde fallen Sie allerdings nicht herunter, wenn Sie sich in einer Erdumlaufbahn befinden. Zwar wird Ihre Bahn ständig zum Mittelpunkt der Erde hinabgelenkt, weil die Schwerkraft der Erde Sie fortwährend zur ihrem Mittelpunkt zieht, aber Sie bewegen sich mit knapp 30 000 Kilometern pro Stunde zur Seite – ungefähr 150mal so schnell wie der schnellste Aufschlag eines Tennisprofis. Da Sie sich oberhalb der Atmosphäre befinden – mit anderen Worten, im All –, gibt es praktisch keine Luft, die Sie abbremsen könnte.

Infolgedessen wird Ihre Bahn nur ganz leicht nach unten gekrümmt – so geringfügig, wie die Krümmung der Erde unter Ihnen ist. Obwohl sie beständig fallen, kommen Sie dem Erdboden nicht näher. Ihr auf Erdumlaufbahn befindliches Raumfahrzeug und Ihre Schlüssel fallen mit der gleichen Geschwindigkeit wie Sie. Daher schweben Sie innerhalb des Shuttle, ohne gegen die Wände zu stoßen. Sie und Ihre Schlüssel sind schwerelos.

Das Geheimnis der Proteine

Ende des 18. Jahrhunderts machten Chemiker die Beobachtung, daß viele feste Stoffe bei Erwärmung flüssig werden. Denken wir an Eis. Nun gibt es aber einige Stoffe, bei denen es sich umgekehrt verhält: Sie sind bei Normaltemperatur flüssig und werden fest, wenn wir sie erwärmen. Milch und Eier zum Beispiel – und Blut. Seit dem 18. Jahrhundert bezeichneten die Chemiker sie als Eiweißstoffe – in Analogie zum gleichnamigen Eibestandteil.

Zunächst hatte es den Anschein, als kämen die Eiweißsubstanzen überwiegend von Tieren. Wenn man tierisches Gewebe kocht, gerinnt der wäßrige Saft, der als Rückstand im Topf bleibt. Später entdeckte man Eiweißstoffe auch in Weizen und Bohnen. Mitte des 19. Jahrhunderts äußerte der holländische Chemiker Gerardus Mulder die Vermutung, Eiweißkörper seien Grundstoffe aller Lebewesen. Der schwedische Chemiker Jöns Jacob Berzelius schlug die Bezeichnung »Protein« vor, ein griechisches Wort mit der Bedeutung »Urstoff«.

Erst Mitte des 20. Jahrhunderts entdeckte man, warum Proteine gerinnen. Wie sich herausstellte, besteht ein Proteinmolekül aus Hunderten von kleineren Molekülen, sogenannten Aminosäuren, die sich zu kettenartigen Strukturen zusammenschließen. Bei jeder Proteinart ist die Kette zu einer ganz spezifischen Form gewickelt. Durch Erwärmung verlieren die Proteinmoleküle ihre charakteristische Wicklung, können sich neu verbinden und eine relativ feste Struktur bilden. Das geschieht, wenn Sie ein Ei kochen. Die Proteinmoleküle sind wie kleine Knäuel aus klebrigen Fäden, die sich entrollen und in neuen, netzartigen Formen aneinanderhaften.

Zu den schwierigsten und wichtigsten Aufgaben der modernen Chemie gehört übrigens die genaue Formenbestimmung der Proteinmoleküle. Von dieser Form hängt nämlich ab, welche Funktion das Protein im lebenden Organismus hat.

Wer kann Milch trinken?

Milch enthält einen Zucker besonderer Art, die Laktose, wie sie im wissenschaftlichen Sprachgebrauch heißt. Ein Laktosemolekül besteht aus zwei einfacheren Zuckermolekülen – Glukose und Galaktose –, die miteinander verknüpft sind. In dieser verknüpften Form ist der Zucker für den menschlichen Körper nutzlos.

Säuglinge und manche Erwachsene produzieren im Dünndarm ein Enzym, welches das Laktosemolekül zerlegt. Das Enzym heißt Lactase.

Sobald das Milchzuckermolekül in Glucose und Galaktose zerlegt worden ist, kann der Körper es verwerten. Auf diese Weise wird Milchzucker – Laktose – verdaut. Menschen, deren Dünndarm das Enzym Lactase nicht herstellt, sind auch nicht in der Lage, Milchzucker zu verdauen. Die unverdaute Laktose gelangt in den Dickdarm, wo sie den Körpergeweben Wasser entzieht. Außerdem gärt sie. Das hat Gasbildung zur Folge. Das Ergebnis ist eine Diarrhö, ein Symptom von Laktoseintoleranz.

Gesunde Säuglinge stellen Lactase her, bis sie zwei oder drei Jahre alt sind. Sie brauchen sie, um die Muttermilch zu verdauen. Danach bilden die meisten Menschen keine Lactase mehr und dürften eigentlich keine Milch mehr trinken, weil sie den Milchzucker, die Laktose, nicht mehr verdauen können; sie sind laktoseintolerant.

Doch Experten, die sich mit Ernährungsweisen in aller Welt beschäftigt haben, vertreten die Auffassung, Laktoseintoleranz sei normal – wenn wir darunter die Situation verstehen, die für die meisten Menschen gilt. Der überwiegende Teil der Erdbevölkerung kann keine Milch trinken – zumindest nicht mehr als etwa einen halben Liter am Tag. Erwachsene, die mehr Milch vertragen, stammen in der Regel aus Kulturen, die schon seit langer Zeit Milchwirtschaft betreiben. Ihre Vorfahren kommen entweder aus Nordeuropa oder bestimmten afrikanischen Regionen. Wie es im einzelnen dazu kam, daß sich das genetische Merkmal für Milchverträglichkeit im Erwachsenenalter in diesen Gebieten konzentriert hat, wissen wir noch nicht.

Spiegelungen im Wasser

Frühling: In den Zeitschriften tauchen die Anzeigen der Reiseveranstalter auf, bebildert mit traumhaft schönen Fotografien ferner Gegenden. Oft spiegeln sich diese Landschaften im stillen Wasser eines Sees. Vielleicht haben Sie selbst solche Fotos. Das Wasser ist so klar, daß sich das auf dem Kopf stehende Spiegelbild vom eigentlichen Motiv nicht unterscheiden läßt.

Oder doch? Wenn Sie sich das Foto genau ansehen, dann stellen Sie fest, daß Sie das gespiegelte Haus aus einem etwas anderen Blickwinkel sehen als das echte Haus.

Stellen Sie sich vor, Sie folgen Ihrer Blicklinie, während Sie ein Spiegelbild in einem stillen See betrachten. Ziehen Sie eine imaginäre Gerade zu dem Punkt auf dem See, wo Sie das Spiegelbild der Haustür oder des Schornsteins sehen. Ziehen Sie nun eine andere Gerade von diesem Punkt des Sees zu einem entsprechenden Punkt des echten Hauses. Diese zweite Linie steigt vom Wasser zum Haus *empor*.

Die imaginären Geraden sind die Wege, denen das Licht vom Haus zu Ihrem Auge folgt.

Wenn Sie also das Spiegelbild eines Hauses im Wasser betrachten, dann blicken Sie in Wahrheit zu dem Haus *auf*. Alles, was sich vor dem Haus befindet – zum Beispiel ein Mensch, der im Vorgarten steht –, erscheint »gespiegelt« im Vergleich zum Haus ein bißchen größer als in der Wirklichkeit, denn er wird von einem etwas niedriger gelegenen Standpunkt aus wahrgenommen.

Insofern sind Sie also möglicherweise in der Lage, das gespiegelte vom wirklichen Bild zu unterscheiden. In der gespiegelten Landschaft ist alles von einem etwas niedrigeren Blickpunkt gesehen.

Zur Hälfte Kopf, zur Hälfte Zahl

Werfen Sie eine nichtmanipulierte Münze hoch, und Sie können damit rechnen, daß ebenso oft Kopf wie Zahl kommt. Werfen Sie zehnmal, und die Würfe müßten zur Hälfte Kopf und zur Hälfte Zahl sein. Allerdings stellt sich eine interessante Frage: Können Sie genau fünfmal Kopf und fünfmal Zahl erwarten?

Die Antwort lautet nein. Es ist sehr wahrscheinlich, daß zehn Würfe *annähernd* zur Hälfte Kopf und zur Hälfte Zahl ergeben. Daß dieses Ergebnis aber bei zehn Würfen *genau* herauskommt, ist weit weniger wahrscheinlich.

Schauen wir uns einige Zahlen an, die uns die Wahrscheinlichkeitsrechnung liefert. Wenn Sie die Münzen zehnmal werfen, sind die Aussichten, daß Sie genau fünfmal Kopf und fünfmal Zahl werfen, geringer als 25 Prozent. Allerdings besteht eine Wahrscheinlichkeit von fast 66 Prozent, daß Sie dem Ergebnis von fünfmal Kopf und fünfmal Zahl nahekommen. Mit anderen Worten, es besteht eine fast 66prozentige Chance, daß Sie entweder viermal Kopf und sechsmal Zahl, fünfmal Kopf und fünfmal Zahl oder sechsmal Kopf und viermal Zahl werfen.

Je öfter Sie werfen, desto höher ist die Wahrscheinlichkeit, daß Sie *annähernd* zur Hälfte Kopf und zur Hälfte Zahl bekommen. Andererseits gilt aber auch: Je häufiger Sie die Münze werfen, desto geringer wird die Wahrscheinlichkeit, daß Sie *genau* zur Hälfte Kopf und zur Hälfte Zahl erhalten. Wenn Sie eine Münze 20mal werfen, ist die Aussicht, daß genau zehnmal Kopf herauskommt, auf 18 Prozent gesunken, hingegen beträgt die Chance, ein Ergebnis zwischen acht- und zwölfmal Kopf zu erzielen, ungefähr 74 Prozent.

Bei einer Million Würfen ist die Wahrscheinlichkeit, genau 500 000mal Kopf zu bekommen, unendlich klein, die Aussicht dagegen, zwischen 499 000mal und 501 000mal Kopf zu erzielen, ganz außerordentlich groß.

Spinnen verfangen sich nicht in ihren eigenen Netzen

Spinnen haben an den Füßen ein öliges Sekret, das sie davor bewahrt, an den eigenen Netzen kleben zu bleiben. Doch das ist noch nicht die ganze Wahrheit. Nicht alle Spinnenfäden sind klebrig. Eine Spinne kann mehr als eine Seidenart herstellen. Aus ihrer Seide fabrizieren Spinnen nicht nur die klebrigen Teile des Netzes, sondern auch Auskleidungen für ihre Verstecke, Hüllen für ihre Eier und Fallschirme, an denen sie sich vom Wind davontragen lassen.

Selbst in einem Netz, das die Aufgabe hat, Insekten zu fangen, sind nicht alle Fäden klebrig. Nehmen wir zum Beispiel das sogenannte Radnetz – die Form, die uns allen vermutlich als erstes einfällt, wenn wir an Spinnennetze denken. Bei einem Radnetz gehen eine Reihe von Fäden strahlenförmig vom Mittelpunkt aus, während ein anderer Faden spiralförmig über diese Speichenfäden verlegt wird – wie die Rillen in einer Schallplatte. Im allgemeinen ist nur der spiralförmige Faden klebrig, nicht die Speichenfäden.

Und sogar die klebrigen Fäden in einem Netz sind nicht über ihre ganze Länge klebrig. Klebrig wird der Faden dadurch, daß die Spinne beim Spinnen Klebstoff auf den Faden bringt. Während der neue Faden aus ihrem Hinterleib hervorkommt, trägt sie fortwährend Klebstoff auf. Allerdings bildet der Klebstoff keine fortlaufende Schicht auf dem Faden. Das verhindert die Oberflächenspannung.

Oberflächenspannung ist die gleiche Anziehung zwischen Molekülen, die dafür sorgt, daß sich das Wasser auf einem frisch gewachsten Auto zu kleinen Tröpfchen versammelt. Auch beim Klebstoff der Spinne bewirkt die Oberflächenspannung, daß sich kleine Tröpfchen bilden, die sich auf dem Faden aufreihen wie Perlen auf einer Schnur. Diese Klebstoffperlen auf den spiralförmigen Fäden eines Radnetzes sind unter einem guten Vergrößerungsglas gerade noch zu erkennen.

Eis in Öl

Füllen Sie ein kleines Wasserglas mit Pflanzenöl, das Zimmertemperatur hat, fügen Sie einen Eiswürfel hinzu und passen Sie auf, was geschieht. Vermutlich wird der Eiswürfel auf dem Öl schwimmen. Doch wenn das Eis schmilzt, versammelt sich das entstehende Wasser in einem großen Tropfen auf dem Boden des schwimmenden Eiswürfels. Bald wird dieser Wassertropfen so schwer, daß er sich vom Eiswürfel trennt und langsam auf den Boden des Glases sinkt. Nach unten sackt der Wassertropfen, weil Wasser dichter als Pflanzenöl ist. Das Gewicht einer Wasserkugel von einem Zentimeter Durchmesser ist größer als das Gewicht einer Kugel Pflanzenöl von gleicher Größe.

Das Schmelzwasser, das sich von dem in Öl schwimmenden Eiswürfel löst, können Sie sehen, weil sich Öl und Wasser nicht mischen. Das hat mit einem grundlegenden Unterschied in der Struktur von Ölmolekülen und Wassermolekülen zu tun. Ein Wassermolekül besitzt auf der einen Seite eine elektrische Ladung, die geringfügig positiv ist, und auf der anderen Seite eine leicht negative Ladung. Dabei handelt es sich um einen winzigen Betrag jener Ladung, die man im allgemeinen als statische Elektrizität bezeichnet. In der Welt der Elektrizität ziehen sich ungleichnamige Ladungen an. Mithin wird die positive Seite eines Wassermoleküls stark von der negativen Seite anderer Wassermoleküle angezogen. Grundsätzlich gilt, daß Wassermoleküle starke Anziehungskräfte aufeinander ausüben. Ölmoleküle hingegen besitzen keine elektrischen Ladungen. Daher ergeben sich zwischen den Ölmolekülen keine engen Kontakte.

Übrigens ist diesem Experiment nicht zu entnehmen, wie schnell Eis in anderen Flüssigkeiten, zum Beispiel Wasser, schmilzt. Das Schmelztempo hängt von anderen Faktoren ab, etwa davon, wie die Wassermoleküle des Eises mit Molekülen in der umgebenden Flüssigkeit wechselwirken und wie rasch die Flüssigkeit Wärme zum Eis leitet.

Verwischte Schattenränder

Gehen Sie an einem sonnigen Tag ins Freie, strecken Sie die Hand aus und betrachten Sie den Schatten Ihrer Hand auf dem Gehweg. Die Ränder Ihrer Schattenhand sind nicht scharf, sondern verwischt. Die Sonne ist nicht in der Lage, einen vollkommen scharfen Schatten zu werfen, weil sie kein unendlich kleiner Lichtpunkt ist. Vielmehr erscheint sie uns als Scheibe mit einem Durchmesser von etwa einem halben Grad.

Um zu begreifen, warum eine Lichtscheibe keinen scharfen Schatten werfen kann, müssen Sie sich vorstellen, Sie wären ein winziger Käfer, der auf dem Gehsteig durch den Schatten einer Menschenhand läuft und dabei zur Sonne emporsieht. Anfangs bewegen Sie sich im strahlenden Sonnenlicht. Bald jedoch kommen Sie in eine Region, wo die Hand über Ihnen einen Teil der Sonnenscheibe verdeckt, allerdings nicht ganz. In dieser Zone wird Ihnen, dem kleinen Käfer, ein Teil des Sonnenlichts entzogen. Sie befinden sich in der verschwommenen Grauzone des Schattenrands, dem Bereich, den man in der Physik als Halbschatten bezeichnet.

Inzwischen setzen Sie – als kleiner Käfer – Ihren Weg fort. Sie betreten Zonen, in denen die Hand immer größere Teile der Sonnenscheibe abschirmt. Schließlich gelangen Sie aus dem Halbschatten in den Kernschatten, den dunklen Mittelteil des Schattens, den Bereich, in dem die Sonnenscheibe von der Hand über Ihnen vollständig verdeckt wird.

Wenn Sie weiterlaufen, kommen Sie nach kurzer Zeit in den Halbschatten der anderen Seite und am Ende wieder ins ungeschmälerte Sonnenlicht.

Nicht alle Schatten besitzen einen Kernschatten. Abermals sind Sie ein Käfer und laufen über den Gehsteig, doch diesmal steht der Mensch, dessen Hand den Schatten wirft, auf einem Balkon hoch über dem Gehsteig.

Aus der Käferperspektive erscheint die Hand jetzt kleiner als die Sonnenscheibe, daher kann die Sonne aus ihrer Sicht nicht mehr vollständig von der Hand verdeckt werden. Stets werden Sie zumindest von einem Teil der Sonnenscheibe beschienen sein. Der Mensch, dessen Hand den Schatten wirft, blickt auf den Gehsteig hinab und sieht nur einen Halbschatten, den verschwommenen grauen Schatten seiner Hand.

Leuchtendere Farben hoch oben in der Luft?

Wenn wir einen Berg aus der Ferne betrachten, erblicken wir nicht nur das Licht, das von seiner Oberfläche reflektiert wird, sondern auch das Licht, das die dazwischen liegende Luft hinzufügt. Dieses hinzukommende Licht ist bläulich, so blau wie klarer Himmel. Daher sehen Berge in der Ferne blau aus.

Sonnenlicht ist eine Mischung aus allen Farben des Regenbogens – folglich ist es weiß. Doch der Teil des Sonnenlichts, der von der Luft seitlich gestreut wird, ist bläulich. Gelegentlich haben sehr kleine Teilchen wie zum Beispiel Luftmoleküle die Tendenz, blaues Licht seitlich zu streuen, rotes Licht hingegen geradewegs passieren zu lassen. Wenn also ein Sonnenstrahl die Luft durchquert, wird ein Teil des blauen Anteils aus ihm entfernt und zur Seite gelenkt. Dieses blaue Licht sehen wir, wenn die Sonne ihre Strahlen durch die Luft zwischen uns und einem fernen Berg hinabschickt. Je mehr Luft zwischen uns und dem Berg liegt, desto mehr Blau wird dem Bild hinzugefügt, das wir vor Augen haben. Nun wollen wir uns vorstellen, wir fliegen in einem Flugzeug über diesen Berg. Wenn wir uns, sagen wir, drei Kilometer über dem Berg befinden, dann sehen wir ihn durch weit weniger Luft als auf dem Erdboden, wo er vielleicht 80 Kilometer entfernt ist. Infolgedessen wird dem, was wir erblicken, weniger Blau hinzugefügt. Ist die Luft sauber, so wird der Berg aus der Luft betrachtet vermutlich lebhafter in den Farben sein, als vom Erdboden aus gesehen.

In dem Buch *The Nature of Light and Color in the Open Air* vertritt Marcel Minnaert die Ansicht, daß eine Landschaft, die wir aus geringer Höhe vom Flugzeug aus betrachten, intensivere Farben zeigt als die gleiche Landschaft vom Boden aus gesehen. Professor Minnaert schreibt: »Der Dunstschleier, der alle Farben verhüllte, solange wir uns auf festem Boden befanden, ist praktisch völlig verschwunden, und zum erstenmal treten die Farbtöne in ihrer ganzen Klarheit und Leuchtkraft hervor. Das erklärt den Zauber, den der Blick durchs Flugzeugfenster auf all diejenigen ausübt, die schon einmal Gelegenheit hatten, eine Flugreise zu unternehmen.«

Wo ist der Mittelpunkt Ihres Landes?

Immer wieder mal hört man den Namen einer Stadt im mittleren Westen, die angeblich den geographischen Mittelpunkt des kontinentalen Teils der Vereinigten Staaten bildet. Gemeint ist damit in der Regel, daß Sie, wenn Sie sich in diese Stadt begeben, ebenso viele Quadratkilometer USA im Norden wie im Süden und im Osten wie im Westen haben.

Wo befindet sich der geographische Mittelpunkt Ihres Landes? Die folgende Methode verschafft Ihnen einen guten Überblick: Pausen Sie die Form Ihres Landes von einer guten Karte auf ein Stück Pappe durch und schneiden Sie sie aus. Stecken Sie jetzt irgendwo am Rand eine Nadel senkrecht durch die Pappe. Knüpfen Sie einen Faden an das andere Ende der Nadel und befestigen Sie daran ein kleines Gewicht – eine Büroklammer zum Beispiel. Halten Sie nun die Nadel waagrecht, so daß die Pappe und der beschwerte Faden gerade von der Nadel herunterhängen.

Der sogenannte Schwerpunkt der senkrecht hängenden Pappe – der Punkt, an dem sie sich im Gleichgewicht befindet – liegt irgendwo direkt unter der Nadel, irgendwo auf der Linie, die durch den senkrecht hängenden Faden bezeichnet wird. Dort, wo der Faden verläuft, müßten Sie also eine Linie einzeichnen. Drücken Sie deshalb den Faden gegen die Pappe und ziehen Sie genau dort, wo er zu liegen kommt, eine Gerade.

Stechen Sie nun die Nadel an irgendeinem anderen Punkt in der Nähe des Randes ein, so daß der Faden die eingezeichnete Linie kreuzt. Lassen Sie wiederum Karte und Faden frei hängen, drücken Sie den Faden gegen die Pappe und markieren Sie seinen Verlauf mit einem Bleistift.

Die beiden Linien, die Sie gezeichnet haben, müßten sich im Schwerpunkt schneiden, dem Punkt, an dem sich die Pappe auf dem Ende eines Radiergummis balancieren läßt. Dieser Punkt entspricht dem geographischen Mittelpunkt Ihres Landes. Nehmen Sie sich jetzt wieder Ihre Karte vor und sehen Sie nach, welche Stadt diesem Punkt am nächsten liegt.

Mehr als ein Werdegang für Frösche

Die meisten Frösche in unseren Breiten legen ihre Eier ins Wasser. Aus den Eiern schlüpfen Kaulquappen, die Schwänze haben, um zu schwimmen, und Kiemen, um im Wasser zu atmen. Zum Schluß verschwinden Schwanz und Kiemen, und aus der Kaulquappe entwickelt sich ein ausgewachsener Frosch. Doch einige Froscharten, vor allem in Mittel- und Südamerika, haben einen anderen Lebenszyklus: Sie überspringen das Kaulquappenstadium. Viele tropische Arten legen ihre Eier in Erdlöcher, nicht ins Wasser. Die frisch ausgeschlüpften Frösche sehen bereits wie ausgewachsene Exemplare aus, nur kleiner. Weder entwickeln Sie Kiemen noch das Kreislaufsystem, das die Kiemen mit Blut versorgt. Diese sogenannte direkte Entwicklung unter Umgehung des Kaulquappenstadiums ist besser geeignet für tropische Umwelten. Dort liefen Kaulquappen, die im offenen Wasser schwimmen müßten, größere Gefahr gefressen zu werden als in kälteren Klimaten, beispielsweise in Nordamerika.

Daher entwickeln sich verschiedene Froscharten auf unterschiedliche Weise vom embryonalen zum adulten Stadium. Die Unterschiede der Lebenszyklen gehen weniger auf Variationen im grundlegenden Körperbau zurück als vielmehr auf Unterschiede im zeitlichen Entwicklungsverlauf. So bilden sich bei einer tropischen Froschart, die das Kaulquappenstadium überspringt, schon sehr frühzeitig Beine – lange bevor sie schlüpft. Bei nordamerikanischen Fröschen dagegen findet diese Entwicklung erst erheblich nach dem Schlüpfen statt, daher haben Kaulquappen keine Beine. Doch das Endergebnis – die Beine des ausgewachsenen Froschs – ist bei tropischen wie nordamerikanischen Fröschen praktisch gleich. Hier haben wir es also mit einem Fall zu tun, wo der zeitliche Ablauf der Entwicklung vom Ei zum ausgewachsenen Individuum durch die Evolution so abgewandelt wurde, daß sie verschiedenen Umwelten gerecht wird.

Gesprenkelter Schatten

Sobald die Bäume neue Blätter bekommen, wird der Waldboden am hellichten Tage dunkel – ausgenommen kleine kreisrunde Flecken Sonnenlicht hier und da. Diese Lichtflecken sind kreisrund, weil sie Abbilder der runden Sonnenscheibe sind, die durch kleine Öffnungen in dem Blätterdach auf den Boden projiziert werden. Der Vorgang beruht auf dem gleichen Prinzip wie die Lochkamera.

Da sich Licht geradlinig fortbewegt, kann ein kleines Loch ein Bild auf eine ebene Fläche projizieren. Jeder Punkt des projizierten Sonnenbilds wird von einem Lichtstrahl gebildet, der von einem Punkt auf der echten Sonnenscheibe stammt und durch die Blätteröffnung fällt. Obwohl es in der Regel nicht zu erkennen ist, stehen die Sonnenbilder, die auf den Waldboden geworfen werden, auf dem Kopf. Das Licht von der Nordseite der Sonne dringt durch die Öffnung im Blätterdach und bildet die Südseite des projizierten Bilds. Umgekehrt formt Licht von der Südseite der Sonne die Nordseite des Abbilds. Vor mehr als 1000 Jahren hat der chinesische Philosoph Shen Kua das Prinzip erklärt, indem er darlegte, daß Lichtstrahlen, die ein kleines Loch passieren, ebenso eingeengt sind wie ein Ruder in der Dolle: Wenn der Griff unten ist, geht das Ruderblatt nach oben und umgekehrt.

Hin und wieder haben Sie vielleicht die Möglichkeit, sich davon zu überzeugen, daß die Lichtkreise tatsächlich umgekehrte Abbilder der Sonne sind. Wenn sich eine Wolke vor die Sonne schiebt und, sagen wir, von West nach Ost zieht, dann wird sich der Schatten dieser Wolke in jedem der kleinen Lichtkreise auf dem Waldboden in die entgegengesetzte Richtung bewegen – von Ost nach West. Wenn die Sonne über dem Meer oder hinter einem anderen ebenen Horizont auf- oder untergeht, erscheint sie als halbkreisförmige Scheibe. Nehmen wir an, während eines solchen Auf- oder Untergangs würde das Sonnenlicht durch einen Baum auf eine glatte Mauer fallen. In diesem Falle wären die Lichtflecken auf der Mauer keine Kreise, sondern Halbkreise – mit der flachen Seite nach oben, also auf dem Kopf stehende Abbilder der halben Sonnenscheibe.

Das erste Elementarteilchen

In den 90er Jahren des letzten Jahrhunderts experimentierten Physiker in ganz Europa mit elektrischen Strömen, die zwischen zwei Metallplatten in einem fast luftleer gepumpten Glaskolben hin und her wanderten.

In einer Variante dieses Experiments floß die Elektrizität von einer Metallplatte, die an den negativen Pol einer Batterie angeschlossen war, durch eine Metallröhre, die mit dem positiven Pol der Batterie verbunden war, und traf auf das andere Ende des Glaskolbens, wo sie einen leuchtenden grünen Fleck hervorrief. Die Bildröhre eines Fernsehgeräts ist im Prinzip eine raffinierte Spielart dieser Vorrichtung. Doch Ende des 19. Jahrhunderts fragte man sich: Woraus besteht der Elektrizitätsstrahl im Glaskolben?

Der englische Physiker Joseph John Thomson untersuchte den Strahl, indem er sorgfältig maß, wie weit er von statischer Elektrizität und einem Magneten abgelenkt wurde. Dabei verfuhr Thomson etwa so wie jemand, der Tischtennis- und Golfbälle bei starkem Wind hochwirft. Selbst aus größerer Entfernung kann man unter diesen Umständen Tischtennis- von Golfbällen unterscheiden, weil die leichteren Tischtennisbälle vom Wind viel weiter aus ihrer Bahn getragen werden als Golfbälle.

Thomson beobachtete, wie sehr der geheimnisvolle Strahl im Glaskolben nicht vom Wind, sondern von elektrischen und magnetischen Kräften abgelenkt wurde, und gelangte mit Hilfe einiger Berechnungen zu dem Schluß, daß der Strahl aus Teilchen bestehe, die fast 2000mal leichter als das leichteste Atom seien. Heute bezeichnet man diese Teilchen als Elektronen – feste Bestandteile aller Atome, gleich welcher Art. 1897 vertrat J. J. Thomson die Auffassung, er habe »Materie in einem neuen Zustand gefunden, in dem die Unterteilung der Materie viel weiter getrieben wird als im gewöhnlichen gasförmigen Zustand – einen Zustand, in dem alle Materie von ein und derselben Art ist. Diese Materie ist der Stoff, aus dem alle chemischen Elemente aufgebaut sind.« Heute erinnern wir uns an J. J. Thomson als den Forscher, der im Jahr 1897 das erste Elementarteilchen, das Elektron, entdeckt hat.

Rollasseln leben an feuchten Orten

Rollasseln, Bohrasseln und Kellerasseln leben an feuchten Plätzen, weil sie Kiemen haben, und Kiemen sind nur zu verwenden, wenn sie naß sind. Rollasseln, Bohrasseln und Kellerasseln sind Mitglieder der Unterordnung *Oniscoidea* oder Landasseln in der Klasse *Crustacea* oder Krebse. Zu dieser Klasse gehören außerdem Hummer, Krabben, Garnelen und Flußkrebse. Fast alle Krebse leben im Wasser – Salz- oder Süßwasser. Eine Ausnahme sind die Landasseln. Mit anderen Worten, die Rollasseln, Bohrasseln und Kellerasseln, die Sie in der feuchten Erde unter Steinen erblicken, sind landbewohnende Verwandte von Hummern, Krabben und Flußkrebsen, und sie beziehen ihren Sauerstoff größtenteils oder ganz auf die gleiche Weise wie diese Wassertiere – durch Kiemen.

Eine Kieme ist eine spezielle Körperwand, die auf der einen Seite der Außenwelt zugekehrt ist, auf der anderen dem Blutkreislauf. Kiemen können nur mit Sauerstoff arbeiten, der in Wasser gelöst ist, und müssen ständig feucht gehalten werden. Bei Krebstieren, die im Wasser leben, ist das natürlich keine Schwierigkeit. Doch Krebstiere, die an Land leben, wie zum Beispiel Rollasseln, sind zu besonderen Anstrengungen gezwungen, um ihre Kiemen naß zu halten. Deshalb findet man Rollasseln meist an feuchten Orten.

Rollasseln haben Kiemen an den Beinen und Wasserröhrchen an der Unterseite des Leibes, aus denen sie die Wasserschicht auf den Kiemen ständig erneuern. Das Wasser entnehmen sie ihrer Nahrung, aber sie können auch flüssiges Wasser trinken, wenn sie welches finden. Rollasseln haben also Kiemen wie ihre wasserbewohnenden Verwandten, die Hummer. Übrigens verwenden auch wir Menschen nasse Flächen, um Sauerstoff in unseren Blutkreislauf zu übertragen. Doch bei uns liegen diese Flächen tief im Körper, in den Lungen, verborgen.

Graupeln, Hagel und Schnee

Es folgt ein Schnellkurs über den Unterschied zwischen Graupeln, Hagel und Schnee. Alle drei haben eines gemeinsam: Sie sind verschiedene Erscheinungsformen von gefrorenem Wasser. Graupeln und Hagel haben darüber hinaus noch weitere Gemeinsamkeiten, während sich Schnee erheblich von ihnen unterscheidet. Graupeln sind durchsichtige feste Eiskörner, deren Durchmesser weniger als einen halben Zentimeter beträgt und deren Gestalt kugelförmig oder unregelmäßig ist. Graupeln bilden sich, wenn Regentropfen oder geschmolzene Schneeflocken aus wärmerer Luft kommend durch eine Luftschicht fallen, deren Temperatur unter dem Gefrierpunkt liegt. Dort gefrieren sie.

In vielerlei Hinsicht ähneln Hagelkörner den Graupeln, nur sind sie größer. Hagelkörner reichen in ihren Ausmaßen von denen einer Erbse bis zu denen einer Apfelsine. Generell liegt ihr Durchmesser jedoch unter zweieinhalb Zentimetern. Auch bildet sich Hagel ganz anders als Graupeln. Hagelkörner entstehen in Gewitterwolken und sind zunächst Regentropfen oder Schneekügelchen, sogenannte »Hagelembryos«. Diese Embryos kommen in Kontakt mit unterkühlten Wassertröpfchen, das heißt, mit Wasser, das Temperaturen unter dem Gefrierpunkt aufweist, aber nicht gefroren ist. Die Tröpfchen gefrieren an den Hagelembryos, und mit dem gefrierenden Wasser, das sich an ihrer Oberfläche ansammelt, werden aus den Embryos ausgewachsene Hagelkörner. Starke Aufwinde in der Gewitterwolke sorgen dafür, daß das werdende Hagelkorn sich in der Wolke umherbewegt, bis es so schwer geworden ist, daß es zu Boden fällt. Die Größe des Hagelkorns hängt davon ab, wie lange es in der Wolke verweilt.

Schnee besteht aus winzigen Eiskristallen, die sich aus Wasserdampf in kalten Wolken bilden. Meist entstehen Schneekristalle in Wolken, deren Temperatur unter dem Gefrierpunkt liegt. Schneekristalle haben immer sechs Flächen und Sie kommen in zwei Formen vor: als plättchenförmige Kristalle, die die vertrauten sternförmigen Schneeflocken bilden, und als säulenförmige Kristalle, die aussehen wie sechsseitige Eisnadeln.

Radar

Was fällt Ihnen bei Radar ein? Die Ortung feindlicher Raketen, die Navigation von Flugzeugen und Schiffen, eine Radarfalle oder diese unvergeßliche Figur aus dem Film *M.A.S.H.*? Mit all diesen Dingen hat Radar zu tun. Radar gibt es, solange sich die meisten von uns zurückerinnern können, und es ist im Laufe der Zeit mit fast magischen Kräften ausgestattet worden – denken wir an die erwähnte Figur aus *M.A.S.H.*, die fast in die Zukunft sehen konnte. Im Grunde ist das Radarsystem aber nicht weiter kompliziert und in seinen Möglichkeiten sicherlich weit begrenzter als die Mythen, die darüber in Umlauf sind.

Das Wort »Radar« ist die Abkürzung für *Radio Detecting and Ranging* – »Funkortung und -messung«. Es funktioniert weitgehend wie ein Echo, das wir hören, doch anstelle von Schallwellen arbeitet es mit Funkwellen. Durch einen Vergleich mit dem Echo läßt sich das Grundprinzip des Radars sehr anschaulich machen. Sie brauchen dazu lediglich eine Stoppuhr und einen Freund, der ein kurzes, lautes Geräusch macht – zum Beispiel einmal in die Hände klatscht. Stellen Sie sich 200 oder 300 Meter von einer Rückstrahlfläche auf, etwa einer Mauer. Lassen Sie Ihren Freund in die Hände klatschen, und drücken Sie gleichzeitig auf den Knopf der Stoppuhr. Wenn Sie das Echo des Schalls vernehmen, stoppen Sie ab. Multiplizieren Sie jetzt die Zeit auf der Uhr mit der Schallgeschwindigkeit, die rund 330 Meter pro Sekunde beträgt, und teilen Sie das Ergebnis durch zwei. Das Resultat gibt an, wie weit Sie von der Rückstrahlfläche entfernt sind.

Genauso funktioniert das Radarsystem, nur daß anstelle von Schallwellen Radarwellen übertragen werden. Ein Sender schickt die Wellen zu einem fernen Objekt, und die Zeit, die die zurückgestrahlten Wellen brauchen, um wieder an ihrem Ausgangspunkt einzutreffen, geben darüber Auskunft, wie weit das Objekt entfernt ist – mit einer Geschwindigkeit von rund 300 000 Kilometern in der Sekunde.

Durch das Radarsystem können wir also in Erfahrung bringen, wie weit wir von einem Objekt entfernt sind, aber nicht, *wo* wir uns befinden. Dafür gibt es andere Geräte; eines ist das Loransystem, wobei Loran für *Long Range Navigation* steht – «Langstreckennavigation».

Das Loransystem hat große Ähnlichkeit mit dem Radarsystem, beruht aber nicht auf dem Echoprinzip, sondern überträgt ein zeitlich exakt bestimmtes Signal von einem Sender – oder um genau zu sein: von drei Sendern – an einen Empfänger. Die Sender befinden sich an Land und in einiger Entfernung voneinander, so daß ihre Signale von einem Flugzeug oder einem Schiff zu unterschiedlichen Zeitpunkten empfangen werden. Ein Computer erfaßt die unterschiedlichen Zeiten, die die Signale benötigen, um den Empfänger an Bord des Flugzeugs oder des Schiffs zu erreichen, und daraus errechnet sich die Position.

Um das Prinzip zu verstehen, begeben wir uns in Gedanken auf ein Schiff, das mit einem solchen Spezialempfänger ausgerüstet ist. Wir fahren die US-amerikanische Ostküste hoch und möchten wissen, wo wir uns befinden. Sie sind der Steuermann. Wir stützen uns auf hypothetische Loransender in New York City, Trenton und Boston. Unser Empfänger erhält die Signale der drei Stationen und rechnet aus, wie weit wir von ihnen entfernt sind. Es ergibt sich, daß wir 150 Kilometer von New York City, 200 Kilometer von Trenton und 210 Kilometer von Boston entfernt sind.

Als Steuermann tragen Sie jetzt diese Entfernungen in die Seekarte ein. Um New York, Trenton und Boston ziehen Sie drei Kreise, die diese Entfernungen als Radien haben. Alle drei Kreise werden sich in einem Punkt schneiden – in diesem Fall knapp 45 Kilometer vor der Küste von Long Island, New York. Tatsächlich würde das elektronische Navigationssystem keine Kreise zeichnen, aber das Prinzip ist das gleiche.

Blinzeln

Durchschnittlich blinzeln wir ungefähr 14 440mal am Tag. Da jedes Blinzeln etwa eine Viertelsekunde dauert, verbringen wir rund eine Stunde unserer Wachzeit mit teilweise oder ganz geschlossenen Augen. Erst in den letzten Jahren ist die Wissenschaft dem Phänomen des Blinzelns richtig auf den Grund gekommen. Wahrscheinlich denken die meisten Menschen, das Blinzeln habe den Zweck, die Augen zu säubern und gleitfähig zu machen, aber das stimmt so nicht.

Ungefähr 15mal in der Minute blinzeln wir, brauchten es aber nur ein- oder zweimal zu tun, um die Oberflächen der Augen zu spülen und anzufeuchten. Einige Male am Tag blinzeln wir natürlich, weil wir Staub oder Rauch in die Augen oder weil wir einen Schreck bekommen haben. Überwiegend aber zeigt das Blinzeln an, was in unserem Gehirn vorgeht.

Grundsätzlich gilt, je stärker wir uns konzentrieren, desto weniger blinzeln wir. Autofahrer blinzeln im Stadtverkehr weniger als auf Bundesstraßen. Doch wenn sie einen Lastwagen mit hoher Geschwindigkeit überholen, blinzeln sie wahrscheinlich gar nicht.

Weitere Erkenntnisse über das Blinzeln hat man an lesenden Versuchspersonen gewonnen. Am häufigsten blinzelten sie bei Satzzeichen oder Seitenenden. Offenbar ist es eine Art Signal dafür, daß das Gehirn eine Pause macht – gewissermaßen ein mentales Satzzeichen.

Daß das Blinzeln mit der Konzentration zusammenhängt, zeigte sich nicht nur bei visuellen Aktivitäten. Wer ängstlich ist, blinzelt in der Regel häufiger als jemand, der ruhig ist. Einen ruhigen Blick verbinden wir mit Zuversicht und Selbstvertrauen. Fernsehmoderatoren werden angewiesen, nicht zuviel zu blinzeln, damit sie einen beherrschten Eindruck machen.

Wenn Blinzeln eine Art mentales Satzzeichen ist, würde dieser Umstand erklären, warum Menschen, die eine Rechenaufgabe im Kopf lösen, unterschiedlich blinzeln. Einige blinzeln nicht, bis sie die Aufgabe gelöst haben, während es andere bei jedem Lösungsschritt tun. Wenn Sie sich selbst davon überzeugen möchten, dann beobachten Sie andere – aber heimlich, damit sie sich des Blinzelns nicht bewußt werden. Zwar werden Sie nicht sehen können, *was* Ihre »Versuchspersonen« denken, aber Sie werden einen Eindruck davon bekommen, *wie* sie denken.

Corioliseffekt

Wenn Sie versuchen würden, in einer *geraden Linie* von Chicago nach Atlanta zu fliegen, würden Sie niemals an Ihr Ziel gelangen, weil Sie rechts an Atlanta vorbeiflögen. So unlogisch es klingt, es ist dennoch wahr. Diese seitliche Kursabweichung bezeichnet man als Corioliseffekt. Die Ursache ist die Erdrotation. Wer sich auf der Erdoberfläche bewegt, braucht sich keine Gedanken darum zu machen, doch Piloten müssen entsprechende Kurskorrekturen vornehmen.

Um zu verstehen, wie die Coriolisabweichung den Kurs von Flugzeugen beeinflußt, müssen Sie sich klar machen, daß Sie von der Erdrotation mit etwa 1600 Kilometern pro Stunde ostwärts getragen werden, wenn Sie auf dem Äquator stehen. Mit wachsender Entfernung vom Äquator nimmt Ihre Geschwindigkeit ab. In Boston zum Beispiel bewegen Sie sich nur noch mit 1000 Kilometern pro Stunde nach Osten.

Kommen wir auf unseren Versuch zurück, in gerader Linie von Chicago nach Atlanta zu fliegen. Solange unser Flugzeug am Boden steht, dreht es sich natürlich mit der Erde, und wenn es abhebt, bleibt diese Bewegung erhalten. Doch unser Zielort Atlanta liegt näher am Äquator und bewegt sich daher *schneller* nach Osten. Wenn wir dieser rascheren Ostwärtsdrift nicht durch eine entsprechende Kurskorrektur Rechnung tragen, landen wir in Flugrichtung rechts von Atlanta. (Nebenbei bemerkt: Da Atlanta sich rascher ostwärts bewegt als Chicago, werden Sie auch dann, wenn Sie versuchen, von Atlanta in gerader Linie nordwärts nach Chicago zu fliegen, rechts von Ihrem Bestimmungsort landen.)

Diese Seitwärtsdrift betrifft nicht nur Flugzeuge, sondern alles, was sich auf der Erde bewegt. Wäre da nicht die Reibung der Räder auf der Straße, würde ein Auto, das mit 100 Kilometern pro Stunde auf der Autobahn fährt, pro Kilometer um 20 Zentimeter nach rechts getragen. Bisher war nur die Rede von den Auswirkungen des Corioliseffekts auf die Navigation, er beeinflußt unter anderem aber auch das Wetter und die Meeresströmungen. Doch das ist, wie es so schön heißt, eine andere Geschichte.

Optische Täuschung in einer Kaffeetasse

Die Dinge sind nicht immer das, was sie zu sein scheinen, und dieses kleine Experiment wird es beweisen. Sie brauchen dazu nicht mehr als eine Tasse schwarzen Kaffee und eine Deckenbeleuchtung. Am besten eignet sich eine einzige Glühbirne. Stellen Sie die Kaffeetasse so auf, daß sich das Licht in ihr spiegelt. Blicken Sie aus einer Entfernung in die Tasse, aus der das reflektierte Licht die Tasse gerade auszufüllen scheint.

Bewegen Sie Ihren Kopf jetzt rasch und gleichmäßig in Richtung der Tasse. Das Licht scheint kleiner zu werden und sich zu entfernen! Die Veränderung ist spektakulär. Das Licht scheint auf ein Viertel oder ein Fünftel seiner ursprünglichen Größe zu schrumpfen und sich zehnmal so weit zu entfernen, wie Sie herangerückt sind.

Das ist ganz offensichtlich eine Täuschung, da klar ist, daß das Licht weder seine Größe verändert, noch sich bewegt hat. Doch in dem Maße, wie Sie sich der Tasse genähert haben, hat sie Ihr Blickfeld in stärkerem Maße besetzt als das Licht, daher erscheint die Tasse größer und das Licht kleiner.

In dem Versuch, die übermittelten Informationen richtig zu deuten, stellt Ihr Gehirn eine Verbindung zwischen »kleiner« und »weiter entfernt« her: In Ihrer Wahrnehmung hat sich das Licht bewegt. Auch Ihr Gehirn vermag den Eindruck nicht zu korrigieren; Sie können das Experiment noch so oft wiederholen, das Ergebnis wird immer das gleiche sein.

Fingerknacken

Wer von uns hat seine Mutter nicht irgendwann boshaft und vorsätzlich durch Knacken der Fingergelenke genervt? Nicht daß ich es besonders häufig getan hätte, aber ich erinnere mich, daß meine Mutter mich davon abzubringen versuchte, indem sie mir erklärte, meine Gelenke würden anschwellen. Andererseits hat sie mir aber auch erzählt, daß meine Haare ausfallen würden, wenn ich meine Mütze im Haus trüge.

Während das Ärgernis, das durch Fingerknacken hervorgerufen wird, unstrittig ist, blieb die tatsächliche Ursache des Geräuschs bis Anfang der 70er Jahre ein Rätsel. Die häufigsten Erklärungen lauteten: Knochen, die aufeinanderschlagen, oder Sehnen, die über Knochenvorsprünge in den Gelenken rutschen. Beim bloßen Gedanken daran bekommen Sie eine Gänsehaut, nicht wahr? Nun, an dieser Stelle werden wir Ihnen verraten, was Ihre Finger wirklich zum Knacken bringt.

Die Geräusche werden durch winzige Explosionen hervorgerufen. Sollte Ihnen auch der Gedanke, daß Ihre Gelenke explodieren, nicht ganz geheuer sein, kann Sie vielleicht meine Erklärung beruhigen. Die Geräusche kommen nämlich nicht durch Explosionen Ihrer Gelenke zustande, sondern durch das Platzen von Gasblasen, die sich in dem Gleitmittel der Gelenke bilden.

Um die Fingergelenke knacken zu lassen, müssen Sie die Gelenke durch Ziehen überdehnen, so daß sich der Raum zwischen den Fingerknochen erweitert. Die Vergrößerung dieses Raums reduziert den Druck auf das flüssige Gleitmittel, das für die reibungslose Bewegung der Gelenke sorgt. Durch die Druckverminderung bilden sich winzige Gasblasen in der Flüssigkeit. Wenn der Druck noch weiter sinkt, platzen die Blasen und rufen das Geräusch hervor, das Sie hören.

Nach dem Platzen der Blasen kann das Gas nicht entweichen, sondern wird von der Flüssigkeit wieder aufgenommen, sobald das Gelenk in seine ursprüngliche Stellung zurückkehrt. Ungefähr 15 Minuten dauert es, bis das Gas wieder absorbiert ist, daher müssen Sie eine Zeitlang warten, bevor Sie die Fingergelenke erneut zum

Knacken bringen können. Doch auch wenn die wissenschaftlichen Befunde darauf schließen lassen, daß Sie vom Fingerknacken keine Verunstaltungen erleiden werden, sollten Sie Rücksicht auf die Nerven aller Mütter aus Vergangenheit, Gegenwart und Zukunft – sowie die aller anderen Mitmenschen – nehmen und Ihre Fingergelenke nur knacken lassen, wenn Sie alleine sind.

Vielleicht halten Sie die Zunge nicht richtig

Wie oft haben Sie schon gesehen, daß jemand die Zunge zwischen den Zähnen oder den Lippen sehen ließ, wenn er sich stark konzentrierte? Sicherlich kennen Sie diesen klassischen Zunge-im-Mundwinkel-Blick.

In der Wissenschaft hat die Ausdrucksvariante die etwas phantasielose Bezeichnung *Tongue-showing* – »Zungezeigen« – erhalten. Es handelt sich um eine nonverbale Ausdrucksform, die häufig und sehr aussagefähig ist.

Zungezeigen ist ein unwillkürlicher Akt, er hat also nichts damit zu tun, daß man jemandem die Zunge herausstreckt. Zungezeigen kennt viele Erscheinungsformen: Man kann sie leicht zwischen Zähne oder Lippen stecken, sie im Mund aufrollen, um sie dort zu behalten und so fort. Egal, welche Form dieses Ausdrucksverhalten annimmt, es vermittelt die Botschaft: »Laß mich in Ruhe!« Interessant daran ist, daß sich, wie Psychologen herausgefunden haben, weder Urheber noch Adressat des Zungezeigens dieser Botschaft bewußt sind.

Ein aufschlußreiches Experiment, das sich speziell mit der Laß-mich-in-Ruhe-Botschaft beschäftigte, wurde an 50 Studenten vorgenommen, die ein Testheft erhielten, in dem eine Seite fehlte. Als sie den Fehler entdeckten, wandten sie sich an den Dozenten, um sich die Seite geben zu lassen. Der war erkennbar vertieft in seine Arbeit, und wenn sich ihm ein Student näherte, nahm er ihn nicht sofort zur Kenntnis. Dabei zeigte er der einen Hälfte der Studenten die Zunge, der anderen Hälfte nicht.

Ein unsichtbarer Beobachter hielt fest, wie lange jeder Student brauchte, um durch irgendeine Handlung die Aufmerksamkeit des Dozenten auf sich zu ziehen. Wie die Forscher herausfanden, brauchten die Studenten, denen die Zunge gezeigt worden war, im Durchschnitt *zweieinhalbmal so lange*, bevor sie sich dazu aufrafften, den Dozenten zu stören. Noch interessanter ist der Umstand, daß keiner der Studenten die Zunge bemerkt hatte, obwohl sie alle das Empfinden gehabt hatten, der Dozent wolle nicht gestört werden.

Im Gegensatz zu ihnen empfanden die Studenten, denen die Zunge nicht gezeigt worden war, erheblich weniger Bedenken, den Dozenten zu stören.

Wenn Sie sich also demnächst einmal intensiv konzentrieren möchten und trotzdem gestört werden, liegt es vielleicht daran, daß Sie die Zunge nicht richtig halten.

Warum sind Wolken weiß?

Jedem ist schon mal die Wolkenfärbung aufgefallen, die von hellem Weiß bis fast ins Schwarze reicht. Bevor wir uns überlegen, warum Wolken sich in diesem Farbbereich bewegen, müssen wir uns kurz die Beschaffenheit des Lichts vergegenwärtigen. Wenn alle sichtbaren Wellenlängen des Lichts unsere Augen erreichen, sehen wir Weiß. Falls uns nur bestimmte Wellenlängen erreichen, sehen wir die entsprechenden Farben. Dringen keine sichtbaren Wellenlängen in unsere Augen, dann sehen wir Schwarz. Am Tage werden von der Sonne meist alle sichtbaren Wellenlängen abgestrahlt, so daß uns das Licht weiß erscheint.

Trifft Sonnenlicht auf eine Wolke, wird ein Teil reflektiert und gelangt nicht zur Erde. Das Licht, das durch die Wolke dringt, wird von winzigen Wolkentröpfchen mehr oder minder gleichmäßig in alle Richtungen gestreut. Diese Streuung müssen wir uns ungefähr so vorstellen wie die Bewegung einer Kugel im Flipperautomaten, die zwischen den vielen Federsäulen und Gummiringen hin und her prallt. Wenn das Licht der Sonne auf die kleinen Teilchen in der Atmosphäre trifft, wird es herumgestoßen. Da das Sonnenlicht von der Wolke ziemlich gleichmäßig gestreut wird, so daß alle Wellenlängen uns erreichen, sieht die Wolke weiß aus.

Je größer die Wolke wird, desto mehr Licht reflektiert sie und desto weniger Licht läßt sie durch. Wenn eine Wolke etwas mehr als 900 Meter dick wird, läßt sie nur noch sehr wenig Licht passieren und sieht, von unten betrachtet, dunkel aus. Gleichzeitig werden die Wassertropfen an der Untergrenze größer, so daß sie mehr Licht absorbieren als reflektieren. Dadurch gelangt noch weniger Licht durch die Wolke. Sie erscheint fast schwarz. Häufig werden diese großen, lichtschluckenden Tropfen so schwer, daß sie als Regen aus der Wolke fallen. Unsere alltägliche Beobachtung lehrt uns, daß die dunklen, drohenden Wolken oft Regen bringen. Jetzt wissen wir, warum sie so dunkel aussehen.

Eichen tricksen Mäuse aus

In einer fiktiven Tageszeitung aus Virginia, die wir *Acorn Times*, »Eichel-Nachrichten«, nennen wollen, könnte dick und schwarz die Schlagzeile »Eichen tricksen Mäuse aus« zu lesen sein. In den Appalachen von Virginia stimmen die Eichen anscheinend die Produktion ihrer Eicheln zeitlich so ab, daß sie den Mäusen immer einen Schritt voraus sind. In den Jahren, in denen es nur wenige Weißfußmäuse gibt, werden viele Eicheln produziert. In Jahren, in denen die Mäusepopulation zahlreich ist, erzeugen die Eichen nur sehr wenige Früchte. Man könnte meinen, die Bäume würden die Mäuse an der Nase herumführen, um zu verhindern, daß die Nager alle ihre Samen verzehren.

Das Ganze spielt sich folgendermaßen ab: Wenn die Mäusepopulation gering ist, stellen die Bäume viele Eicheln her, weit mehr, als die Mäuse fressen können. Infolge dieses Nahrungsüberangebots erfolgt eine Bevölkerungsexplosion der Mäuse. Während der nächsten drei oder vier Jahre produzieren die Bäume, wenn überhaupt, nur sehr wenige Eicheln. Der Nahrungsmangel bewirkt einen deutlichen Rückgang der Mäusepopulation. Auf die Reduzierung der Mäusezahl folgt ein Anstieg der Eichelproduktion. Und so setzt sich der Zyklus fort. Diese Strategie, wenn es denn eine ist, führt dazu, daß mehr Samen überleben.

Es ist nicht bekannt, wie die Bäume die zeitliche Abstimmung organisieren. Beispielsweise könnte dafür eine noch unbekannte chemische Substanz verantwortlich sein, die von Baum zu Baum gelangt und die Eichelproduktion anregt, oder eine Kollektivreaktion auf Klimaschwankungen. Wahrscheinlicher ist jedoch, daß sich der Prozeß zufällig entwickelt hat: Bäume, die in einem Jahr mehr Eicheln trugen als im nächsten, vermehrten sich im Laufe der Zeit erfolgreicher als Bäume, die jedes Jahr kleinere, aber beständigere Samenmengen produzierten, denen die Nager dann restlos den Garaus machten. Das Ganze könnte also reiner Zufall sein, gereicht den Eichen aber zweifellos zum Vorteil.

Drüber schlafen

Die Wissenschaft hat die Redensart »über etwas schlafen« mit neuer Bedeutung erfüllt. Viele Studenten und Schüler haben die Erfahrung gemacht, daß sie sich nach einem gesunden Nachtschlaf sehr gut an den Stoff erinnern konnten, den sie sich am Abend zuvor eingeprägt hatten. Zwar ist das häufig der Fall, doch verlassen kann man sich nicht darauf. Einige Wissenschaftler glauben, daß der Schlaf in der Tat Einfluß auf das Gedächtnis hat. Um diesen Effekten auf die Spur zu kommen, haben sie verschiedene Schlafstadien experimentell untersucht. Der Schlaf wird in fünf Stadien unterteilt, unter anderem das Stadium der *rapid eye movement*, der schnellen Augenbewegung, REM-Schlaf abgekürzt. Im Laufe der Nacht durchläuft jeder Mensch mehrfach die verschiedenen Stadien, doch nur während des REM-Schlafs treten Träume auf. Dieses Stadium hat den nachhaltigsten Einfluß auf das Gedächtnis. Wenn ein Schläfer im REM-Schlaf ist, läßt sich das leicht erkennen, denn man sieht, wie sich die Augäpfel unter den geschlossenen Lidern bewegen. In einer der genannten Untersuchungen wurden die Versuchspersonen einige Stunden, bevor sie zu Bett gingen, darin unterwiesen, mehrere Linienmuster voneinander zu unterscheiden. Es ergab sich, daß die Versuchspersonen die Aufgabe am nächsten Morgen rascher bewältigen konnten, wenn sie nachts ausreichend geschlafen hatten. Wurden sie dagegen jedesmal geweckt, wenn sich ein REM-Stadium ankündigte, war ihre Leistung nicht besser als am Abend zuvor. Weckte man sie während des orthodoxen Schlafs, schnitten sie genauso gut ab wie bei ungestörtem Schlaf. Daraufhin gelangten die Forscher zu dem Schluß, daß der REM-Schlaf – vielleicht sogar die Träume selbst – dazu beitrage, die Dinge fester ins Gedächtnis einzuprägen. Entscheidend ist dabei, daß Ihr REM-Schlaf ungestört verläuft, und dazu genügt es nicht, daß Sie das »Bitte-nicht-stören«-Schild raushängen. Aus dem REM-Schlaf können Sie nicht nur durch ein Klopfen an der Tür, sondern auch durch Ihre Träume gerissen werden.

Auf jeden Fall sollten Sie sich Dinge, an die Sie sich unbedingt erinnern möchten, einprägen, kurz bevor Sie zu Bett gehen.

Dellen in Golfbällen

An einem schönen Nachmittag sind Sie auf dem Golfplatz unterwegs. Ihr Ball liegt auf dem Abschlagplatz. Sie lehnen sich über den Ball. Die Hände haben den Schläger richtig gepackt. Ihre Arme sind gestreckt. Die Haltung ist perfekt. Also los! Ein flüssiger Schwung, und der Ball segelt in Richtung Grün davon. Perfekt, die Kurve, die er beschreibt. Sicherlich hat Ihre untadelige Technik eine Menge mit dem Gelingen dieses Treibschlags zu tun, aber unterschätzen Sie nicht die Unterstützung, die Ihnen die kleinen Dellen im Golfball gewährt haben. In Verbindung mit der richtigen Rotation sorgen die Dellen dafür, daß der Ball länger in der Luft bleibt. Das geht folgendermaßen:

Ihr Bilderbuchschwung hat den Ball mit einem Backspin, einer Rückwärtsrotation, versehen. Die Dellen fangen die dem Ball benachbarte Luftschicht ein, mit dem Ergebnis, daß diese Schicht mit dem Ball rotiert. Die Luft, die über die Oberseite des rotierenden Balls gezogen wird, bewegt sich in die gleiche Richtung wie die vorbeiströmende Luft. Wenn die mit dem Ball rotierende Luft hingegen an seiner Unterseite anlangt, bewegt sie sich in die entgegengesetzte Richtung wie an der Oberseite des Balls und damit gegenläufig zur vorbeiströmenden Luft. Infolgedessen ist sie langsamer als die Luft an der Oberseite. Damit bekommen wir es ein weiteres Mal mit dem Bernoullischen Prinzip zu tun: Ein langsamer Luftstrom übt einen größeren Druck aus als ein schneller Luftstrom. Daher hält der größere Druck an der Unterseite des Balls diesen länger in der Luft. Der Einfluß der Dellen ist so groß, daß ein Treibschlag von knapp 200 Metern ohne Dellen auf die Hälfte verkürzt würde.

Übrigens gilt das gleiche Prinzip für den Topspin, der das Gegenteil des Backspins ist. Allerdings ist die Wirkung umgekehrt – mit niederschmetternden Folgen für den Golfer: Beim Topspin liegt der höhere Druck auf der Oberseite des Balls, so daß dieser nach kurzem Flug im Sturzflug zu Boden geht.

Wo ist der Flieger?

Wie oft schon haben Sie ein Düsenflugzeug über sich gehört, aufgeschaut, es aber nicht entdeckt, obwohl Sie dahin geblickt haben, woher das Geräusch kam? Sicherlich wird man Ihnen auch irgendwann erzählt haben, daß das Flugzeug sich nicht dort befinde, wo sein Geräusch sei, weil es schneller als der Schall fliege. Das mag durchaus sein, ist aber nicht notwendig, denn das Flugzeug könnte auch so von seinem Geräusch getrennt erscheinen.

Der Grund, warum das Düsenflugzeug in jedem Falle woanders zu sein scheint als sein Geräusch, liegt einfach darin, daß der Schall sich langsamer bewegt als das Licht – etwa eine Million mal langsamer. Zur Erinnerung: Auf der Höhe des Meeresspiegels legt der Schall rund 1200 Kilometer in der Stunde zurück, das Licht dagegen 300 000 Kilometer in der *Sekunde*.

Verkehrsflugzeuge fliegen normalerweise in knapp 10 000 Meter Höhe. Aus einer solchen Höhe braucht der Schall rund 30 Sekunden, um die Erde zu erreichen, das Licht dagegen nur vier hunderttausendstel Sekunden, also praktisch gar keine Zeit. Ein Flugzeug, das sich mit knapp 1000 Kilometern in der Stunde vorwärtsbewegt, legt in den 30 Sekunden, die der Schall braucht, um an Ihr Ohr zu dringen, gut acht Kilometer zurück. Wenn Sie das Geräusch hören, ist das Flugzeug also schon acht Kilometer von dem Ort entfernt, an dem es das Geräusch erzeugt hat. In dem Augenblick, da Sie in Richtung des Geräuschs blicken, ist das Flugzeug schon längst nicht mehr dort.

Winzige Blasen

Wer hat sie nicht schon in Brause, Sekt oder anderen kohlensäure-haltigen Getränken gesehen, die Kolonnen kleiner Blasen, die von den Wänden des Glases in Richtung Oberfläche strömen? Die Ereigniskette, die mit den sprudelnden Blasen endet, beginnt mit dem Glas selbst. Mögen seine Wände für unser Auge auch glatt und eben aussehen, tatsächlich weist seine Oberfläche winzige Vertiefungen und Unebenheiten auf. Beim Eingießen fängt sich eine winzige Luftblase in einer solchen Vertiefung. Luftmoleküle ziehen Moleküle des Kohlendioxids CO_2 an (des Gases, das Ihr Getränk zum Sprudeln bringt). Die Luftmoleküle sagen: »Komm', laß uns Hand in Hand durchs Leben gehen«, und die CO_2-Moleküle können dem Angebot nicht widerstehen.

Doch schon bald haben sich so viele CO_2-Moleküle in der Vertiefung gesammelt, daß sie eine Blase bilden, die einen zu starken Auftrieb entwickelt, um sich länger dort zu halten, und so steigt sie zur Oberfläche auf. Wie im Leben wartet schon jemand darauf, ihren Platz einzunehmen. Auf diese Weise bilden sich weitere Blasen, bis sich eine ununterbrochene Blasenkette von der Vertiefung im Glas bis zur Oberfläche hinzieht. Selbst glatteste Gläser sind mit Vertiefungen übersät. Das erklärt, warum wir so viele Kolonnen winziger Blasen erblicken.

Nachtsichtigkeit

Wenn wir uns in einem relativ dunklen Zimmer befinden oder nachts im Freien sind, wo die Finsternis durch keine Straßenlaterne erhellt wird, dann können wir zwar noch sehen, aber die Farben nicht mehr erkennen. Wie kommt das? Um das herauszufinden, müssen wir einen Blick auf die Nachtsichtigkeit werfen.

Im Hintergrund des Auges befinden sich zwei Arten von lichtempfindlichen Nervenzellen, die Stäbchen und die Zapfen. Beide sprechen sie, wie gesagt, auf Licht an, nur mit dem Unterschied, daß wir mit den Stäbchen auch bei sehr schwachem Licht sehen, aber keine Farben unterscheiden können, während wir mit den Zapfen zwar Farben sehen können, bei schwachen Lichtverhältnissen aber auf ihre Dienste verzichten müssen.

Wenn es dunkel wird, verlieren die Zapfen ihre Fähigkeit, auf Licht zu reagieren. Die Stäbchen sprechen zwar weiterhin auf das verfügbare Licht an, da sie aber gewissermaßen keine Farben sehen können, nehmen wir nur noch verschiedene Schattierungen von Schwarz, Weiß und Grau wahr.

Merkwürdigerweise können wir im Dämmerlicht besser aus den Augenwinkeln sehen, da die lichtempfindlichen Stäbchen in unserem Augenhintergrund zu den Seiten hin dichter werden. Wenn Sie sich also das nächste Mal bei klarer Nacht im Freien aufhalten, dann achten Sie darauf, wie wenig Farbe Sie sehen und daß Sie Objekte wie zum Beispiel lichtschwache Sterne am besten aus den Augenwinkeln wahrnehmen.

Alkohol als Antiseptikum

Alkohol ist ein wirksames keimtötendes Mittel, weil es die Fähigkeit besitzt, das Eiweiß eines Krankheitskeims zum Gerinnen zu bringen. Der Vorgang ist mit der Blutgerinnung zu vergleichen, die Sie beobachten können, wenn Sie sich eine Schnittwunde zugezogen haben. Wie Sie sich sicherlich vorstellen können, wären Ihre Lebensprozesse schwerlich aufrechtzuerhalten, wenn Ihr ganzes Blut derart erstarren würde. Auf die gleiche Weise bewirkt Alkohol den Tod von Erregerzellen.

Merkwürdigerweise ist eine 70prozentige Alkohollösung ein wirksameres Antiseptikum als 100prozentiger Alkohol – einer der vielen Fälle, wo weniger mehr ist. Reiner Alkohol ist in seiner Wirkung beeinträchtigt, weil er beim Kontakt mit einer Erregerzelle die Zellwand augenblicklich gerinnen läßt. Dadurch bildet sich um die Zelle herum eine Schutzschicht, die den Alkohol daran hindert, das Eiweiß im Zellinneren zu erreichen. Also selbst wenn das Bakterium unwirksam wird, ist es noch nicht tot und kann unter geeigneten Umständen seine Funktionsfähigkeit zurückgewinnen.

70prozentiger Alkohol ist nicht so konzentriert wie reiner Alkohol und wirkt daher langsamer, obwohl er Eiweiß ebenso sicher zum Gerinnen bringt. Da er seine Wirkung gemächlicher entfaltet, bleibt ihm genügend Zeit, um vollständig in die Zelle einzudringen, bevor die Gerinnung einsetzt. Infolgedessen gerinnt alles Eiweiß der Zelle, und das Bakterium stirbt.

Wenn Sie also eine Wunde desinfizieren möchten, dann sollten Sie zu 70prozentigem Alkohol greifen, denn der wirkt gründlicher, weil er sich ein bißchen mehr Zeit nimmt.

Was die Pupillen verraten

Die Pupillen bestimmen nicht nur, wieviel Licht ins Auge dringt. Die Größe der Pupillen läßt auch darauf schließen, wie es mit unseren Interessen, Gefühlen, Einstellungen und Gedanken aussieht.

Es ist sicherlich verblüffend, einen Zauberkünstler dabei zu beobachten, wie er mit traumwandlerischer Sicherheit herausfindet, welche Karte ein Zuschauer aus einem Kartenspiel gezogen hat. Unter anderem verlassen sich Taschenspieler dabei auf die Pupillen ihres Gegenübers; die vergrößern sich nämlich, wenn die richtige Karte gezogen wird. Ein möglicher Trick besteht also darin, dem Opfer in die Augen zu sehen.

Meist verengen sich die Pupillen bei unangenehmen Ereignissen und weiten sich bei angenehmen. Bei einem Menschen zum Beispiel, der sich vor Schlangen ekelt, werden sich die Pupillen verengen, wenn man ihm das Bild einer Schlange zeigt. Dasselbe Bild wird bei jemandem, der Schlangen mag, dazu führen, daß sich seine Pupillen weiten.

Gleiches gilt für Menschen mit starken politischen Präferenzen. Die Pupillen eines Konservativen schließen sich, wenn man ihm das Bild eines Liberalen zeigt, und beim Liberalen erfolgt die gleiche Reaktion, wenn er das Bild eines Konservativen erblickt. Zeigt man den beiden hingegen das Bild eines Mannes von ihrer eigenen politischen Überzeugung, weiten sich ihre Pupillen.

Wenn Sie sich sehr stark auf ein Problem konzentrieren, zum Beispiel eine mathematische Aufgabe, bleiben Ihre Pupillen geweitet, bis die Aufgabe gelöst ist.

Diese und andere Untersuchungen zeigen, daß unsere Pupillen sehr empfindlich auf unsere Gefühle und Gedanken ansprechen und häufig Dinge offenbaren, die wir lieber für uns behalten würden.

Blitz-Dünger

Wenn wir an Blitze denken, kommt uns sicherlich kaum in den Sinn, daß sie mit unserer Ernährung zu tun haben könnten. Und doch ist es der Fall. Unser Körper braucht Protein, Eiweiß, und Proteine enthalten Stickstoff. Die Luft, die wir atmen, enthielte eigentlich genügend Stickstoff, um unseren Bedarf zu decken, doch leider ist dieser Stickstoff für uns nicht direkt zu verwerten. Stickstoff können wir nur aus den Pflanzen beziehen, die wir essen, oder aus den Tieren, die wir essen, nachdem sie Pflanzen gegessen haben.

Allerdings gibt es dabei ein Problem. Ein Stickstoffmolekül in der Luft besteht aus zwei Atomen, die sehr eng verbunden sind. Wir können den Stickstoff nur aufnehmen, wenn die beiden Atome zuvor getrennt worden sind.

Hier kommt der Blitz ins Spiel. Natürlich müssen wir nicht vom Blitz getroffen werden, um unseren Stickstoffbedarf zu decken! Doch bei einem Gewitter entlädt sich in einem Blitz genügend elektrische Energie, um die Stickstoffatome in der Luft zu trennen. Sobald das geschehen ist, können die getrennten Atome mit dem Regen zur Erde fallen und sich im Boden mit Mineralien zu Nitraten verbinden, die eine Düngerart darstellen.

Im Boden werden die Stickstoff enthaltenden Nitrate von den Pflanzen aufgenommen. So kommt es, daß wir, wenn wir direkt oder indirekt Pflanzen essen, den Stickstoff in einer Form zu uns nehmen, die unser Körper verwerten kann. Abgesehen davon, daß der Blitz ein faszinierendes Lichtspektakel veranstaltet und uns zu Tode erschreckt, hilft er auch beim Düngen des Erdreichs.

Sterne sehen

Sicherlich werden Sie sich den Kopf schon einmal so gestoßen haben, daß Sie Sterne gesehen haben. Natürlich gab es in Wirklichkeit keine Lichter, die im Augenblick des Zusammenpralls aufgeflackert wären, aber die Umstände haben Ihr Gehirn zu dieser Annahme verführt.

Um zu verstehen, wie es dazu kommt, daß sich Ihr Gehirn derart täuschen läßt, müssen wir rekapitulieren, wie wir normalerweise sehen. Im Augenhintergrund befinden sich etwa 100 Millionen Nervenzellen. Wenn Licht auf diese Zellen fällt, schicken sie entsprechende Impulse ans Gehirn. Tatsächlich vollzieht sich das Sehen also im Gehirn und besteht aus der Wechselwirkung zwischen Nervenimpulsen, die aus dem Auge eintreffen, und Signalen, die im Gehirn erzeugt werden.

Ein starker Schlag auf den Kopf kann die Nerven im Auge dazu veranlassen, so zu reagieren, als wären sie Licht ausgesetzt, und entsprechende Nachrichten ans Gehirn zu senden. Da die Signale vom Auge eintreffen, interpretiert das Gehirn sie als kurze Lichtblitze – und folglich erblicken wir sie auch. Die Sterne, die wir sehen, wenn wir uns den Kopf stoßen, sind also eine optische Täuschung, die das Gehirn produziert, weil es sich von den Signalen der Augennerven narren läßt.

Wo bleiben alle diese Kalorien?

Zwar ist richtig, daß die Antwort auf die Frage des Titels zum Teil lauten muß: »Auf Hüften, Oberschenkeln und Taille«, doch die meisten Kalorien haben ein ganz anderes Schicksal. Manch einer wird überrascht sein, daß wir sie in erster Linie *nicht* bei körperlichen Betätigungen wie Arbeiten oder Sport verbrauchen, sondern daß sie dazu verwendet werden, unsere Körpertemperatur auf einem relativ gleichmäßigen Niveau zu halten. Daher brauchen wir und andere Säugetiere häufige Mahlzeiten, um den Ofen am Brennen zu halten, wie man etwas salopp sagen könnte.

Im Laufe eines Tages schwankt unsere Temperatur lediglich um etwa ein Grad. Doch warum ist es so wichtig, sie konstant zu halten? Unter anderem liegt das an den Auswirkungen, die die Temperatur auf die chemischen Reaktionen in unserem Körper hat. Zwar wächst die Geschwindigkeit chemischer Reaktionen generell mit steigenden Temperaturen, doch nimmt die Reaktionsgeschwindigkeit chemischer Stoffe nicht gleichmäßig zu. Durch die unterschiedliche Zunahme der Reaktionsgeschwindigkeiten könnten sich schädliche Stoffe im Körper bilden. Dank der Beibehaltung einer konstanten Temperatur ist es der Evolution gelungen, die unterschiedlichsten chemischen Reaktionen in unserem Körper genau zu koordinieren.

Vermutlich wissen Sie, daß innere Körpertemperaturen, die zu niedrig oder zu hoch sind, schädlich oder sogar tödlich sein können. Die Evolution hat unsere Körpersysteme dazu gebracht, nur innerhalb sehr enger Temperaturbereiche zu funktionieren. Wird dieser Bereich verlassen, kommt es zu Funktionsstörungen. Bei starker Überhitzung können Sie beispielsweise einen Hitzschlag erleiden, ein Ereignis, das möglicherweise tödlich endet, wenn nicht für rasche Abkühlung gesorgt wird.

Daher dienen die Kalorien, die wir täglich mit den drei angeratenen »Hauptmahlzeiten« zu uns nehmen, in erster Linie dazu, eine konstante Körpertemperatur aufrechtzuerhalten.

Diamanten

Sie gehen auf eine schicke Party. Wer ist dort am ältesten? Nein, nicht Ihre Schwiegereltern, noch nicht einmal Ihre Großeltern, sondern irgendein Diamant, den jemand trägt.

Noch immer ist nicht ganz klar, wie Diamanten entstehen. Zwar wissen wir, daß sie aus Kohlenstoff bestehen, doch wie der Kohlenstoff in die extremen Tiefen gelangt, in denen sich der Diamant bildet, hat die Wissenschaft noch nicht herausgefunden.

Diamanten entstehen sehr tief in der Erde. Ideal für ihre Bildung ist eine Tiefe von knapp 200 Kilometern unter der Erdoberfläche, also im Mantel unseres Planeten. Die Temperaturen und Drücke, die Diamanten zur Kristallisation brauchen, sind schwindelerregend: Die Temperatur muß mehr als 1000 Grad und der Druck knapp 50 000 Kilogramm pro Quadratzentimeter betragen. Eine Vorstellung von diesem Druck können Sie vielleicht bekommen, wenn Sie sich klar machen, daß ein Anderthalb-Zentner-Mann einen Druck von nur 200 Gramm pro Quadratzentimeter ausübt. Wir wüßten überhaupt nichts von der Existenz der Diamanten, wären da nicht die Vulkanausbrüche, die die Diamanten aus den Eingeweiden der Erde an Orte schleudern, wo wir ihrer habhaft werden können.

Theoretisch können Diamanten nur bei hohen Temperaturen und Drücken Diamanten bleiben. Bei atmosphärischem Druck und niedriger Temperatur müßten eigentlich chemische Veränderungen auftreten, die den Diamanten in Graphit verwandeln, den Stoff, aus dem die Bleistiftminen sind. Doch genaue Berechnungen haben ergeben, daß dazu mindestens 10 Milliarden Jahre erforderlich sind.

Zurück zum Alter des Diamanten. Nach Auffassung der Fachleute haben sich Diamanten während der gesamten Erdgeschichte gebildet. Bei vielen wurde ein Alter von 3,3 Milliarden Jahren festgestellt. Manche sind aber auch erst eine Milliarde Jahre jung.

Wie Wein rankt

Ein Weinstock, der sich an einem Baum oder einem Spalier empor-
rankt, ist ein vertrauter Anblick, aber haben Sie sich je gefragt,
warum und wie er das schafft? Sinn und Zweck des Rankens ist es,
dem Wein Halt zu geben. In einigen Fällen rankt der Wein selbst, in
anderen bildet er kleine Kletterorgane aus, die sich spiralförmig um
Zweige oder Spaliere winden.

Wie lernt der Wein das Ranken, und woher weiß er, in welche
Richtung er sich zu bewegen hat? Tatsächlich weiß der Weinstock
gar nichts. Sein Ranken ist eine sozusagen blinde Reaktion, die
durch chemische Veränderungen hervorgerufen wird. Wenn die
Spitze eines Weinstocks auf ein Hindernis stößt, etwa einen Zweig,
werden dadurch die Zellen auf der dem Zweig abgewandten Seite
des Weins veranlaßt, schneller zu wachsen als die Zellen auf der dem
Zweig zugewandten Seite. Da die dem Zweig abgewandte Seite länger wird und die ihm zugewandte Seite im Wachstum zurückbleibt,
wird dieser Teil des Weinstocks dazu gebracht, sich um den Zweig
zu legen.

Die meisten Weinstöcke haben keine besondere Vorliebe in
Bezug auf die Windung. Wenn die Außenseite einer bereits gewun-
denen Ranke auf ein Hindernis stößt, windet sie sich anstandslos in
die andere Richtung.

Und dafür brauchen Sie einen Arzt?

Seit der Antike empfehlen Großmütter und Ärzte Hühnersuppe als Hausmittel gegen Fieber und Husten. Mindestens ein moderner Wissenschaftler hat es gewagt, dieses altehrwürdige Rezept auf seine Wirksamkeit zu überprüfen, und – fand es bestätigt.

Stephen Rennard von der medizinischen Fakultät der University of Nebraska wollte wissen, ob der Glaube an die Heilkraft von Hühnersuppe irgendeine wissenschaftliche Grundlage habe. Er wußte, daß der Körper, wenn er von einem Virus oder einem schädlichen Bakterium befallen wird, bestimmte weiße Blutkörperchen aussendet, damit sie Enzyme zur Bekämpfung der Infektion freisetzen. Leider reizen die Enzyme, die gegen die Infektion gerichtet sind, auch unser Gewebe. Daher haben wir bei Grippe so häufig Halsschmerzen.

Rennard entwickelte ein Experiment, das ihm erlaubte, die weißen Blutkörperchen dabei zu beobachten, wie sie sich – nicht viel anders als im menschlichen Körper – auf die Bakterien zubewegten. Seine Absicht war es herauszufinden, ob und wie sich Hühnersuppe auf diese Bewegung auswirkt.

Nach einem Rezept, das seine Frau von ihrer Großmutter hatte, gab er die verschiedenen Bestandteile der Suppe nacheinander in eine Petrischale, in der sich weiße Blutkörperchen und Bakterien befanden. Durch reines Wasser wurde die Bewegung der weißen Blutkörperchen in Richtung der Bakterien nicht beeinflußt, doch als er das Gemüse hinzufügte, bewegten sich die Blutkörperchen erkennbar langsamer. Leider tötete die Gemüsebrühe auch einige weiße Blutkörperchen ab.

Dann ergänzte er die Gemüsesuppe durch Hühnerbrühe, und siehe da, den Blutkörperchen geschah kein Leid mehr. Offenbar wirkte das Hühnchen den giftigen Effekten des Gemüses entgegen. Immer noch wurde die Bewegung verlangsamt, daher nahm Rennard an, daß dadurch im menschlichen Körper die Zahl der Enzyme am Infektionsort vermindert und vermutlich auch die Entzündung nebst ihrer unangenehmen Begleiterscheinungen gelindert würde.

Interessanterweise schien der Umstand, daß sich die weißen Blutkörperchen langsamer bewegten, ihre Fähigkeit, die Infektion zu bekämpfen, nicht zu beeinträchtigen. Grundsätzlich zeigt diese Untersuchung, daß ein Heilmittel, nur weil es schon von unseren Großmüttern empfohlen wurde, nicht jeglicher wissenschaftlichen Grundlage entbehren muß.

Zauberzahlen

Das folgende Zahlenrätsel wird Ihre Freunde sicherlich zu der Überzeugung bringen, Sie seien entweder ein Gedankenleser oder ein Zauberkünstler. Bitten Sie Ihre Freunde zwei verschiedene Zahlen von 1 bis 9 aufzuschreiben, so daß Sie sie nicht sehen können. Sagen Sie ihnen jetzt, sie sollen die Ziffern umkehren. Ihre Freunde haben sich jetzt also zwei zweistellige Zahlen zu merken. Fordern Sie sie auf, die kleinere Zahl von der größeren abzuziehen.

Jetzt müssen Ihre Freunde beim Ergebnis der Subtraktion die Ziffern vertauschen und die daraus resultierende Zahl mit dem Subtraktionsergebnis addieren. Daraufhin können Sie ihnen sagen, daß das Ergebnis 99 ist. Egal, mit welcher Zahlenkombination der Ziffern von 1 bis 9 diese Rechnung ausgeführt wird, das Ergebnis am Ende der fünf Schritte wird immer 99 sein.

Nehmen wir an, Sie hätten die Ziffern 8 und 6 gewählt. 86 ergibt, wenn man die Ziffern verkehrt, 68. 86 minus 68 ist 18. Aus 18 wird durch Vertauschung der Ziffern 81, und 81 plus 18 ist 99.

Übrigens gibt es auch eine praktische Anwendung dieses Phänomens: Wenn die Bilanz Ihres Scheckbuchs nicht stimmt und wenn die Differenz zwischen Ihrer Bilanz und der der Bank durch 9 teilbar ist, sind wahrscheinlich irgendwo zwei Ziffern vertauscht worden.

Wo sind die Pole?

Es folgt ein scheinbar einfacher Test Ihrer geographischen Kenntnisse. Stellen Sie sich so auf, daß Sie nach Westen blicken, und zeigen Sie mit dem rechten und dem linken Arm gleichzeitig zum Nord- und zum Südpol. Weisen Ihre Arme jetzt senkrecht vom Körper fort in entgegengesetzte Richtungen? Dann zeigen sie nicht zu den Polen, sondern ins All hinaus. Da die Erde rund ist, dürfen Sie die Arme nicht senkrecht vom Körper ausstrecken. Um auf die Pole zu zeigen, müssen Ihre Arme nicht nur nach Norden und nach Süden weisen, sie müssen auch nach unten gerichtet sein.

Das können Sie sich vergegenwärtigen, indem Sie einen Kreis auf ein Blatt Papier zeichnen; der Kreis stellt die Erde dar. Zeichnen Sie oben und unten auf dem Kreis zwei Punkte ein, die den Nord- und den Südpol darstellen. Irgendwo auf dem Kreis, nur nicht an einem der Pole, zeichnen Sie jetzt ein Strichmännchen ohne Arme ein. Wenn Sie die Arme jetzt so eintragen, daß sie direkt vom Körper fort zeigen, dann sehen Sie sofort, daß sie nicht in Richtung der Pole weisen. Dazu müssen sie schräg nach unten gerichtet sein.

Versehen Sie aber Ihr Strichmännchen mit Armen, die wirklich zu den Polen zeigen, so werden Sie erkennen, daß sie dort, wo sie sich am Körper treffen, einen Winkel von 90 Grad bilden. Das ist auch in Wirklichkeit so und ergibt sich aus einem einfachen geometrischen Prinzip, welches, auf diese Situation angewendet, besagt, daß Ihre Arme, wenn sie direkt auf die Pole zeigen und durch imaginäre Linien verlängert würden, die sich in Höhe Ihres Halses träfen, einen Winkel von 90 Grad bilden würden.

Tatsächlich würden Ihre Arme, egal, an welchem Punkt der Erde Sie sich befänden, einen rechten Winkel bilden, wenn sie auf die Pole zeigten – zwei Punkte ausgenommen. Wissen Sie, welche?

Dunkle Wasserflecken

Wenn wir Wasser auf unsere Kleidung spritzen oder vom Regen überrascht werden, erscheinen unsere Kleidungsstücke überall dort, wo sie naß geworden sind, dunkler als an den trockenen Stellen. Verändert die Kleidung tatsächlich ihre Farbe, wenn sie naß wird? Nein, aber etwas geschieht mit dem weißen Licht, das auf die Kleidung trifft – und dieses Etwas ruft den Eindruck hervor, daß sich die Farbe verändert.

Weißes Licht ist, wie Sonnenlicht, eine Mischung aus dem Licht aller Farben. Wenn es also zum Beispiel auf Bluejeans fällt, sehen die Jeans blau aus, weil von dem weißen Licht, das auf die blauen Fasern trifft, vor allem blaues Licht reflektiert wird und in unsere Augen gelangt, während die meisten anderen Farben von der Kleidung absorbiert werden.

Wenn die Jeans nun an einer Stelle naß werden, bedeckt sich diese Region mit einem Wasserfilm, und das Wasser füllt die Räume zwischen den Fasern aus. Fällt das Licht auf den nassen Fleck, wird es zwischen die Fasern nach unten gebeugt. Dort wird es in der Regel von der Wasseroberfläche reflektiert und von den Fasern mehrfach zurückgeworfen, bevor es unser Auge erreicht.

Mit jeder Reflexion absorbiert die Kleidung ein bißchen mehr Licht, und das gilt für nicht-blaues Licht in höherem Maße als für blaues Licht. Schließlich wird ein Teil dieses Lichts in unsere Augen zurückgeworfen, und da ein größerer Teil des nicht-blauen Lichts von dem nassen Tuch absorbiert worden ist, sieht es blauer aus als der trockene Stoff.

Der trockene Stoff erscheint heller, weil er kein Wasser enthält, welches das Licht nach unten zwischen die Fasern lenken könnte, wo es stärker absorbiert würde. Also auch wenn in diesem Fall mehr blaues Licht in unsere Augen gelangt, so wird andererseits auch ein größerer Teil der anderen Farben in unsere Augen geworfen. Da alle Farben zusammen Weiß ergeben, wird hier gewissermaßen Blau mit Weiß gemischt, so daß ein helleres Blau entsteht.

Satelliten orten

Es folgt ein Vorschlag zu einem unterhaltsamen Zeitvertreib, dem Sie von Mai bis August während der ersten beiden Stunden nach Einbruch der Dunkelheit nachgehen können.

Tausende von Satelliten und große Stücke Raummüll umkreisen die Erde. Ein paar Hundert können wir mit bloßem Auge erkennen und einige Tausend mit dem Fernglas. Die Bodenbeobachtung von Satelliten kann sehr aufschlußreich sein, doch zunächst müssen wir wissen, ob wir überhaupt einen Satelliten vor Augen haben. Bei jedem Lichtpunkt, der sich über den Himmel bewegt und der kein Flugzeug ist, handelt es sich fast mit Sicherheit um einen Satelliten. Halten Sie nach Lichtpunkten Ausschau, die von Westen nach Osten ziehen, von Norden nach Süden oder umgekehrt, denn das sind die Richtungen, denen Satelliten immer folgen.

Wenn Sie einen Satelliten entdecken, können Sie einige Rückschlüsse auf seine Funktion ziehen, vor allem anhand seiner Geschwindigkeit. Braucht er ungefähr drei Minuten, um den Himmel zu überqueren, dann handelt es sich wahrscheinlich um einen militärischen Spionagesatelliten auf niedriger Umlaufbahn – rund 200 bis 300 Kilometer hoch. Falls er sich noch schneller bewegt, ist er vermutlich schon außer Betrieb und kurz davor, in die Erdatmosphäre einzutauchen, wo er verglühen wird.

Ein Satellit, der sich langsamer bewegt, könnte ein Wettersatellit auf höherer Umlaufbahn sein, vor allem wenn er von Nord nach Süd zieht oder umgekehrt – das heißt, wenn er sich auf einer sogenannten polaren Umlaufbahn befindet. Schießt der Lichtpunkt auf polarer Umlaufbahn rascher über den Himmel, dürfte es sich wiederum um einen Spionagesatelliten handeln. Polare Umlaufbahnen sind in der Wetter- und Militärbeobachtung besonders beliebt, weil sie den Satelliten ermöglichen, die ganze Erde an einem Tag zu erfassen.

Übrigens kann man die Satelliten, auf die unsere Fernsehschüsseln gerichtet sind, von der Erde aus nicht sehen, weil sie sich in einer Höhe von 36 800 Kilometern durchs All bewegen.

Zwei-Punkte-Schwelle

Das folgende unterhaltsame Experiment wird Ihnen einiges über Ihr Nervensystem verraten. Sie können es im Selbstversuch probieren, doch am besten klappt es, wenn Sie es an jemand anderen vornehmen und umgekehrt. Alles, was Sie brauchen, sind zwei spitze Gegenstände, Bleistifte zum Beispiel.

Lassen Sie Ihren Freund die Augen schließen und sagen Sie ihm, Sie würden die Innenseite seines Vorderarms gleichzeitig mit zwei Bleistiftspitzen berühren, die etwa 20 Zentimeter voneinander entfernt sind. Dann heben Sie die Spitzen hoch und setzen sie wieder auf die Haut des Unterarms, heben sie, setzen sie auf und so fort, wobei Sie jedesmal die Spitzen etwas näher zusammenführen. Ihr Freund soll sagen, wann Sie ihn nur noch mit einer Spitze berühren.

Erstaunlicherweise meint er, er werde nur noch mit einer Spitze berührt, wenn sich tatsächlich noch *beide* Spitzen auf seinem Arm befinden, und zwar in einem Abstand von drei bis vier Zentimetern!

Wiederholen Sie das Experiment jetzt auf der Spitze seines Zeigefingers, und beginnen Sie mit einem Abstand von zwei bis drei Zentimetern. Wenn er in diesem Fall das Empfinden hat, er werde nur noch von einer Spitze berührt, dann dürften die beiden Bleistiftspitzen rund drei Millimeter voneinander entfernt sein.

Warum spürt er nur noch eine Spitze, obwohl ihn doch zwei berühren? Und warum sind die Punkte in dem Augenblick, da er noch einen spürt, am Vorderarm vier Zentimeter voneinander entfernt, an der Fingerspitze jedoch nur drei Millimeter? Der Grund ist, daß einige Bereiche unseres Körpers, so zum Beispiel die Fingerspitzen, besser mit Nerven ausgestattet sind als andere. Und auch die Gehirnregionen, die die Informationen aus diesen empfindlichen Körperbereichen erhalten, weisen eine größere Nervendichte auf.

Da mehr Nerven vorhanden sind, um Sinneswahrnehmungen zu entdecken, sind diese Zonen auch zu feineren Unterscheidungen fähig.

Das Experiment ist nicht nur unterhaltsam und interessant, sondern auch nützlich. In der Psychologie bezeichnet man das Phänomen als Zwei-Punkte-Schwelle und bedient sich seiner, um Nervenschädigungen zu untersuchen. Und bei den Punkten der Blindenschrift achtet man darauf, daß ihr Abstand niemals die Zwei-Punkt-Schwelle unterschreitet.

Manche mögen's heiß

Wer kennt das Gefühl nicht? Wir springen in den Swimmingpool und spüren den Schock des kalten Wassers, doch nach einer Minute fühlen wir uns pudelwohl. Oder wir stellen uns unter die angenehm warme Dusche und drehen nach einer Minute den Warmwasserhahn etwas weiter auf, weil uns das Wasser zu kühl geworden ist. Wenn Sie zu den Menschen gehören, die gerne heiß duschen, werden Sie den Warmwasserhahn einige Male betätigen, bevor Sie zufrieden sind. Diese Fähigkeit des Körpers, sich auf veränderte Temperaturen einzustellen, bezeichnet man als Wärmeanpassung. Wenn sich Ihr Körper auf eine Temperatur einstellt, dann empfinden Sie sie weder als kalt noch als warm, sondern als neutral.

Die Wärmeanpassung läßt sich durch ein einfaches Experiment unter Beweis stellen. Holen Sie sich drei Schüsseln, die groß genug sind, um die Hände hineinzulegen. Füllen Sie die eine mit kaltem Wasser; Sie können auch einige Eiswürfel hinzugeben, damit das Wasser richtig kalt ist. In die zweite Schüssel kommt Wasser, das heiß ist, aber nicht so heiß, daß Sie die Hände nicht eintauchen können. Die dritte füllen Sie mit warmem Wasser von etwa 30 Grad Celsius.

Legen Sie ungefähr eine Minute lang die eine Hand in die Schüssel mit kaltem Wasser und die andere in die Schüssel mit heißem Wasser. Tauchen Sie anschließend beide Hände in die Schüssel mit warmem Wasser. An der Hand, die aus dem heißen Wasser kommt, fühlt sich das warme Wasser sehr kalt an, die Hand, die im kalten Wasser war, empfindet das warme Wasser als heiß.

Zum Glück hat die Wärmeanpassung ihre Grenzen, denn wenn die Gefahr signalisierende Wahrnehmung extremer Wärme oder Kälte nicht den Anpassungsprozeß außer Kraft setzen würde, könnten wir uns leicht verbrennen. So ganz haben die Wissenschaftler den Prozeß der Wärmeanpassung noch nicht verstanden, aber bekannt ist er ihnen schon lange. Den ersten Bericht über das Experiment mit den drei Wasserschüsseln hat der Philosoph John Locke im Jahr 1690 verfaßt.

Essen Sie ein Küken, wenn Sie ein Ei essen?

Don Hirose aus Honolulu, Hawaii, hatte einen freundschaftlichen Streit mit einem Bekannten. Dieser war der Meinung, wir würden jedesmal ein Küken essen, wenn wir ein Ei essen. Don war anderer Meinung. Sie schlossen eine Wette ab und wandten sich an die Redaktion unserer Radiosendung, um sich Klarheit zu verschaffen.

Bevor wir Ihnen sagen, wer zahlen muß, wollen wir die beiden Situationen betrachten, mit denen wir es hier zu tun haben. Die erste – und leider seltenere – Situation betrifft Eier, die man direkt beim Bauern kauft, echte Freilandeier.

Dabei handelt es sich häufig um befruchtete Eier, aus denen Küken schlüpfen können. Allerdings kommt es im Normalfall nicht dazu. Das Ei beginnt seine Entwicklung als einzelne Zelle und wird befruchtet, während es sich den Eileiter hinunterbewegt, um gelegt zu werden. Während der ersten 24 Stunden nach der Befruchtung teilt sich die eine Eizelle einige Male und bildet einen kleinen Zellhaufen.

Zu diesem Zeitpunkt ist das Ei, streng genommen, ein Embryo, hat aber noch keine Ähnlichkeit mit einem Küken, denn die Zellen haben sich noch nicht differenziert, um Augen, Krallen, Federn und so fort zu bilden.

Nachdem das Ei gelegt worden ist, bleibt sein weiterer Entwicklungsprozeß so lange in der Schwebe, bis die Henne sich auf ihm niederläßt, um es auszubrüten. Wird das Ei nicht innerhalb weniger Wochen ausgebrütet, stirbt der Embryo. Wie gesagt, dies ist die Situation bei einem befruchteten Ei – einem jener Eier, die man direkt beim Bauern kauft.

Im zweiten Szenario beschäftigen wir uns mit Eiern, die wir im Supermarkt um die Ecke kaufen und die von einer 'Hühnerfarm' stammen. Diese Hühnerfarmen machen sich eine Besonderheit von Hennen zunutze. Die legen nämlich Eier, egal, ob sie befruchtet worden sind oder nicht. Auf den Hühnerfarmen gibt es gar keine Hähne zum Befruchten der Eier. Dort können sich die Eier also niemals zu Küken entwickeln.

Die Hühnereier, die die meisten Menschen essen, enthalten also keine Embryos, und selbst die Eizellen in Freilandeiern haben sich höchstwahrscheinlich noch nicht soweit entwickelt, daß man von Küken sprechen könnte. Folglich gewinnt Mr. Hirose die Wette. Vielleicht spendiert er seinem Freund von dem Gewinn ein Omelett.

Alkoholismus

Oft brüsten sich junge Männer damit, daß sie »'n Stiefel vertragen können«. In der Tat haben viele junge Männer eine hohe Alkoholtoleranz, doch leider könnte das ein schlechtes Omen sein.

Es gibt junge Männer, die können drei bis fünf Gläser Alkohol vertragen, ohne große oder erkennbare Wirkung zu zeigen. Doch wie die Untersuchungen von Marc Schuckit an der Medizinischen Hochschule der University of California in San Diego zeigen, erhöht dieses Merkmal die Wahrscheinlichkeit, daß ein solcher Mann mit 30 Jahren Alkoholiker wird. Noch größer ist die Wahrscheinlichkeit, wenn der Vater des Mannes Alkoholiker war.

Der entscheidende Faktor ist die herabgesetzte Empfindlichkeit für moderate Alkoholmengen. Ein solcher Mann muß nämlich mehr trinken, um sich ein Rauscherlebnis zu verschaffen, so daß seine erhöhte Alkoholtoleranz die Warnsignale unterdrückt, die ihn sonst veranlassen würden, mit dem Trinken aufzuhören. Nach drei bis fünf Drinks fühlt er kaum oder keine Wirkung, wird dann aber, sobald er eine bestimmte Schwelle überschritten hat, sehr rasch betrunken.

Auch wenn jemand nicht den Vorsatz hat, sich zu betrinken, kann der Umstand, daß er mehr und mehr trinken muß, um auch nur eine geringe Wirkung zu verspüren, zu einem ernsten Problem werden. Die wachsende Alkoholaufnahme kann zur körperlichen und psychischen Abhängigkeit von der Droge führen.

Die Untersuchung läßt nicht erkennen, daß geringe Alkoholempfindlichkeit eine spezifische Ursache für Alkoholismus ist. Allerdings spricht vieles dafür, daß diese Eigenschaft die Wahrscheinlichkeit für eine spätere Alkoholabhängigkeit erhöht. Die Ergebnisse legen den Schluß nahe, daß junge Männer, die viel Alkohol vertragen können, sorgfältig auf ihre Trinkgewohnheiten achten sollten.

Seife oder Reinigungsmittel

Seit Jahrtausenden benutzt die Menschheit Seife zu Reinigungszwecken, doch erst die moderne Chemie hat die Molekularstruktur der Seife entdeckt und damit offenbart, *wie* die Seife ihr Zauberwerk verrichtet. Das eine Ende des langen Seifenmoleküls wird von Fetten und Ölen angezogen, das andere Ende von Wasser. Wenn wir Seife ins Waschwasser geben, heftet sich ein Ende ihres Moleküls an den öligen Schmutz und zieht ihn von der Oberfläche unserer Haut ab. Das andere Ende bleibt mit dem Wasser verbunden, und wenn wir den Stöpsel aus dem Waschbeckens ziehen, verschwindet der Schmutz, am Seifenmolekül hängend, das seinerseits am Wassermolekül klebt, im Abfluß.

Das Problem der Seife liegt allerdings darin, daß sie in hartem Wasser keine guten Dienste leistet. Hartes Wasser ist reich an Calcium, und bevor die Seife damit beginnt, Sie oder Ihre Kleidung zu reinigen, trennt sie das Calcium vom Wasser. Das ist der charakteristische Rand, den das Badewasser in der Wanne hinterläßt. Erst nachdem die Seife alles Calcium im Wasser entfernt hat, beginnt sie mit der Reinigungsprozedur. Deshalb braucht man mehr Seife in hartem Wasser: Zunächst benötigt man Seife, um das Calcium zu entfernen, und dann weitere Seife, um den öligen Schmutz zu entfernen. Nach dem Zweiten Weltkrieg wurden Waschmaschinen sehr beliebt, was den Seifenbedarf deutlich erhöhte.

Doch die Kunden beklagten sich immer wieder über den häßlichen Grauschleier, der auf der Wäsche zurückblieb. Als sich die Chemiker daraufhin anschickten ein Waschmittel zu finden, das keine Rückstände auf der Wäsche zurückließ, war ihnen klar, daß sie die Grundstruktur der Seife nicht antasten durften, das heißt, den Aufbau des Moleküls, dessen eines Ende von Öl und dessen anderes Ende von Wasser angezogen wird. Um die genannten Rückstände zu beseitigen, entwickelten sie eine Substanz, deren wasseranziehendes Ende nicht mehr die lästige Affinität zu Calcium aufwies. Dieses Reinigungsmittel trennte das Calcium nicht mehr ab, sondern ließ es im Wasser, wo es mit dem Schmutz fortgespült wurde. Noch heute benutzen wir solche Reinigungsmittel.

Es war einmal eine Zeit, da herrschte Luftverschmutzung

Hätten wir es mit einem Märchen zu tun, so könnten wir es mit diesen Worten anheben – nicht weil es keine Luftverschmutzung mehr gibt, sondern vielmehr, weil wir die industrielle Luftverschmutzung für ein ziemlich junges Problem halten, das vor etwa 200 Jahren mit der Industriellen Revolution begonnen hat. Nun zeigen aber einige neuere Untersuchungen, daß großräumige industrielle Luftverschmutzung zumindest bis in die griechische und römische Antike zurückreicht.

Der Ökologe Ingemark Renberg von der Universität Umeå in Schweden hat Sedimente aus 19 schwedischen Seen gesammelt. Dabei entdeckte er, daß die natürlich vorkommende Bleikonzentration über Jahrhunderte ziemlich gleich blieb, nachdem sich die Seen vor ungefähr 10 000 Jahren durch schmelzende Gletscher gebildet hatten.

Vor etwa 2600 Jahren begannen die Bleikonzentrationen in den Seen zu steigen. Um diese Zeit fingen die Griechen an, Silbermünzen zu prägen.

Das Silber für die Münzen wurde aus Erz gewonnen, das auch Blei enthielt, was zur Folge hatte, daß beim Schmelzprozeß etwas Blei in die Luft entwich.

Die antike Umweltverschmutzung, die in den Ablagerungen der Seeböden dokumentiert ist, verzeichnete vor ungefähr 2 000 Jahren einen weiteren Anstieg, als die Römer in ganz Süd- und Mitteleuropa Blei schmolzen und damit noch mehr Blei in die Luft gelangte. Mit dem Niedergang des Römischen Reichs nahmen auch die Bleikonzentrationen in den schwedischen Seen ab.

Um das Jahr 1000 begannen die Bleirückstände in den Seen abermals anzusteigen. Um diese Zeit fingen die Deutschen an, Silber und Blei abzubauen. Anfang des 19. Jahrhunderts war die Bleikonzentration in den Seen dreieinhalbmal so hoch wie zu römischer Zeit.

Offenbar hat ein Teil des damals in die Luft gelangten Bleis Schweden erreicht, denn die Bleikonzentrationen in den untersuch-

ten Seen entsprechen den bleiverarbeitenden Aktivitäten in Süd-
und Mitteleuropa. Ganz gewiß ist die industrielle Luftverschmutzung kein erfreulicher Tatbestand, doch Renbergs Untersuchungen haben gezeigt, daß sie beileibe keine moderne
Errungenschaft ist.

Warum 5 280 Fuß?

Das englische Wort *mile* leitet sich wie die deutsche *Meile* von lateinisch *mille* her, dem Wort, das die römische Meile bezeichnete. Die römische Meile ist militärischen Ursprungs: Sie entsprach 1000 Doppelschritten marschierender Soldaten. Der Doppelschritt eines Soldaten umfaßte etwa fünf Fuß oder anderthalb Meter, daher hatte die römische Meile eine Länge von rund 5000 Fuß oder eineinhalb Kilometer.

Nun haben die Amerikaner ihr Maßsystem aus Zoll (Inch), Fuß, Yard und Meile von den Engländern übernommen. Was hat da die römische Meile mit der amerikanischen zu schaffen? Ganz einfach: England gehörte vom ersten bis zum fünften Jahrhundert unserer Zeitrechnung zum Römischen Reich, das heißt, als die Engländer ihre Maße vereinheitlichten, war der römische Einfluß noch wirksam.

Noch bevor die Engländer begannen, ihre Grundbesitzverhältnisse schriftlich festzuhalten, umfaßten die Bauern ihre Felder mit gepflügten Ackerfurchen, *furrows*, die nach modernem Maß stets 660 Fuß (gut 200 Meter) lang waren. Diese Entfernung wurde zu einem festen Bezugspunkt ihrer Landvermessung. Im Laufe der Zeit verschliffen sich die Wörter *furrow-long* zu *furlong*, einem Längenmaß, das heute fast nur noch in Pferderennen Anwendung findet.

Zwar übernahmen die Engländer die römische Meile, mochten aber ihr *furlong* nicht aufgeben. Nun hatte die römische Meile eine Länge von etwa 7,5 Furlong. Daraus machten die Engländer bei Übernahme der römischen Meile acht Furlong, und das entspricht 5 280 Fuß oder 1,61 Kilometer.

Sind wir bald da?

Wir fahren irgendwohin, wo wir noch nicht gewesen sind. Das kann eine Straße in unserer Stadt sein, aber es scheint endlos zu dauern, bis wir endlich da sind. Auf dem Rückweg fahren wir zwar die gleiche Strecke, aber offenbar dauert es bei weitem nicht so lange.

Mit diesem verbreiteten Phänomen hat sich die Wissenschaft beschäftigt und ist zu dem Ergebnis gelangt, daß unsere Zeitwahrnehmung von der Menge der verarbeiteten Information abhängt. Je mehr Information wir aufnehmen, desto langsamer verstreicht die Zeit.

Wenden wir diese Theorie nun auf unsere Autofahrt an. Auf dem Weg zu dem unbekannten Ort werden wir mit unvertrauten visuellen Reizen bombardiert – vielleicht sogar mit Geräuschen und Gerüchen, die wir nicht kennen. Wir wissen nicht genau, wohin wir fahren, die Ampeln sind uns unbekannt, wir achten auf Verkehrszeichen und auffällige Gebäude, der Beifahrer liest uns die Hinweisschilder vor, und die Kinder quängeln natürlich: »Sind wir bald da?« Ständig müssen wir alle möglichen Informationen aufnehmen und bewerten.

Auf der Rückfahrt ist uns die Gegend zumindest oberflächlich vertraut, so daß uns die Informationen großenteils nicht mehr neu sind. Daher können wir sie rascher verarbeiten. Teilweise brauchen wir sie gar nicht zu beachten, weil sie keinen Handlungsbedarf erkennen lassen.

Wir können unsere geistigen Prozesse mit einem dieser kleinen Bilderbücher vergleichen, die man Daumenkino nennt: Man läßt die Seiten über den Daumen rutschen, so daß sie rasch umgeblättert werden und die Bilder in Bewegung zu geraten scheinen. Wenn Sie die Seiten gleichmäßig durchblättern, erhaschen Sie einen Blick auf jede Seite, und die Bilder bewegen sich ziemlich langsam. Lassen Sie die Seiten hingegen in Bündeln durchrutschen, fällt Ihr Blick nicht auf jede einzelne Seite, mit dem Erfolg, daß sich die Zeichentricksequenz viel rascher abspult. Die Zeit wird gewissermaßen beschleunigt.

Ganz ähnlich verhält es sich mit unserem Gehirn: Auf dem Weg zu einem unbekannten Ort nehmen wir alle Einzelheiten wahr, und die Zeit scheint langsam zu verstreichen. Auf dem Rückweg achten wir nicht mehr so auf die Einzelheiten, daher vergeht die Zeit schneller.

Die vielseitige Frucht

Wenn Sie ein Obstsalatgelee machen möchten, sollten Sie lieber keine frische Ananas nehmen, denn sonst kommt eine ziemlich flüssige Angelegenheit dabei heraus. Andererseits wirkt nur frische Ananas als Fleischzartmacher. Vor fünfhundert Jahren beobachtete Christopher Columbus in der Karibik, daß die Eingeborenen Ananassaft nahmen, um ihre Haut zu pflegen, Wunden zu säubern, Körperhaare zu entfernen und Magenverstimmungen zu behandeln. Diese geheimnisvolle Wirkung verdankt die Ananas dem Enzym Bromelain. Mit ganz ähnlichen Enzymen baut unser Verdauungssystem das Eiweiß in der Nahrung ab.

Wenn Sie frisches Fleisch in Ananassaft marinieren, beginnt das Bromelain die Proteine bereits in der Schüssel aufzuspalten, so daß zu dem Zeitpunkt, da das Fleisch in Ihren Mund gelangt, der Verdauungsprozeß schon begonnen hat. Als Hautpflegemittel wirkt Ananassaft, weil das Bromelain abgestorbene und beschädigte äußere Hautschichten zersetzt und die weichere Haut darunter freilegt. Wenn man eine offene Wunde mit dem Saft einer frischen Ananas behandelt, dann mag das schmerzhaft sein, aber auch hier wird der Saft unter Umständen beschädigte Hautteile abbauen und außerdem Bakterien abtöten.

Nur in Obstsalatgelee ist frische Ananas fehl am Platze, weil Gelatine aus Eiweiß besteht und daher von Bromelainen gespalten wird, so daß das Ganze zu einer ziemlich wäßrigen Brühe wird. Doch das ist kein Grund zur Verzweiflung. Da Bromelain durch Wärme abgebaut wird, können Sie ein formbeständiges Salatgelee mit gekochter oder Dosenananas herrichten – nur läßt sich die gekochte Ananas dann nicht mehr als Fleischzartmacher, Hautpflegemittel oder Antiseptikum verwenden.

Der Verdauungsschalter

Der menschliche Körper kann eine große Vielfalt verschiedener Nahrungsmittel verdauen, unter anderem Zucker, Fette und Proteine. Mit einer so abwechslungsreichen Kost vermag der Körper aber nur fertigzuwerden, weil er den Verdauungsprozeß beenden kann, sobald keine Nahrung mehr vorhanden ist. So läuft er keine Gefahr, sich selbst zu verdauen.

Unter anderem verhindert dies der Magen, indem er sehr vorsichtig mit der starken chemischen Substanz Protease umgeht. Die Protease ist eine Enzymgruppe, die Eiweiß zerlegt. Da der Körper selbst aus Eiweiß besteht, ist es von großer Wichtigkeit, daß die Enzyme sich nicht gegen den eigenen Körper wenden.

Produziert wird die Protease in der Bauchspeicheldrüse, allerdings nicht in funktionsfähiger Form. Um wirksam zu werden, muß die in der Bauchspeicheldrüse hergestellte Protease durch ein anderes Enzym aktiviert werden, das im Darm vorkommt. Erst danach kann die Protease sich an die Zerlegung des Eiweißes machen. Dieses zweite, aktivierende Enzym wird seinerseits nur wirksam, wenn Nahrung in den Magen gelangt.

Nachts, wenn keine Nahrung im Magen ist, wird die Protease deaktiviert, so daß sie ihre Funktion einstellt. Leider können Krankheit, Alkohol und einige Medikamente die Wirkung des Enzyms überlagern, das die Protease steuern soll. Wenn das geschieht, beginnt die Protease die Magenwände zu verdauen, mit dem Ergebnis, daß sich Magengeschwüre bilden.

Der gesunde Körper stattet seine Verdauungsenzyme also gewissermaßen mit einem Schalter aus und produziert ein zweites Enzym zur Bedienung dieses Schalters. Außerdem ist das Verdauungssystem dadurch geschützt, daß es zu den rasch wachsenden Körpergeweben gehört, die alte Zellen ständig durch neue ersetzen. Ein Teil wird verdaut, aber es gibt stets reichlich Ersatz.

Knirschender Schnee

»Wahrscheinlich hat jeder, der schon einmal einen kalten Winter erlebt hat, noch das herrlich durchdringende Geräusch im Ohr, das der Schnee von sich gibt, wenn er gegen eine harte Unterlage gepreßt wird, zum Beispiel von den Stahlrädern eines Eisenbahnwagens gegen das Gleis oder auch von den Absätzen der eigenen Stiefel gegen das Pflaster.« Diese Worte hat vor vielen Jahrzehnten der Physiker W. J. Humphreys in seinem Buch *Physics of the Air* geschrieben. Weiter führte Humphreys aus, daß der Schnee nur bei großer Kälte knirsche.

Wenn die Temperatur gerade so eben unter dem Gefrierpunkt liege und der Schnee sich leicht zu Schneebällen, Fußspuren und Walzen formen lasse, dann gebe er kaum Geräusche von sich. Dabei berief sich Humphreys auf den Umstand, daß sich der Schmelzpunkt von Eis durch Druck erhöhen läßt. Wenn Eis so warm ist, daß es ohnehin kurz vorm Schmelzen ist – sagen wir, bei einer Temperatur von null oder minus einem Grad Celsius –, dann braucht man nur ein wenig Druck anzuwenden, um es zum Schmelzen zu bringen. Nun sind Schneeflocken kleine Eiskristalle. Schneeflocken nahe dem Schmelzpunkt können durch den Druck der Hände zu einem Schneeball geformt werden. Dabei schmelzen sie zunächst, um dann erneut zu gefrieren. Der Schnee gibt dem Druck »leicht und ohne Widerstand« nach und verursacht kein Geräusch.

Wenn der Schnee dagegen sehr kalt ist, das heißt, weit unter dem Schmelzpunkt liegt, kann ihn selbst der Druck eines Stiefelabsatzes oder Eisenbahnrads nicht zum Schmelzen bringen. Er ist pulverförmig und läßt sich nicht zu Schneebällen kneten. Statt dessen zermalmt der Druck die Schneekristalle und schiebt die trockenen Teilchen übereinander. Durch diese »plötzlichen und ruckartigen« Bewegungen der trockenen Eiskristalle werden, so ist bei Humphreys nachzulesen, Schwingungen und Geräusche hervorgerufen. W. J. Humphreys behauptet also, daß der Schnee knirscht, wenn es sehr kalt ist, und nicht knirscht, wenn die Kälte gemäßigt ist. Entspricht das Ihrer Erfahrung?

Mal sehen Sie es, mal nicht

Mitte der 90er Jahre erfreute sich eine neue Kunstform, das sogenannte »Magische Auge« vor allem auf Postkarten, Kalendern und
Postern großer Beliebtheit. Zunächst sehen diese Bilder wie
abstrakte Muster aus, auf denen Wellenlinien und bunte Farben anscheinend zufällig zusammengestellt sind. Doch sobald sich die
Augen entspannt haben und das Bild in bestimmter Weise mustern,
erblickt der Betrachter zu seinem Entzücken plötzlich und ganz
deutlich ein dreidimensionales Bild. Das wirkt zwar wie Zauberei,
hat aber eigentlich mehr mit der Verarbeitung visueller Information
durch unser Gehirn zu tun.

In drei Dimensionen sehen wir, weil wir zwei Augen haben.
Obwohl beide Augen in die gleiche Richtung blicken, zeigen sie uns
die Welt aus etwas unterschiedlichen Blickwinkeln. Das können Sie
überprüfen, indem Sie einen Finger in einem Abstand von etwa
30 Zentimetern senkrecht vor die Augen halten. Schließen Sie zunächst das eine Auge und dann das andere.

Sie werden feststellen, daß der Finger seine Position zu verändern
scheint, je nachdem, ob sie ihn aus dem linken oder dem rechten
Auge anblicken. Ihr Gehirn nimmt diese leicht voneinander abwei-
chenden Bilder auf und setzt sie zu einem dreidimensionalen Bild
zusammen. Die Fähigkeit, ein dreidimensionales Bild aus zwei dif-
ferierenden Bildern zu erzeugen, ist entscheidend für die Entstehung dieser optischen Täuschung.

Wenn Sie ein solches Bild zur Hand haben, untersuchen Sie es
sorgfältig. Betrachten Sie das Muster von links nach rechts, und Sie
werden feststellen, daß es sich weitgehend wiederholt. Viele
Merkmale treten immer wieder auf, wobei sie sich auf ihrem Weg
quer über das Bild leicht verändern. Nun entspannen Sie die Augen
und richten Sie den Blick nicht mehr auf das Muster, sondern versuchen Sie, durch das Bild hindurchzublicken, als wäre es ein
Fenster.

Das Bild verschwimmt, und jedes Auge fixiert den Blick
schließlich auf benachbarte Merkmale des Musters. Ihr Gehirn, das
von jedem Auge etwas unterschiedliche Bilder erhält, setzt sie zu

einem zusammenhängenden dreidimensionalen Bild zusammen. Das ist der magische Augenblick: Das farbige, abstrakte und etwas verschwommene Muster verwandelt sich in ein klares Bild.

Es bedarf einer gewissen Übung, um die Augen derart zu entspannen. Doch das beglückende Gefühl, das sich einstellt, wenn Ihr Gehirn von zwei auf drei Dimensionen umschaltet, lohnt das Warten.

Eisblumen

Wenn Sie das nächste Mal heiß duschen, schauen Sie sich hinterher Ihren Badezimmerspiegel an. Oft ist er beschlagen, der Wasserdampf Ihrer Dusche kondensiert nämlich gleichmäßig auf seiner Oberfläche. Wenn sich der Dampf jedoch in gefrorener Form als Reif niederschlägt, passiert etwas ganz anderes. Sehen Sie sich an einem kalten Wintermorgen die zugefrorene Windschutzscheibe Ihres Autos an, und Sie werden feststellen, daß die Eisschicht ein wunderbares kompliziertes Muster bildet. Warum kondensiert Wasser gleichmäßig auf einem beschlagenen Badezimmerspiegel, während es als Reif höchst abwechslungsreiche Muster bildet?

Ganz einfach: Wassermoleküle organisieren sich in flüssigem Zustand anders als in Eis. Die trübe Schicht, die sich nach einer Dusche auf Ihrem Badezimmerspiegel niederschlägt, besteht aus winzigen Wassertröpfchen. In flüssigem Wasser können sich die Moleküle frei bewegen, stoßen gegeneinander und verändern ihre Position. Aus diesem Grund weisen Wassermoleküle in flüssigem Zustand keine bestimmte Anordnung auf. Wie Sandkörner, die der Zufall auf den Strand geworfen hat, erscheint das mikroskopische Durcheinander aus unserer Perspektive völlig gleichförmig.

Ganz anders verhalten sich die Moleküle in Eis. Wenn Wasser gefriert, bleibt die Position der Moleküle nicht mehr dem Zufall überlassen. Sie fügen sich zu regelmäßigen sechseckigen Mustern zusammen. Rauhreif bildet sich, wenn Wasserdampf aus der Luft auf Flächen kondensiert, deren Temperatur unter dem Gefrierpunkt liegt. Wenn weiterer Wasserdampf gefriert, schlägt er sich auf dem bereits vorhandenen Eis nieder – immer in diesen Sechseckmustern. Auch bei Biegungen und Drehungen auf der Oberfläche des Glases setzt sich der Rauhreif stets aus den sechsseitigen Grundbausteinen zusammen. Bei geeigneten Temperaturen führt dann die strenge Organisation auf mikroskopischer Ebene zur Entstehung der wunderschönen Eisblumen, die wir auf den Scheiben bewundern. Würden die Eismoleküle ihre Anordnung nicht so strikt einhalten, wäre Rauhreif genauso gleichförmig wie die Wasserschicht auf dem Badezimmerspiegel.

Heilung auf Händen und Hornhaut

Ein Kratzer auf der Oberfläche Ihres Auges verheilt rasch, oft in wenigen Minuten. Dagegen braucht eine oberflächliche Schürfwunde auf Ihrer Hand Tage, um sich richtig zu schließen. Die Heilungszeiten sind so unterschiedlich, weil die äußeren Schichten Ihrer Haut und diejenigen Ihres Auges aus verschiedenen Zellen bestehen. Wenn Sie sich einen Kratzer an der Hand oder der Hornhaut zuziehen, dann heißt das, daß eine größere Anzahl von Zellen gewaltsam von der Oberfläche entfernt wird. Unter Heilung verstehen wir, daß neue Zellen an die Stelle der Zellen treten, die bei der Verletzung verlorengegangen sind.

Wenn die äußere Zellschicht auf dem Augapfel angekratzt wird, findet der Zellersatz sehr rasch statt, weil diese Schicht aus lebenden Zellen besteht. Lebende Zellen sind in der Lage, ihre Anordnung zu verändern und dorthin zu wandern, wo Zellen fehlen.

Dagegen bestehen die äußeren Hautschichten aus abgestorbenen Zellen, die manchmal drei oder vier Zell-Lagen dick sind. Die toten Zellen bilden eine Schutzschicht für die empfindlicheren, lebenden Zellen, sind aber nicht mehr so beweglich wie die lebenden Zellen des Augapfels. Um die alten Zellen durch neue zu ersetzen – das heißt, um die Wunde zu heilen –, müssen lebende Zellen, die sich mehrere Schichten tief befinden, den Weg in die äußersten Hautschichten antreten. Im Vergleich zu der raschen Heilung, die die Oberflächenzellen eines Augapfels leisten, dauert die Heilung einer Wunde an der Hand also ziemlich lange.

Treibsand

Seit Generationen liefert er den Stoff für abenteuerliche Geschichten und Filme. Unser Held watet durch einen Sumpf, erwehrt sich erfolgreich aller Arten von Alligatoren, Riesenschlangen und ähnlichem Getier, als er – unverhofft! – feststellen muß, daß er auf eine Stelle mit Treibsand geraten ist. Wird er sich befreien können, oder wird er unaufhaltsam in die tödliche Tiefe gezogen werden, so daß am Ende nur noch sein Hut auf dem trügerischen Untergrund zurückbleibt und von dem schrecklichen Schicksal kündet, das unser Held erlitten hat? Wäre es das wirkliche Leben und kein Film und würde unser Held nicht in Panik geraten, dann hätte er keine Mühe, sich aus der mißlichen Lage zu befreien.

Von Hollywoodstudios abgesehen, findet man Treibsand gewöhnlich an den Mündungen großer Flüsse, an Stränden und an Strömen, wo sich Wasserlöcher teilweise mit Sand füllen können. Oft bildet ihn auch eine Grundwasserströmung, die durch den Sand nach oben drängt.

Treibsand ist eine Mischung aus zwei Bestandteilen: Sand und Wasser. In gewöhnlichem Sand versinken Sie nicht, weil die Sandkörner sich ineinander verkeilen. Dadurch verteilen sie Ihr Gewicht und können Sie tragen. Wenn jedoch genügend Wasser zwischen den Sandkörnern ist, kann der Sand Ihr Gewicht nicht mehr tragen. Die Mischung aus Sand und Wasser verhält sich wie eine Flüssigkeit, und Sie beginnen zu sinken.

Doch anders als in Filmen, wird der Treibsand Sie nicht nach unten ziehen. Die Mischung aus Sand und Wasser ist dichter als Wasser allein und trägt daher besser. In Treibsand sind Sie leichter als in Wasser. Nur wer in Panik gerät, kann in Treibsand ertrinken.

Vermeiden Sie es, in Treibsand zu spielen, aber sollte der höchst unwahrscheinliche Fall eintreten und Sie geraten tatsächlich in ein solches Loch, dann bleiben Sie ruhig, legen Sie sich auf den Rücken und rufen Sie um Hilfe. Wenn niemand in der Nähe ist, dann versuchen Sie, ruhig auf dem Rücken liegend, durch vorsichtige Bewegungen festeren Grund zu erreichen.

Woher das Popcorn seinen Namen hat

Wie alle Getreidekörner enthält Popcorn – Puffmais – Wasser. Ungefähr 13,5 bis 14 Prozent jedes Korns besteht aus Wasser. Wenn also ein solches Korn über den Siedepunkt von 100 Grad Celsius erwärmt wird, verwandelt sich das Wasser in Dampf. Der Dampf erzeugt einen Druck innerhalb des Korns, es kommt zu einer Explosion, und das Korn kehrt sein Inneres nach außen. Doch wenn das Wasser in einem Korn den Puffmais zum »Puffen« – englisch *pop* – bringt, warum puffen dann nicht andere Getreidekörner ebenfalls? Auch Weizen- und Reiskörner enthalten Wasser. Warum setzen wir uns also nicht mit einer Tüte Popreis oder Popweizen ins Kino?

Die Erklärung liefern die unterschiedlichen Außenschalen, die sogenannten Samenhülsen des Puffmais und anderer Getreidearten. Im Gegensatz zu Reis und Weizen und auch zu normalem Mais besitzt Puffmais eine nichtporöse Samenhülse, die den Dampf einschließt. Dagegen durchdringt der Dampf mühelos die poröse Außenschale anderer Getreidekörner, so daß kein nennenswerter Druck entsteht. Man kann diese Körner rösten, aber nicht zum Puffen bringen.

Doch ungeachtet seiner speziellen Samenhülse wird auch Popcorn – Puffmais – nicht in jedem Falle puffen. Zwei wichtige Eigenschaften müssen zusammenkommen, damit Popcorn richtig »poppt«. Erstens muß der Feuchtigkeitsgehalt im Kern sehr nahe bei 13,5 Prozent liegen. Wenn zu wenig Feuchtigkeit vorhanden ist, baut sich nicht genug Dampf im Korn auf. Ist der Feuchtigkeitsgehalt zu hoch, zerplatzen die Körner in zwei dichte Kugeln und nicht in die leichte, flockige Substanz, die Popcornliebhaber schätzen.

Zweitens dürfen die Körner nicht gesprungen oder auf andere Weise beschädigt sein. Durch jeden kleinen Riß kann Dampf entweichen, so daß der notwendige Druck nicht entstehen kann. Nur Puffmaiskörner mit dem richtigen Feuchtigkeitsgehalt und unbeschädigter Samenhülse »poppen« zu jenem Leckerbissen auf, der sich bei fast jedermann größter Beliebtheit erfreut.

Spracherzeugung und Sprechfehler

Nach Meinung kognitiver Psychologen ist unsere Spracherzeugung das Ergebnis eines zweistufigen Worterinnerungsprozesses. Die erste Stufe ist die Suche nach der Bedeutung eines Wortes und die zweite die Suche nach dem Klang eines Wortes. Je nachdem, in welcher Phase dieses zweistufigen Erinnerungsprozesses Sie hängenbleiben, kommt es zu unterschiedlichen Sprechfehlern.

Wenn Sie ein Wort durch ein falsches ersetzen, etwa eine Katze als »Hund« bezeichnen, hat sich Ihr Gehirn auf der ersten Stufe geirrt, indem es ein falsches Wort für den Begriff »kleines, mit Fell bedecktes Haustier« gewählt hat.

Wenn Sie dagegen ein Wort oder einen Namen auf der Zunge haben, ohne im Moment darauf zu kommen, sind Sie mitten im Erinnerungsprozeß steckengeblieben. Sie haben die Bedeutung des Wortes gefunden, können sich aber nicht an seinen Klang erinnern. Da Sie einen der beiden Schritte erfolgreich bewältigt haben, können Sie wahrscheinlich die Bedeutung angeben, nur das Wort nicht artikulieren. Vielleicht erinnern Sie sich, wenn Sie das Alphabet durchgehen. Beim Anfangsbuchstaben des Wortes erhält Ihr Gedächtnis vielleicht den erforderlichen Anstoß, so daß Sie den zweistufigen Prozeß vervollständigen und sich an das gesuchte Wort erinnern können.

Verwenden Sie ein falsches Wort, das ähnlich klingt wie das Wort, das Sie eigentlich hatten sagen wollen, dann ist Ihrem Gehirn auf der zweiten Stufe des Prozesses ein Fehler unterlaufen. Wenn Sie beispielsweise »Ethnologie« (Völkerkunde) sagen, aber »Ethologie« (Verhaltensforschung) meinen, dann hat Ihr Gehirn zwar das begriffliche Stadium des Worterinnerungsprozesses erfolgreich abgeschlossen, aber im zweiten Stadium versagt, weil es ein anderes, ähnlich lautendes Wort gewählt hat, das vertrauter klingt als das gesuchte Wort.

Unterbrochene Sicht

Ist Ihnen schon einmal aufgefallen, daß Sie nicht sehen können, wie sich Ihre Augen bewegen, wenn Sie in einen Spiegel blicken? Halten Sie das Gesicht nahe an den Badezimmerspiegel und blicken Sie sich in die Augen. Achten Sie auf das Erscheinungsbild Ihrer Augen. Lassen Sie Ihren Blick jetzt, ohne zu blinzeln, an der Nase entlangwandern. Achten Sie dabei aber weiterhin auf Ihre Augen. Ihre Augen sehen jetzt anders aus. Sie haben sich bewegt, aber die Bewegung selbst war unsichtbar – für Sie.

Wenn jemand anders zur Stelle ist, den Sie dabei beobachten können, wie er das gleiche macht wie Sie eben, dann werden Sie dessen Augenbewegungen ohne Schwierigkeiten beobachten können.

Damit die Situation so vergleichbar wie möglich ist, sollten Sie Ihr Gesicht neben das des anderen halten und auf seine Nase im Spiegel blicken. Sie sind soeben Zeuge eines geheimnisvollen Prozesses geworden, der unser Sehvermögen zumindest teilweise unterbindet, wenn unsere Augäpfel sich rasch bewegen.

Die raschen Augenbewegungen, von denen hier die Rede ist, bezeichnet man als Sakkaden – nach einem französischen Wort, das »Ruck« oder »Stoß« heißt. Während des Sekundenbruchteils, den eine Sakkade braucht, schießen Bilder mit hohem Tempo über unsere Netzhaut. Doch diese Bewegungen teilen sich uns nicht mit, weil unser Gehirn die visuelle Wahrnehmung während der Sakkaden abschaltet. Sonst würde die Welt wohl für uns aussehen wie ein schlechtes Heimvideo, bei dem der Fotograf den Finger auf dem Auslöser gelassen hat, während er den Camcorder durch den Raum geschwenkt hat.

Merkwürdig an dieser Unterdrückung unseres Sehvermögens ist allerdings der Umstand, daß sie nicht vollständig ist. Steigen Sie in ein Auto, und lassen Sie sich an einem Lattenzaun vorbeifahren. Lassen Sie nun Ihre Augen, ohne den Kopf zu bewegen, rasch von vorne nach hinten wandern: Die Zaunlatten scheinen einen Augenblick stillzustehen. Warum wird in diesem Falle die visuelle Wahrnehmung nicht unterdrückt?

In der Zeitschrift *Nature* ist eine wissenschaftliche Arbeitsgruppe, die die visuelle Wahrnehmung erforscht, dieser Frage nachgegangen. Wie sie festgestellt hat, wird während einer Sakkade die Wahrnehmung großer Hell- und Dunkelzonen ausgeblendet. Sie tragen am stärksten zum Bewegungsempfinden bei. Feinere Einzelheiten, wie zum Beispiel Zaunlatten, werden nicht ausgeblendet, vielleicht, weil es nicht erforderlich ist – rasche Augenbewegungen lassen sie ohnehin verschwimmen.

Warum Teflon® glatt ist

Teflon ist der Handelsname für Polytetrafluorethylen, eine bestimmte Kunststoffart. Wenn Sie antihaftversiegelte Pfannen oder Töpfe besitzen, verwenden Sie wahrscheinlich täglich Polytetrafluorethylen. Vielleicht ist Ihnen, während Sie Ihre Morgeneier braten, gar nicht bewußt, daß Polytetrafluorethylen einer der glattesten Stoffe der Welt ist – fast so glatt wie nasses Eis. Woher kommt das?

Teflon ist chemisch mit einem häufiger verwendeten Kunststoff verwandt: Polyethylen, dem Stoff, aus dem Plastiktüten und andere Plastikbehälter sind. Chemisch gesehen besteht Polyethylen aus langen Kohlenstoffketten, an deren Seiten Wasserstoffatome angelagert sind. Teflon entsteht dadurch, daß die Wasserstoffatome des Polyethylens durch Fluoratome ersetzt werden.

Seine Glätte gewinnt Teflon durch die Fluoratome. Fluoratome sind größer als Wasserstoffatome. Dank ihrer Größe drängen sie sich sehr viel enger an die zentrale Kohlenstoffkette. Diese enge Struktur wirkt wie eine Art chemischer Panzer, der die Kohlenstoffatome schützt, die ihrerseits für den Zusammenhalt des Moleküls sorgen. Diese chemische Teamarbeit zwischen Kohlenstoff und Fluor verleiht Teflon eine außerordentliche chemische Stabilität, und diese wiederum macht Teflon so glatt. Fremde Stoffe wie Spiegeleier können keinen Halt am Fluorpanzer finden und gleiten einfach ab.

Etwas schwierig ist es nur, diese glatte Substanz dazu zu bekommen, auf einer Bratpfanne zu haften. Teflon wird zu feinem Puder gemahlen und in Wasser suspendiert. Anschließend wird die Pfanne gründlich gesäubert und durch ein Sandstrahlgebläse aufgerauht. Man sprüht das Teflon auf die Pfanne auf und röstet es anschließend. Dadurch verbindet es sich zu einer festen Schicht, die sich auf der rauhen Fläche der Pfanne verhakt. Solange Sie diese Schutzschicht nicht ankratzen, werden Spiegeleier, geschmolzener Käse, verbrannte Milch – sogar Karamelbonbons – jahrelang an ihr abgleiten, ohne die geringste Spur zu hinterlassen.

Ihr genetisches Kochbuch

Um gesund zu bleiben, müssen Ihre Zellen ständig eine Vielzahl von chemischen Aufgaben verrichten. Die DNS-Gene im Kern jeder Zelle haben wesentlichen Anteil an diesen Tätigkeiten. Die Zelle benutzt ihre Gene als eine Art genetisches Kochbuch: Immer wenn sie etwas zu tun hat, sucht sie sich das entsprechende Rezept aus ihrer DNS heraus. Dann kocht sie sich die Proteine zusammen, die sie braucht, um die Aufgabe zu erledigen.

Ständig – auch in diesem Augenblick – sind Ihre Zellen fieberhaft damit beschäftigt, maßgeschneiderte Proteine für Tausende von verschiedenen biochemischen Aufgaben herzustellen. Manchmal kann das jedoch auch schiefgehen. Wenn ein Virus angreift, schleust er seine eigene DNS in eine Ihrer Zellen ein. Wie Ihre eigenen Gene so enthält auch die virale DNS Rezepte. Leider taugen diese Rezepte nur zur Herstellung neuer Viren. Ganz gleich, was Ihre Zellen vorher getan haben, sie werden ihre gesunden Funktionen einstellen und nur noch Viren fabrizieren, das heißt, nach dem viralen Rezept verfahren, bis ihnen die Rohstoffe ausgehen. Daraufhin zerplatzt ihre einst gesunde Zelle und entläßt neue Viren in die Umgebung, die dann weitere Zellen anstecken.

Auch Krebs kann durch den Rezeptlese-Prozeß der Zelle entstehen. Jede Zelle enthält Dutzende von Genen, die ihr gesundes Wachstum und ihre Reproduktion steuern. Wenn diese Gene beschädigt oder verändert werden, hat das unter Umständen fatale Konsequenzen. Statt normal zu wachsen, wächst und teilt sie sich mit alarmierendem Tempo. Ein Krebstumor besteht aus Zellen, deren Wachstums- und Reproduktionsgene sich verändert haben.

Virusinfektionen entstehen also, wenn fremde Rezepte in das genetische Kochbuch einer Zelle Eingang finden, und Krebs wird durch Fehler in unseren eigenen genetischen Rezepten ausgelöst.

Was ist Gelatine?

Woraus unsere Lebensmittel bestehen, ist in der Regel leicht zu erraten. Das Fleisch in unserem Hamburger stammt vermutlich vom Rind, das Brötchen ist aus Getreide, das Ketchup aus Tomaten und so fort. Allerdings gibt es da ein Nahrungsmittel, bei dem Sie wohl nicht so recht wissen, ob Sie es tierischen, pflanzlichen oder mineralischen Bereichen zurechnen sollen. Die Rede ist von Gelatine. Doch jetzt ist Schluß mit dem Rätselraten, hier folgt nämlich die Auflösung.

Gelatine erfreut sich seit Generationen größter Beliebtheit. Um die Frage nach der Zugehörigkeit zum tierischen, pflanzlichen oder mineralischen Bereich zu beantworten: Gelatine ist ein tierisches Produkt. Die Zubereitung beginnt damit, daß man die Knochen, Häute und Bindegewebe von Schweinen oder Rindern in einer verdünnten Salzsäurelösung einweicht. Danach werden diese Tierprodukte stundenlang in destilliertem Wasser erwärmt und schließlich gekocht. Die Flüssigkeit, die sich dabei sammelt, wird abgelassen. Die Rückstände trocknet man und zermahlt sie zu einem feinen blaßgelben Puder. Das ist geschmacksneutrale Gelatine, die Grundlage für viele mit Gelatine versetzte Speisen. Gelatine ist ein sehr wertvolles Nahrungsmittel, denn es besteht aus reinem Eiweiß und ist leicht verdaulich. Für Vegetarier gibt es eine spezielle Gelatine, die aus dem pflanzlichen Eiweiß Agar-Agar hergestellt wird.

Wenn man pulverförmige Gelatine in heißes Wasser einrührt und erkalten läßt, bildet sie jene elastische, wackelpuddingartige Masse, die wir alle kennen. Streng genommen ist sie weder fest noch flüssig. Die wissenschaftliche Bezeichnung für ihren Zustand lautet Kolloid: Eine Flüssigkeit, die durch ein stabiles Rahmenwerk gestützt wird. Beim Abkühlen der heißen Mischung verschränken sich die langen Eiweißstränge zu einem festen Gerüst, in dem winzige Tröpfchen flüssigen Wassers eingeschlossen werden. In diesen Wassertröpfchen, die in dem Geflecht aus tierischem Eiweiß hängen, sammeln sich all die Farben und Aromen, die Sie in Ihren gelierten Desserts so schätzen.

Wissenschaftliches Handlesen

In Märchen und anderen Geschichten können Menschen, die ihre Zukunft kennenlernen wollen, eine Handleserin aufsuchen, die ihnen ihr Schicksal aus den Linien ihrer Hand vorhersagt. Zwar gibt es keine wissenschaftlichen Fakten, die auf eine Verbindung zwischen den Linien in Ihrer Handfläche und Ihrem Schicksal oder Ihrer Zukunft schließen ließen, dennoch hat die Wissenschaft herausgefunden, daß Ihre Handflächen und Fingerspitzen durchaus eine Geschichte zu erzählen haben. Die Hautlinien in Handflächen und auf Fingerspitzen bezeichnet man in der Medizin als Dermatoglyphen.

Sie haben sich auf Ihren Händen, Fingern, Füßen und Zehen gebildet, als Sie noch im Mutterleib waren, fünf oder sechs Monate vor Ihrer Geburt, und sind das Ergebnis von Streßmustern, die entstanden sind, als sich Ihre Hände und Füße entwickelt haben. Da die Wachstumsmuster aller Föten leichte Unterschiede aufweisen, sind Ihre Finger- und Handabdrücke absolute Unikate. Sogar eineiige Zwillinge weisen in diesen Mustern winzige Abweichungen auf.

Polizeibeamte wissen die Unterschiede der Fingerabdrücke seit langem zu schätzen, doch was kann der Arzt sagen, wenn er sich Ihre Abdrücke ansieht? Tatsächlich eine ganze Menge. Viele Erbkrankheiten beeinflussen die Entwicklung des Fötus. Das führt zu charakteristischen Unregelmäßigkeiten im Muster der Handlinien.

Durch statistische Methoden hat man die Beziehung zwischen Dutzenden von Erbkrankheiten und bestimmten Anomalien der Handflächenabdrücke nachgewiesen.

Manchmal hinterlassen sogar Viruserkrankungen aufschlußreiche Spuren in den Handflächen des Säuglings. Wenn beispielsweise Frauen in den 60er Jahren am Anfang der Schwangerschaft Röteln bekamen, kam es dadurch gelegentlich zu Geburtsschäden bei ihren Kindern. 1966 stellte man in einer Untersuchung fest, daß solche Kinder auch charakteristische Handflächen- und Fingerabdrücke hatten. In anderen Studien hat man Zusammenhänge zwischen unregelmäßigen Handflächenabdrücken und Krankheiten wie Schizophrenie, Alkoholfetopathie und sogar Allergien beobachtet. Zwar können Ihnen Ihre Handlinien nicht sagen, wie lange Sie leben oder wie viele Kindern Sie haben werden, aber völlig nichtssagend sind sie auch nicht.

Unsere biologischen Uhren

Jeder von uns hat eine innere Uhr, die ihm unter anderem vorschreibt, wann er müde und wann er hungrig ist. In der Wissenschaft bezeichnet man diese Uhren als »zirkadisch«. Das Wort leitet sich von den lateinischen Wörtern *circa*, »ungefähr«, und *dies*, »Tag«, her: Unsere inneren Uhren entsprechen fast dem 24-Stunden-Rhythmus des Tages, aber eben nicht ganz.

Wissenschaftliche Untersuchungen haben gezeigt, daß bei den meisten Menschen die zirkadischen Uhren, überläßt man sie sich selbst, ungefähr in einem 25-Stunden-Zyklus arbeiten. Ohne äußere Reize würden unsere inneren Uhren in der Regel eine Stunde pro Tag gewinnen und mit der Erdzeit nur an jedem 24. Tag synchron verlaufen. Tatsächlich müssen wir unsere biologischen Uhren jeden Tag neu stellen, damit sie wieder der 24-Stunden-Uhr entsprechen, nach der wir alle leben. Die Wissenschaft ist sich nicht ganz sicher, wie unsere Uhren es im einzelnen bewerkstelligen sich umzustellen, aber ganz offensichtlich paßt unser Gehirn die inneren Uhren der Tageszeit mit Hilfe von Sonnenlicht an.

Praktisch alle unsere Körperfunktionen sind dem Einfluß unserer biologischen Uhren unterworfen. Die Körpertemperatur wird von diesen Uhren geregelt. Und da unser Körper in jeder Hinsicht einem bestimmten Tagesrhythmus folgt, reagiert er zu verschiedenen Tageszeiten verschieden auf chemische und physikalische Reize. So weiß man beispielsweise aus bestimmten Untersuchungen, daß die Leber Alkohol besser abends als morgens verarbeitet und daß wir mitten in der Nacht eher zu allergischen Reaktionen neigen als am Nachmittag.

Doch was geschieht, wenn wir von dem Einfluß der Sonne, aller Uhren und anderer Geräte isoliert sind, die uns die Zeit mitteilen könnten?

In einem Experiment hat Rutger Wever menschliche Versuchspersonen einen Monat lang in entsprechend präparierten Räumen isoliert. Ohne Fenster, Uhren oder Fernsehgeräte hatten diese Menschen, jeder in einem separaten Raum, keine Möglichkeit, die Zeit in Erfahrung zu bringen.

Wever stellte fest, daß seine Versuchspersonen ihren Schlaf- und Wachzyklus täglich ausdehnten, ohne es zu merken. Einige schliefen ununterbrochen 17 Stunden lang, um dann 30 Stunden wachzubleiben. Doch obwohl die Schlaf- und Wachzyklen der Versuchspersonen den üblichen 24-Stunden-Rahmen weit überschritten, richteten sich ihre Biorhythmen nach einer Uhr, die in etwa dem 24-Stunden-Rhythmus folgte. Regelmäßige Messungen der Körpertemperaturen zeigten, daß sie nie sonderlich von der 24-Stunden-Uhr abwichen. Daraus zog Wever den Schluß, daß für die Temperaturregelung seiner Versuchspersonen eine innere Uhr und nicht die Schlaf- und Wachrhythmen verantwortlich waren.

Am Ende des Experiments waren die Versuchspersonen oft erstaunt, daß der Monat schon vorbei war, weil sie, von ihren eigenen Schlafzyklen ausgehend, der Überzeugung waren, sie befänden sich erst zwei oder drei Wochen in der Isolation. Daß sie wirklich schon 30 Tage lang ausgehalten hatten, glaubten sie erst, wenn man ihnen Zeitungen zeigte, die aus ihrer vermeintlichen Zukunft stammten.

Déjà-vu

»Bin ich nicht schon mal hier gewesen?«

Viele Menschen haben dann und wann Déjà-vu-Erlebnisse. Déjà-vu ist die französische Bezeichnung für »schon gesehen« und bezeichnet das lebhafte Empfinden, man habe den gegenwärtigen Augenblick schon einmal ganz genauso erlebt.

Dem kognitiven Psychologen verrät das Déjà-vu-Erlebnis, welch ungeheure Wissens- und Erfahrungsmengen wir in unserem Gehirn gespeichert haben. Wenn wir ein Déjà-vu erleben, geschieht folgendes: Im Bruchteil einer Sekunde rufen wir eine Vielzahl verschiedener Gedächtnisfragmente ab und setzen sie zu einer scheinbar eigenen und vollständigen Erinnerung zusammen. Wenn Sie also beispielsweise mit Ihrem besten Freund in einem kleinen Restaurant sitzen und auf eine Peperonipizza warten, hat Ihr Geist Hunderte von gespeicherten Erinnerungen an vielfältige Erlebnisse abgerufen, sie fragmentarisiert und zu der Empfindung zusammengefügt, Sie seien schon einmal hier gewesen, obwohl es nicht stimmt.

Kognitive Psychologen, die sich mit dem Sprachverhalten beschäftigen, sind keineswegs überrascht, daß das Gehirn solche Dèjà-vus erzeugen kann. In der Tat haben Sprachverständnis und Déjà-vu-Erlebnisse vieles gemeinsam. Wenn Sie jemanden sprechen hören, verstehen Sie ihn in der Regel, obwohl Sie die Wörter wahrscheinlich noch nie in exakt der gleichen Weise dargeboten bekommen haben. Sie verstehen diese Sätze, weil Ihr Gehirn in der Lage ist, die Bedeutung der Wörter aufgrund hundertfältiger früherer Erfahrung zu erfassen. Aus der Bedeutung einzelner Wörter konstruiert Ihr Gehirn die Bedeutung des ganzen Textes. Wie beim Déjà-vu ereignet sich der Prozeß im Bruchteil einer Sekunde.

Frisches Obst im Januar

Reifes Obst verdirbt rasch, und da Frost den meisten Früchten nicht bekommt, sind Obstlagerung und -transport stets ein Problem gewesen. Deshalb stammte noch vor kurzem das frische Obst beim Lebensmittelhändler um die Ecke von Obstbauern aus der Region – und war nur saisonal zu bekommen.

In dem Buch *On Food and Cooking* erklärt Harold McGee mit folgender Geschichte, wie die Supermärkte es erreicht haben, frisches Obst auch im Januar anzubieten:

»Auf den karibischen Inseln erzählte man sich um das Jahr 1910, daß Bananen, die man in der Nähe von Apfelsinen lagerte, rascher reif wurden als andere Stauden.

1912 bemerkten kalifornische Farmer, die Zitrusfrüchte anbauten, daß grüne Früchte, die in der Nähe eines Kerosinofens aufbewahrt wurden, ihre Farbe eher veränderten als das andere Obst.

Welchen geheimen Reifungsfaktor haben der Ofen und die Apfelsinen gemeinsam? 20 Jahre später fand man die Antwort: eine einfache Verbindung aus Kohlenstoff und Wasserstoff namens Ethylen, das ein natürliches Produkt der meisten Obstarten ist – und eben auch entsteht, wenn Kerosin verbrannt wird. Das natürlich produzierte Ethylen regt jene Prozesse an, die wir als Reifung bezeichnen – die Vorgänge, die dafür sorgen, daß die Früchte weich und süß werden und die Farbe wechseln.«

Sobald ihnen die Wirkung des Ethylens bekannt war, konnten die großen Obstgesellschaften unreifes Obst für den Versand verpacken.

Bei den festen, unreifen Früchten ist die Gefahr geringer, daß sie faul werden oder Druckstellen bekommen. Nach ihrem Eintreffen im Supermarkt werden die Kisten voll unreifer Früchte mit Ethylen begast, um sie für die Regale vorzubereiten. Dem Ethylen verdanken wir auch, daß wir viele Obstsorten außerhalb der Saison bekommen, denn unreife Früchte lassen sich viel länger lagern als reife Früchte. Monate später setzt eine Dosis Ethylen den Reifungsprozeß wieder in Gang.

Allerdings kann Ethylen die natürlichen Prozesse nicht ganz

ersetzen, daher schmecken die meisten Obstsorten noch immer am besten, wenn man ihnen Gelegenheit gibt, am Baum zu reifen. Doch solange es einen Markt für exotische Früchte gibt, kann die Obstindustrie unsere extra-saisonalen Gelüste mit Hilfe von Ethylen stillen.

Warum Honig hart wird

Wenn Sie den Tag am liebsten mit einem Löffel Honig auf Toast oder im Tee beginnen, stehen Sie damit nicht allein. Auf Höhlenbildern sind Menschen zu sehen, die schon vor Tausenden von Jahren Honig genossen haben. Allerdings hat Honig den Nachteil, daß die weiche, bernsteinfarbene Flüssigkeit, wenn sie zu lange auf dem Regal steht, kristallisiert und sich in eine harte, zähe Masse verwandelt.

Tatsächlich kristallisiert aber nur ein Teil des Honigs. Im wesentlichen besteht Honig aus zwei Zuckerarten: Glucose und Fructose. Der Anteil, der kristallisiert, ist die Glucose, das heißt, je mehr Glucose im Vergleich zur Fructose vorhanden ist, desto leichter kristallisiert der Honig. Einige Honigarten, zum Beispiel diejenigen, die aus dem Nektar von Tupelobäumen, Gleditschien oder Salbei gewonnen werden, enthalten etwas mehr Fructose als Glucose und kristallisieren daher langsamer.

Nun kann Honig aber erst kristallisieren, wenn er einen sogenannten »Keim« besitzt, an dem die Kristalle wachsen. Das kann ein winziges Pollen- oder Staubkörnchen sein oder auch ein Riß an der Innenseite des Glases. Doch der beste Keim ist immer noch ein Stück Honig, das bereits kristallisiert ist. Die meisten Honigsorten, die Sie im Supermarkt bekommen, sind erhitzt und gefiltert worden, um möglichst alle Kristallisationskeime zu entfernen. Das verlangsamt zwar den Kristallisationsprozeß, nimmt dem Honig aber auch einen Teil des Geschmacks. Wenn der Honig zu kristallisieren beginnt, können Sie ihn wieder aufweichen, indem Sie ihn in der Mikrowelle oder in einem Wasserbad erhitzen. Doch sobald er abkühlt, beginnt die Kristallisation erneut – und diesmal noch schneller als vorher.

Das zweite Mal ist der Prozeß beschleunigt, weil die Hitze allein die Kristallisationskeime nicht entfernt. Staub, Krümel und andere Teilchen, die sich im Glas gesammelt haben, bleiben als Keime erhalten und leiten die Kristallisation erneut ein.

Ernährung und Stimmung

Wenn von Tabletten die Rede ist, die Übergewichtigen beim Abnehmen helfen sollen, denken wir zuerst an Appetitzügler. Doch die werden nur dann die erhoffte Wirkung zeitigen, wenn jemand ißt, weil er Hunger hat. Nun essen aber manche Menschen, weil sie niedergeschlagen und nicht weil sie hungrig sind. Ihnen sollte der Arzt lieber Antidepressiva statt der üblichen Diätpillen verschreiben.

Durch solche Antidepressiva läßt sich das Verlangen vieler Übergewichtiger nach kalorienhaltigen Kohlenhydraten zügeln. Denn oft wirken Kohlenhydrate bei depressiven Menschen als Stimmungsaufheller. Leider nehmen die Betroffenen dabei zu. Obwohl sich die Wissenschaftler nicht sicher sind, auf welche Weise Kohlenhydrate die Stimmung beeinflussen, so wissen sie immerhin, daß dieser Prozeß mit den chemischen Botenstoffen zusammenhängen muß, den sogenannten Neurotransmittern. Es geht um die Neurotransmitter, die für die Kommunikation zwischen zwei bestimmten Gehirnregionen sorgen: den Zentren, die für den Appetit beziehungsweise die Stimmung zuständig sind.

Genauer, die Zufuhr von Kohlenhydraten erhöht die Konzentration des Neurotransmitters Serotonin, der großen Einfluß auf unsere Stimmung hat. Zwar macht das Serotonin nur einen kleinen Prozentsatz an der Gesamtmenge der Neurotransmitter des Gehirns aus, doch kann ein Patient starken Stimmungsschwankungen unterworfen sein, wenn diese minimale Menge auch nur geringfügig verändert wird.

Die Einnahme von Antidepressiva wird bei einem Patienten unter Umständen das Verlangen nach Kohlenhydraten verringern, weil die Medikamente den gleichen Effekt wie die Nährstoffe haben. Sie wirken sich auf das Serotonin aus, das als Botenstoff zwischen den Appetit- und Stimmungszentren des Gehirns fungiert. Sobald die Wirkung eines solchen Medikaments einsetzt, legt sich der Heißhunger auf Kohlenhydrate, und der Patient kann mit dem Abnehmen beginnen.

Zahlen, die die Computerwelt regieren

Bits, Bytes, Kilobytes und Megabytes: Vielleicht haben Sie sich angesichts dieser Terminologie auch schon mal gefragt, wo Sie sich den eigentlich befinden, in einem Computerladen oder einem Schnellimbiß. Wir hoffen, daß Ihnen der folgende kleine Ausflug in die elektronische Welt helfen kann, die Computerbytes etwas leichter zu verdauen. Bits und Bytes bezeichnen Informationsmengen, die der Speicher und die Festplatte des Computers aufnehmen können. Bits sind die kleinsten Einheiten. Computer verarbeiten Informationen nur als Einsen oder Nullen, und ein Bit enthält eine solche Information – eine Eins oder eine Null –, mehr nicht. Sie können es mit einem Lichtschalter vergleichen, der entweder an oder aus ist.

Ein Byte besteht aus acht zusammengefaßten Computerbits. Stellen Sie sich acht Lichtschalter in einer Reihe vor. Während bei einem Schalter nur zwei Stellungen möglich sind, ein und aus, kann eine Reihe von acht Schaltern eine Vielzahl von kombinierten An- und Ausstellungen annehmen. Es gibt 256 verschiedene Möglichkeiten, diese acht Schalter zu betätigen. Deshalb kann ein Byte, obwohl es nur aus Einsen und Nullen besteht, jede Zahl von 1 bis 256 ausdrücken. Durch die Anordnung der Bits zu Bytes hat der Computer die Möglichkeit, auch nicht-numerische Informationen zu verarbeiten, beispielsweise einen Text. Die meisten Computer besitzen eine eingebaute Tabelle, die jedem der 256 Werte eines Bytes einen bestimmten Buchstaben, eine Ziffer, ein Satzzeichen oder ein graphisches Symbol zuweist. Dank dieser Tabelle braucht der Computer, um ein Textdokument zu speichern, nur ein Byte seiner Speicherkapazität pro Buchstaben.

Ein Kilobyte entspricht ungefähr tausend Byte und ein Megabyte etwa einer Million. Die neueste Maßeinheit, ein Gigabyte, umfaßt rund eine Milliarde Informationsbytes. So kann eine moderne Festplatte von einem Gigabyte mehr Text speichern, als alle Bände einer Enzyklopädie enthalten. Damit ist unser Appetit auf Zahlen aber längst noch nicht gestillt: Man benötigt vier Gigabyte, um die Bilder und Töne eines Hollywood-Films zu speichern.

Wie man Erdbeben mißt

Unter Ihren Füßen schwankt der Boden. Sie sind Zeuge eines Erdbebens. Wären Sie Seismologe, würden Sie sich vielleicht überlegen, wie man diese gewalttätige Naturerscheinung am besten messen kann. Jedenfalls dürfte es Charles Richter so ergangen sein, der 1935 eine neue Methode entwickelte, um die Stärke der Erdbeben zu messen, die seine südkalifornische Heimat immer wieder heimsuchten. Im Gegensatz zu den üblichen Skalen, die sich lediglich an den Erdbebenschäden orientierten, stützte er sich auf die Messungen eines speziellen Seismographen. Damit entwickelte er eine der ersten Skalen, die den Versuch machten, die tatsächliche Stärke eines Erdbebens zu bestimmen.

Zwar dürfte Ihnen der Ausdruck »Richterskala« noch aus den Nachrichten geläufig sein, doch die moderne Seismologie hat die ursprüngliche Skala längst durch ausgefeiltere Methoden ersetzt. Wir wissen heute, daß nicht alle Erdbeben die Erde auf die gleiche Weise erschüttern. So ist die ursprüngliche Richterskala für ein Erdbeben der südkalifornischen Art vielleicht gut geeignet, läßt aber keinen Vergleich mit anderen Erdbebenarten zu.

Heute berücksichtigen die Seismologen viele verschiedene Faktoren eines Erdbebens. Mit diversen Skalen mißt man die unterschiedlichen Erdbebenwellen. Einige dieser Wellen bewegen sich direkt unter der Oberfläche und bewirken Hebungen und Senkungen des Erdbodens, ähnlich den Wellenkreisen, die sich auf einem See ausbreiten. Um sie zu messen, haben die Seismologen eine Größen- oder Magnitudenskala für »Oberflächenwellen« entwickelt. Doch tiefer liegende Erdbeben verursachen keine Oberflächenwellen, sondern schicken ihre Energie wie eine gigantische Schockwelle durch das Erdinnere. Diese Beben mißt man mit einer Größenskala für »Raumwellen«. Nun setzen die stärksten Beben aber Energien frei, die nicht vollständig in Oberflächen- und Raumwellen enthalten sind. Die zusätzlichen Energien werden durch die Skala für die »Momentmagnitude« erfaßt. Da es so viele Methoden der Erdbebenmessung gibt, wird die Magnitude eines Bebens gelegentlich mit unterschiedlichen Werten angegeben.

Doch was bedeuten nun die Zahlen, unabhängig von der verwendeten Skala? Vielleicht hatte das Beben, das Sie erlebt haben, eine Stärke von 5 oder auch von 6 oder 7. Je größer die Zahl ist, das wissen wir, desto größer ist auch der Schaden, den das Erdbeben angerichtet hat. Wenn wir allerdings die Bilder der Zerstörung nicht unmittelbar vor Augen haben, können wir uns unter diesen Zahlen nur schwer etwas vorstellen. Die Stärke eines Erdbebens variiert enorm: Das kleinste meßbare Beben besitzt nicht mehr Energie als ein fallender Stein. Das stärkste hingegen setzt weit größere Energiemengen frei als nukleare Sprengsätze. Diese extreme Spannweite macht es schwierig, die Messungen direkt in Zahlen auszudrücken. Daher bedient sich die Seismologie einer logarithmischen Skala. In einer solchen Skala repräsentiert jede Zahl einen Wert, der das Zehnfache der vorherigen Zahl beträgt. Das bedeutet, daß ein Erdbeben der Stärke 5 seismische Wellen aussendet, die zehnmal stärker sind als die eines Erdbebens der Stärke 4, während sie bei der Stärke 6 bereits 100mal so energiereich sind.

Darüber hinaus wächst die Zerstörungsenergie, die das Erdbeben entfesselt, in noch größeren Schritten an als die Wellengröße. Mit jedem Schritt, den wir uns auf der Skala nach oben bewegen, nimmt die Energie um mehr als das 30fache zu. Während also die Wellen bei einem Beben der Stärke 6 im Vergleich zu einem der Stärke 4 nur um das Hundertfache zunehmen, wird 1000mal so viel Energie freigesetzt.

In welchen Größenordnungen bewegen sich diese Energien eigentlich? Ein Beben der Stärke 2, das Sie vermutlich noch nicht einmal spüren würden, entfaltet etwa soviel Energie wie ein durchschnittlicher Blitz. Ein Beben der Stärke 6, das schon einige Gebäude zerstören kann, verfügt über die gleiche Energie wie die Atombombe, die über Hiroshima abgeworfen wurde. Und ein Beben der Stärke 8,3 – wie jenes, das 1906 San Francisco in Trümmer legte – entspricht der Wirkung von Tausenden solcher Bomben. Damals ist mehr Energie freigesetzt worden als bei dem Vulkanausbruch des Mount St. Helen im Jahr 1980.

Wechselautomaten

Haben Sie sich schon mal gefragt, wie ein Automat, der Scheine wechselt, ein Parkautomat zum Beispiel, erkennt, ob Sie ihm einen Zehn- oder einen Zwanzigmarkschein gegeben haben? Wenn Sie einen Schein in den entsprechenden Schlitz eines solchen Automaten einführen, unterbricht die Banknote einen Lichtstrahl im Inneren des Automaten. Daraufhin zieht ein Motor den Schein in den Automaten hinein. Die Prüfprozedur beginnt: Zuerst stellt der Automat fest, ob der Schein gültig ist, dann ermittelt er seinen Nennwert.

Mit Hilfe eines Computerchips und geeigneter Meßvorrichtungen überprüft der Automat Länge, Breite und Dicke der Banknote. Wenn er dabei auf einen Schein stößt, der entweder nicht breit oder nicht dick genug ist, wird er ihn sofort wieder ausspucken und Ihnen jegliches Wechselgeld verweigern. Die Sensoren eines solchen Automaten sind so empfindlich, daß normalerweise auch ein alter, verknitterter Schein diesen Echtheitstest nicht besteht, weil er nicht die gleichen Ausmaße hat wie eine neue, druckfrische Banknote.

Nachdem der Automat Länge, Breite und Dicke der Note ermittelt hat, tastet er sie optisch ab, um ihren Nennwert festzustellen. Dazu »liest« er ab, wieviel Tinte sich an verschiedenen Stellen der Banknote befindet. Man kann das Verfahren noch vereinfachen. So verwendet das amerikanische Finanzministerium für seine Banknoten eine Spezialtinte mit besonderen magnetischen Eigenschaften. In amerikanischen Automaten kann sich der optische Scanner daher an der magnetischen Tinte orientieren. Und da verschiedene Dollarnoten verschiedene Tintenmuster aufweisen, weiß der Computer im Inneren des Automaten schon nach kurzem Abtasten, um welchen Nennwert es sich handelt.

(Ob auch für deutsche Banknoten magnetische Tinten verwendet werden, teilt die Deutsche Bundesbank »aus Sicherheitsgründen« nicht mit. A.d.Ü.)

Warmes und kaltes Grillengezirpe

Stellen Sie sich vor, Sie haben in einer Sommernacht Ihr Zelt tief im Wald aufgeschlagen. Die Sonne versinkt langsam hinter dem Horizont, und es wird merklich kühler. Sie frösteln, ziehen Ihre Jacke enger um die Schultern und fragen sich, wie kalt es ist. Dazu brauchen Sie kein Thermometer – nur eine Armbanduhr, Ihre Ohren und ein wenig Geduld.

Zunächst müssen Sie das Zirpen einer Grille vernehmen. Überall auf der Welt produzieren männliche Grillen dieses charakteristische Geräusch, indem sie ihre Flügel gegeneinander reiben. Auf dem Rand des rechten Flügels befinden sich viele kleine Kerben wie auf einer Feile oder einem Waschbrett. Wenn die männliche Grille nun den linken Flügel über den gekerbten rechten Flügel reibt, erklingt ein Liebeslied, bei dessen Tönen Grillenweibchen dahinschmelzen. Der Gesang hilft den Weibchen, ihren Traummann zu finden, wobei sie mit zwei speziellen Ohren lauschen, die unterhalb der Knie liegen. Anhand der Serenaden können Sie aber auch die Temperatur bestimmen.

Die meisten Insekten sind aktiv, wenn es warm ist, und träge, wenn kühleres Wetter herrscht. Grillen bilden da keine Ausnahme. Sobald es kälter wird, verlangsamen sich alle ihre Verrichtungen, auch der Rhythmus ihrer Liebeslieder. Wenn Sie messen, wie rasch die Grille zirpt, können Sie ungefähr bestimmen, wie kalt es ist.

Das ist ganz einfach: Ermitteln Sie die Zahl der einzelnen Zirpgeräusche, die eine Grille in einem Zeitraum von 15 Sekunden erzeugt, und addieren Sie zu der gefundenen Zahl 37. (Dann haben Sie die Temperatur in Fahrenheit. In Celsius läßt sie sich durch die Formel (F-32)5/9 umrechnen.) Zwar mögen die einzelnen Arten etwas schneller oder langsamer zirpen, doch eine annähernde Temperaturbestimmung ist auf diese Weise durchaus möglich. Selbst wenn das Zirpen Sie die ganze Nacht wachhält, so wissen Sie doch wenigstens, wie kalt es ist.

Stimmbruch

Halbwüchsigen Jungen ist es oft sehr peinlich, wenn ihre Stimme mitten im Satz bricht. Dabei gehört der Stimmbruch ganz selbstverständlich zur jugendlichen Entwicklung. In diesem Alter bilden sich nämlich die sekundären Geschlechtsmerkmale des Jungen aus, wozu auch der schnelle Wuchs von Kehlkopf und Stimmbändern gehört. Mit der Entwicklung des Kehlkopfs wird die Stimme tiefer, denn je länger die Stimmbänder werden, desto tiefer klingt die Stimme.

In dieser Hinsicht sind Stimmbänder mit Musikinstrumenten zu vergleichen. Je länger zum Beispiel die Harfensaite ist, desto tiefer ist der Ton, den sie erzeugt. Ähnlich ist es, wenn Sie in eine Flasche pusten: Je größer die Flasche, desto tiefer der Ton, der dabei erklingt. Und für die menschliche Stimme gilt, wie gesagt, daß die Schwingungszahl um so niedriger und die Stimme um so tiefer ist, je größer die Stimmbänder ausfallen.

Doch warum bricht die Stimme eines halbwüchsigen Jungen? Aus dem gleichen Grund, warum Jugendliche manchmal schlacksig und ungeschickt wirken – weil das Gehirn sich erst daran gewöhnen muß, die wachsenden Körperteile zu steuern. Auch beim Erwachsenen ist eine gleichmäßige und feste Stimme von der Fähigkeit des Gehirns abhängig, den Klang der Stimme ständig zu prüfen und zu korrigieren. Unter normalen Umständen bereitet das keine Schwierigkeiten. Doch wenn die Stimmbänder eines Jungen wachsen, muß das Gehirn bei der Kontrolle der Stimme ständig umlernen. Der Stimmbruch beweist, daß es dem Gehirn des Jungen noch nicht gelingt, die Töne, die es von den Stimmbändern empfängt, in eine effektive Kontrolle der Stimmerzeugung umzusetzen.

Wie Hunde fressen

Wenn Sie schon mal einen Hund beim Fressen beobachtet haben, waren Sie vielleicht erstaunt, wie schnell er seine Mahlzeit hinuntergeschlungen hatte. Möglicherweise haben Sie sich auch darüber gewundert, daß ein Hund immer genau die Menge vertilgt, die Sie ihm in den Napf füllen, egal wie groß sein Hunger ist.

Was dem Hundebesitzer unter Umständen Sorgen bereitet, ist für den Hund kein Problem. Menschen müssen ihre Nahrung kauen und versuchen daher ihren Kindern beizubringen, langsam zu essen, weil die Verdauung des Menschen bereits im Mund beginnt. Unser Speichel mischt sich mit der Nahrung und bereitet sie darauf vor, in ihre ursprünglichen Bestandteile zerlegt zu werden, sobald sie in den Magen gelangt. Die Verdauung eines Hundes hingegen beginnt erst im Magen, also braucht er seine Zeit nicht mit dem Kauen der Mahlzeiten zu verschwenden.

Wahrscheinlich schlingen die meisten Hunde ihr Fressen so schnell herunter, weil sie früher – bevor sie domestiziert wurden – ihre Beute vertilgt haben mußten, ehe ein anderer Hund oder ein Aasfresser sie ihnen entreißen konnte. Von der Evolution ist der Hund dazu bestimmt, zu fressen und sich zu bewegen. Als wild lebendes Tier konnte er nicht auf der faulen Haut liegen und fressen, wann es ihm beliebte.

Auch die Beschaffenheit der Zähne ist nicht dazu angetan, daß der Hund sich die Leckerbissen, die ihm Frauchen reicht, auf der Zunge zergehen lassen kann. Während die meisten Zähne des Menschen flach sind und das Kauen erleichtern sollen, sind die Zähne des Hundes überwiegend spitz und dazu gedacht, daß er die Beute packt und in einem Stück herunterschlingt.

Jahrtausende domestizierten Lebens haben an den Freßgewohnheiten des Hundes nicht viel geändert. Selbst wenn wir ihn jeden Tag regelmäßig füttern, wird er seine Mahlzeit gierig verschlingen, damit ja kein Aasfresser kommt und sie ihm wegnimmt.

Morgenatem

Der Mundgeruch, der uns morgens heimsucht, ist Gegenstand unzähliger Witze und ein wahrer Segen für die Mundwasser- und Zahnpastaindustrie. Aber was verursacht eigentlich diesen schalen Geschmack im Mund, mit dem wir morgens aufwachen?

Ganz grundsätzlich müßte die Antwort lauten: die Schwerkraft. Wenn Ihre letzte Mahlzeit beim Schlafengehen keine drei Stunden zurückliegt, hat Ihr Magen noch nicht alles verdaut. Im Liegen steigen Ihnen die Magensäfte, die emsig mit der Verdauung beschäftigt sind, durch die Schwerkraft in der Speiseröhre empor.

Luft- und Speiseröhre liegen unmittelbar nebeneinander und sind nur durch eine gemeinsame Wand getrennt. Die Magensäfte, die in Ihrer Speiseröhre hochgekommen sind, dringen durch diese Wand und treten in die Luftröhre ein. Sie können den Kehlkopf reizen, dadurch Ihre Stimme zum Krächzen bringen – und Ihren Atem schal werden lassen. Unter Umständen verbrennt Ihnen die Magensäure auch die Halsschleimhäute. Die Folge sind morgendliche Halsschmerzen, die sich im Laufe des Tages verflüchtigen.

Mit zunehmendem Alter verstärkt sich dieser Mundgeruch, denn im Laufe des Lebens erschlafft das obere Ende Ihrer Speiseröhre, die den Mund mit dem Magen verbindet. Dadurch können die Magensäfte noch leichter von der Speise- in die Luftröhre gelangen.

Ein weiterer Faktor, der zum unangenehmen Morgenatem beiträgt, ist der Rückgang der Schluckfrequenz während des Schlafes. Durch das Schlucken reinigen wir den Mund von geruchsintensiven Bakterien. Doch wenn wir schlafen, können sich diese Bakterien ungehindert vermehren und den üblen Geschmack verstärken, den wir beim Aufwachen im Mund haben.

Den Thermostat herunterdrehen

Sparen Sie tatsächlich Energie, wenn Sie den Thermostat über Nacht herunterschalten? Oder verbrauchen Sie in Wirklichkeit *mehr* Energie, wenn Sie das kalte Haus morgens wieder *aufheizen*? Die folgenden Überlegungen werden Ihnen zeigen, daß Sie Ihre Heizungsrechnung mit dem *Herunterschalten* des Thermostats keinesfalls *erhöhen*.

Stellen Sie sich der Einfachheit halber Ihr Haus als einen Eimer mit einem Loch im Boden vor und die Wärme als Wasser, das in den Eimer geschüttet wird. Unter dem eigenen Druck schießt das Wasser zum Loch hinaus. Je mehr Wasser sich im Eimer befindet, desto höher wird der Druck und desto schneller sucht sich das Wasser seinen Weg nach draußen. Mit sinkendem Wasserspiegel verringert sich jedoch der Druck, so daß weniger Wasser austritt. Man würde also mehr Wasser brauchen, um den Eimer gefüllt zu halten. Läßt man statt dessen etwas oder gar alles Wasser aus dem Eimer fließen und füllt ihn dann erneut, verbraucht man weniger Wasser.

Wenn es draußen kalt und drinnen warm ist, wirkt der Temperaturunterschied wie der Wasserdruck im Eimer, er läßt die Wärme durch die Wände nach draußen strömen. Aus einem kühleren Haus sickert die Wärme langsamer, weil das Temperaturgefälle geringer ist. Gewiß, man muß einige Energie aufwenden, um ein kaltes Haus zu erwärmen, trotzdem spart man eine weit größere Menge dadurch ein, daß man die Temperatur nachts drosselt.

Wenn Häuser das haben, was man eine große »thermisch wirksame Masse« nennt, bleibt ihre Temperatur konstanter, weil sie tagsüber Wärme speichern und nachts langsam wieder abgeben. In einem solchen Haus spart ein heruntergeschalteter Thermostat zwar nicht ganz so viel Energie ein, ein bißchen aber dennoch. Die thermisch wirksame Masse ist wie ein Schwamm am Boden des Eimers: Er kann das Auslaufen des Wasser verlangsamen, aber nicht verhindern. Wenn Sie die Heizung zu weit herunterschalten, könnte es passieren, daß es unangenehm kalt wird oder die Leitungen einfrieren. Aber auch das würde Ihre Heizungsrechnung nicht erhöhen.

Fangen lernen

Es ist ein *line drive*, ein Baseballschlag, der flach und direkt auf Ihren Handschuh zielt. Alles, was Sie tun müssen, ist Ihre Hand im richtigen Augenblick zu schließen. Nur 14 Hundertstel Sekunden brauchen die Finger, um über dem Baseball zusammenzuschnappen, doch in dieser Zeit hat er bei einer Geschwindigkeit von 150 Kilometern in der Stunde schon fast sechs Meter zurückgelegt. Wenn Sie Ihre Hand nur ein wenig zu spät oder zu früh schließen, kommt die gegnerische Mannschaft unter Umständen doch noch zu ihrem Home-run.

Aber wie erkennt der Fänger, daß der Ball genau 14 Hundertstel Sekunden entfernt ist? Wir könnten mit Hilfe zweier Variablen – der Geschwindigkeit des Balls und seiner Entfernung – errechnen, wann er uns erreicht. Aber unser Unterbewußtsein erkennt es, ohne zu rechnen, und braucht dazu nur eine Variable. Diese Variable ist das Verhältnis zwischen der Größe, die das Bild des Balls in einem gegebenen Augenblick besitzt, und der Ausdehnung dieses Bilds im nächsten Augenblick.

Das geht folgendermaßen: Ein Ball, der aus einiger Entfernung geworfen wird, wächst von einem kleinen Punkt zu seiner tatsächlichen Größe heran, bis er uns erreicht. Zuerst vergrößert sich sein Bild nur langsam, doch je näher er kommt, desto schneller wächst er. Ein großer Ball sieht aus weiterer Entfernung vielleicht so aus, als hätte er die gleiche Größe wie ein kleiner Ball, der uns näher ist. Doch wenn beide mit der gleichen Geschwindigkeit heranfliegen, wächst der Ball, der uns näher ist, schneller als der andere.

Wenn wir also wissen, wie groß der Punkt ist und wie schnell er wächst, dann könnten wir auch ausrechnen, wann der Ball uns erreicht. Doch unser Unterbewußtsein erkennt das auf einen Blick. Dazu zieht es nur eine einzige Variable heran – wie schnell der Ball zu wachsen scheint, gemessen an seiner Größe zu einem gegebenen Augenblick. Dann weiß unser Gehirn genau, wie lange es dauert, bis aus dem entfernten Punkt der Baseball in unserer Hand wird.

Biodiversität und Gentechnik

Gefragt, ob sich die Gesundheit der Erde mit einer einzigen Maßzahl erfassen lasse, würden die meisten Biologen wohl antworten, dieses Generalmaß sei die Biodiversität oder Artenvielfalt. Sie gibt an, wie viele verschiedene Arten auf unserem Planeten oder in einer bestimmten Region existieren. Zum Beispiel besitzt ein kleiner Wald mit 50 verschiedenen Baumarten eine größere Biodiversität als eine riesige Plantage mit nur einer Baumart. Warum aber ist die Biodiversität so lebenswichtig für das Ökosystem der Erde? Je mehr Arten die Erde aufweist, desto besser ist sie in der Lage, eine Klimaveränderung zu überleben – und zu stabilisieren. Man kann sich das Ökosystem der Erde wie ein großes Gebäude vorstellen, das durch viele Balken und Pfeiler gestützt wird. Wenn bestimmte Arten aussterben, entfernt man hier einen Balken, dort einen Pfeiler. Vielleicht bricht das Gebäude nicht sofort zusammen, aber der nächste Windstoß könnte verheerende Folgen haben.

Nun sollte man meinen, die Gentechnik müsse, da sie neue Pflanzen- oder Tierstämme hervorbringt, die Biodiversität erweitern. Das kann der Fall sein, doch leider trägt die neue Technik unter Umständen auch zur Verarmung der Biodiversität bei. Unter anderem gefährdet die Gentechnik die Artenvielfalt, weil sie verantwortungslose landwirtschaftliche Anbaumethoden fördert. Entwickelt beispielsweise ein Wissenschaftler einen neuen Getreidestamm, der billig und einfach anzubauen ist, dann könnten die Bauern der Versuchung erliegen, nur noch diese Varietät anzubauen. Eine solche Monokultur ist äußerst riskant. Würde diese Pflanze von einer Krankheit befallen, blieben keine anderen Getreidearten, auf die man ausweichen könnte. In kleinerem Maßstab ist das schon geschehen: 1970 sind 15 Prozent der US-amerikanischen Getreideernte einem Schädling zum Opfer gefallen. Sollte die Gentechnik weiterhin zur Ausbreitung von Monokulturen beitragen, dann könnten sich die Ereignisse von 1970 als die Spitze eines Eisbergs erweisen. Es ist nur zu hoffen, daß uns die Gentechnik stärker zu Bewußtsein bringt, wie wichtig die Biodiversität für unsere Erde ist. Von ihr hängt unsere Zukunft ab.

Das Geheimnis des Schluckaufs

Uns alle überfällt er von Zeit zu Zeit, vor allem nach einem schweren Essen. Ein gewöhnlicher Schluckaufanfall dauert in der Regel nur ein paar Minuten und umfaßt bis zu 70 einzelne »Hickser«. Anders als beim Husten oder Schnupfen, die beide für eine Befreiung der Atemwege sorgen, scheint der Schluckauf keine besondere Funktion zu haben. Was genau steckt hinter diesen merkwürdigen Krampfattacken?

Zwei verschiedene Prozesse laufen während des Schluckaufs im menschlichen Körper ab. Die Zwerchfellmuskulatur, eigentlich zuständig für die Atemkontrolle, zieht sich ruckartig zusammen. Das führt zu einem scharfen Atemholen. Gleichzeitig kommt es zu einer Kontraktion der Stimmbänder, die das Ziel hat, dieser Atembewegung Einhalt zu gebieten. Das Ergebnis ist das wohlbekannte, deutlich vernehmbare »Hick«.

Ursache des Ganzen sind unkontrollierte Impulse der Nerven, die das Zwerchfell versorgen. Sie verlaufen vom Hals zur Brust und können auf ungewohnten Druck oder andere Reizungen mit solchen »Fehlzündungen« reagieren. So wird ein Schluckauf unter Umständen durch übermäßige Mahlzeiten, zu hastiges Schlingen oder zu kaltes bzw. zu heißes Essen ausgelöst. Auch Streß kann verantwortlich sein.

Der Volksmund weiß mancherlei Rat bei Schluckauf, aber es gibt kein Mittel, das bei jedem wirkt. Da soll man die Luft anhalten, in eine Tüte blasen oder ein Glas Wasser trinken, ohne zu atmen. Möglicherweise kann man die Zwerchfellmuskeln durch einen kurzen Sauerstoffentzug wieder zu einer ruhigeren Atmung veranlassen.

Andere Ratschläge empfehlen dem Betroffenen, an seiner Zunge zu ziehen, an einer Zitrone zu lutschen oder sich von jemandem erschrecken zu lassen. Alle diese Tricks haben eines gemeinsam: Sie sollen die Nerven, die das Zwerchfell versorgen, ablenken oder sogar schocken, damit sie zu ihren normalen Funktionen zurückfinden, das heißt, damit die normale Atmung wieder einsetzt. Aber ganz genau weiß niemand, warum diese Tricks manchmal wirken.

Hin und wieder, wenn auch außerordentlich selten, gibt es schwere Fälle von Schluckauf. Wenn Sie von ständigem Schluckauf geplagt werden, der sich überhaupt nicht mehr legt, sollten Sie einen Arzt aufsuchen.

Geräusche von oben

Ärgern Sie sich auch über das Knarren und Poltern, das die Schritte der Nachbarn über Ihnen verursachen? Falls ja, was tun Sie dagegen?

Im *Journal of the Acoustical Society of America* erschien kürzlich eine überraschend entmutigende Antwort auf diese Frage. Nach eingehenden Untersuchungen kamen ein Vertreter der zuständigen kalifornischen Behörde und ein privater Gutachter zu dem Ergebnis, daß es »in Mehrfamilienhäusern mit Holzkonstruktionen zur Zeit keine wirtschaftlich vertretbare Lösung gibt, mit der sich verhindern läßt, daß dumpfe Geräusche wie ›Knarren‹ und ›Poltern‹ von oben in die darunter liegende Wohnung dringen.«

Anlaß dieser Untersuchung war eine Schadensersatzklage. Die Eigentümer von Wohnungen in den unteren Etagen einer nordkalifornischen Wohnanlage verlangten von dem Bauherrn mehr als 80 Millionen Dollar, weil Knarren, Poltern und andere »spürbare« Vibrationen das Bauwerk erschütterten, wenn die Nachbarn in den oberen Wohnungen herumliefen. Dabei waren die 750 000-Dollar-Wohnungen wegen ihrer »paradiesischen« Ruhe angepriesen worden.

In einem ruhigen, leerstehenden Lagerhaus bauten die beiden Experten zwei übereinanderliegende Räume der betreffenden Eigentumswohnungen naturgetreu und in Originalgröße nach. Anschließend untersuchten sie, welche Geräusche nach unten drangen, wenn oben regelmäßig geklopft wurde oder jemand umherlief.

Sie fanden heraus, daß elastische Matten, Auslegeteppiche, das Tragen von Turnschuhen oder Barfußlaufen im oberen Raum hochfrequente Geräusche wie Klacken oder Kratzen dämpften. Doch niederfrequente Geräusche – Knarren und Poltern – entstehen dadurch, daß die Decke wie ein riesiges Trommelfell in Schwingung gerät.

Durch Turnschuhe wird dieses Geräusch noch verstärkt. Elastische Matten scheinen die Bewohner des oberen Stockwerks zu einer lebhafteren Gangart zu animieren, wodurch sich die Lärmentwicklung gleichfalls verschlimmert. Kurzum, die beiden Forscher fanden keine realistische Lösung, um in einem Holzgebäude die Lärmentwicklung in den oberen Stockwerken völlig abzudämmen.

Übrigens wurde im geschilderten Fall ein außergerichtlicher Vergleich zugunsten der Kläger erreicht – allerdings erhielten sie wesentliche weniger als die geforderten 80 Millionen Dollar.

Helles Licht kann Ihnen beim Einschlafen helfen

Der Schlafrhythmus der meisten Menschen richtet sich nach dem Tag- und Nachtzyklus. Am Tage, wenn es hell ist, sind wir wach und bei Nacht, wenn es dunkel ist, schlafen wir. Dieser Rhythmus wird durch eine innere biologische Uhr gesteuert, die unserem Körper mitteilt, wann wir zu schlafen und wann wir zu wachen haben. Aus entsprechenden Untersuchungen wissen wir, daß die innere Uhr auch arbeitet, wenn jemand in einer Höhle lebt, in die nie ein Lichtstrahl dringt. Folglich ist das Sonnenlicht für die Existenz unserer inneren Uhr nicht verantwortlich, es trägt aber dazu bei, sie genauer zu stellen. Tatsächlich ist Licht für unseren Schlaf von sehr großer Bedeutung. Sind wir tagsüber dem Sonnenlicht ausgesetzt, verstärkt sich der Effekt der inneren Uhr, das heißt, wir verspüren nachts größere Müdigkeit und tagsüber geringere.

Dafür verantwortlich sind bestimmte Nerven in der Netzhaut unserer Augen, denn sie sind mit der Gehirnregion verbunden, die für die innere Uhr zuständig ist. Wenn diese Nerven mittags Licht wahrnehmen, übermitteln sie dem Gehirn eine Nachricht, die es veranlaßt, später am Tage müde zu werden. Theoretisch wird diese Nachricht um so nachdrücklicher ausfallen und der nächtliche Schlaf um so tiefer sein, je mehr hellem Licht wir im Laufe des Tages ausgesetzt sind.

Das klappt problemlos bei Menschen, die tagsüber arbeiten und nachts schlafen, aber wie steht es mit Nachtarbeitern? Wenn Sie am Tage schlafen und in der Nacht wach sind, wehren Sie sich gegen den Einfluß des Lichts auf Ihre innere Uhr. Allerdings können Sie den Körper im wahrsten Sinne des Wortes »hinters Licht führen«, indem Sie nämlich die Nacht zum Tag machen und umgekehrt. Sorgen Sie dafür, daß Ihr Arbeitsplatz so hell und das Zimmer, in dem sie schlafen, so dunkel wie möglich ist. Wenn Sie Ihre innere Uhr täuschen, werden Sie bei der Arbeit hellwach sein und zu Hause in einen tiefen »Tagesschlaf« fallen.

Warum Eis nicht glatt ist

Erzählen Sie jemandem, der gerade auf einer gefrorenen Pfütze ausgerutscht ist, daß Eis gar nicht glatt ist. Er wird Sie für verrückt erklären. Doch es stimmt, Eis ist wirklich nicht glatt, denn es ist ein fester Körper. Zu den Besonderheiten fester Körper gehört es, daß Reibung zwischen ihnen entsteht, wenn sie sich berühren. Und die Reibung verhindert, daß sie aufeinander gleiten können.

Warum gleiten dann Ihre Schuhsohlen auf Eis? Die Antwort liefern zwei spezielle Eigenschaften des Eises. Erstens vergrößert sich der Abstand zwischen den Molekülen, wenn Wasser zu Eis gefriert. Die Moleküle der meisten anderen Stoffe rücken enger zusammen, wenn sie gefrieren, so daß sie bei niedrigeren Temperaturen schrumpfen. Anders die Wassermoleküle: sie entfernen sich bei Frost voneinander und bewirken so, daß sich Wasser ausdehnt, wenn es zu Eis wird. Das ist auch der Grund dafür, daß Wasserleitungen platzen und daß ein Eiswürfelbehälter überquillt, wenn Sie ihn zu voll machen.

Die zweite Eigenschaft hängt unmittelbar mit der ersten zusammen. Wenn Eis Druck ausgesetzt ist, schmilzt es. Eismoleküle sind, wie gesagt, weiter voneinander entfernt als Wassermoleküle. Daher reagiert Eis sehr empfindlich auf Druck – die Moleküle werden zusammengepreßt, und das Eis verwandelt sich wieder in Wasser.

Treten Sie also auf eine gefrorene Pfütze, so üben Sie Druck auf das Eis aus, und die Moleküle werden zusammengepreßt. Sie verwandeln sich in ihren dichteren Aggregatszustand – Wasser – zurück. Wenn Sie auf einer gefrorenen Pfütze schlittern, dann schlittern Sie in Wirklichkeit auf einer dünnen Wasserschicht, die sich durch Ihr Gewicht gebildet hat. Und im Gegensatz zum festen Eis ist Wasser als Flüssigkeit ziemlich glatt.

Wie Obst und Gemüse vor Krebs schützen

Wer hätte noch nicht gehört, daß Obst und Gemüse gesund sind? Gladys Block aber hat den wissenschaftlichen Beweis erbracht. 156 unterschiedliche wissenschaftliche Untersuchungen hat sie ausgewertet und ist zu dem Ergebnis gelangt, daß wir – wenn wir uns nicht gerade das Rauchen abgewöhnen – dem Krebs am besten durch den Verzehr von mehr Obst und Gemüse vorbeugen können. Aus diesen Untersuchungen geht hervor, daß sich bei Leuten, die Obst und Gemüse essen, das Risiko einer Erkrankung um die Hälfte verringert.

Obst und Gemüse sind vor allem deshalb so wirksame Waffen gegen den Krebs, weil sie uns dabei helfen, die schädlichen Effekte des Sauerstoffs in unserem Blut zu bekämpfen. Natürlich ist Sauerstoff lebenserhaltend, aber er fordert auch seinen Tribut. Auf ihrem Weg durch unsere Blutbahn verlieren einige Sauerstoffmoleküle ein Elektron. Da sich Elektronen normalerweise nur paarweise bewegen, sind die ungepaarten Elektronen, freie Radikale genannt, chemisch instabil. Um sich wieder die erforderliche Stabilität zu verschaffen, entziehen sie anderen Molekülen des Körpers die benötigten Elektronen und beeinträchtigen die Moleküle damit erheblich. Im Laufe der Zeit kann dieser fortwährende Elektronendiebstahl die DNS einzelner Zellen schädigen und irgendwann zu Krebs führen. Der negativen Wirkung instabiler Sauerstoffmoleküle können wir entgegenwirken, indem wir Obst und Gemüse essen, die reich an Vitamin A und C sind. Diese Vitamine versorgen die freien Radikalen mit Elektronen, stabilisieren sie und verhindern dadurch, daß sie weiterhin den Molekülen unseres Körpers Elektronen entziehen. Auf lange Sicht können wir dadurch unsere Körperzellen vor Krebs bewahren.

Als Faustregel für die Auswahl der Obst- und Gemüsearten können Sie sich merken, daß die Sorten mit den intensivsten Farben meist auch die gesündesten sind. Spinat, Karotten und andere farbenfrohe Gemüse sind gewöhnlich reich an Vitamin A und C. Aus diesem Grund empfiehlt uns auch das National Cancer Institute pro Tag mindestens fünf Portionen von diesen Sorten.

Honig aus Honigtau

Jeder weiß, daß Bienen Honig herstellen, und meist geschieht das folgendermaßen: Bienen sammeln den Nektar der Blütenpflanzen, bringen ihn in den Bienenstock und verwandeln ihn dort in Honig. Doch in Gegenden, wo es keine Blütenpflanzen gibt, oder in Zeiten, wo kaum etwas blüht, ist manchmal ein weiteres Insekt an der Honigproduktion beteiligt: die Blattlaus, die den Saft aus dem Stengel der Pflanzen saugt, einen Teil verzehrt, aber weit mehr auf die Pflanze oder den Boden tropfen läßt.

Wenn Sie Ihren Wagen schon einmal unter einem Baum voller Blattläuse geparkt haben, war er hinterher wahrscheinlich mit kleinen klebrigen Punkten übersät. Die Punkte stammen von dem Saft, den die Blattläuse aus dem Baum gesaugt haben und der dann heruntergetropft ist. Man nennt ihn »Honigtau«, weil er wie süßer Tau aussieht. Mag er Ihr Auto auch verkleben, für die Bienen ist er ein höchst willkommener Nektarersatz. Sie sammeln ihn, bringen ihn in den Stock und verarbeiten ihn wie Nektar zu Honig.

Wenn Honig allerdings überwiegend aus Honigtau besteht, schmeckt er nicht so gut wie Honig aus Nektar, weil er viele Proteine enthält, die einen unangenehmen Geschmack haben und schwer verdaulich sind. Bienen, die sich ausschließlich von Honigtau ernähren, werden manchmal sogar krank und gehen ein. Doch wenn es keinen Nektar gibt, kann der Honigtau zumindest zeitweise Nektar ersetzen und den Honigbestand eines Bienenstocks ergänzen.

Tatsächlich können Bienen alle Stoffe, die einen hohen Zuckeranteil enthalten, in Honig umwandeln. Von Bienenzüchtern in Stadtgebieten war sogar zu hören, Bienen, die sich nach Open-Air-Konzerten am Bodensatz von Cola- und Brausebechern gütlich getan haben, hätten Honig mit ähnlichen Geschmacksrichtungen erzeugt.

Den Druck in den Augäpfeln messen

Wenn Sie zum Augenarzt gehen, müssen Sie sich meist vor ein Gerät setzen, das Ihnen einen kurzen Luftstrom ins Auge schießt. Dieser Luftstoß soll den Druck in Ihrem Augapfel messen.

Der Druck ist vorhanden und läßt sich messen, weil Ihr Augapfel mit Wasser gefüllt ist wie ein Wasserballon. Je mehr Wasser sich in dem Ballon befindet, desto größer der Druck, der auf die Ballonhaut ausgeübt wird, und desto größer auch die Gefahr, daß der Ballon Schaden nimmt.

Gleiches gilt für den Augapfel. Wenn sich die Flüssigkeit in ihm übermäßig ansammelt, steigt der Druck, der auf dem Augengewebe lastet. In einem kranken Auge kann sich der Druck so stark erhöhen, daß die Nervenfasern beschädigt werden. Ist es erst einmal so weit gekommen, können die Nervenfasern keine Informationen mehr an das Gehirn senden, und die Sehfähigkeit ist beeinträchtigt.

Doch wie mißt das geschilderte Spezialgerät nun den Druck in Ihrem Augapfel? Indem es während des Tests die Form des Augapfels erfaßt. Wenn der Luftstrom das Auge trifft, verformt er für einen kurzen Moment einen kleinen Teil der Hornhaut, der transparenten, gekrümmten Außenhülle des Auges. Das Instrument mißt die Zeit, die benötigt wird, um die Hornhaut flachzudrücken. Enthält ein Augapfel mehr Flüssigkeit, steht er unter größerem Druck und kann daher nicht so schnell flachgedrückt werden, wie ein Augapfel, der weniger Flüssigkeit enthält.

Erinnern wir uns noch einmal an den Wasserballon. Ein prall gefüllter Ballon läßt sich durch Druck nicht ohne weiteres in seiner Form verändern. Ist er dagegen nur halb gefüllt, geht es sehr viel rascher.

Der Druck in Ihrem Augapfel informiert den Augenarzt unter Umständen über Frühstadien bestimmter Krankheiten, vor allem des grünen Stars. Durch regelmäßige Augenarztbesuche können solche Krankheiten rechtzeitig erkannt und behandelt werden.

Warum Reifen ein Profil haben

Wenn Sie schon einmal bei starkem Regen auf der Autobahn gefahren sind, dann wissen Sie, was »Rutschgefahr« heißt. In den Fällen, wo das Auto zum Wasserski wird, spricht man von Aquaplaning – einer höchst gefährlichen Situation, die immer dann eintritt, wenn Wasser zwischen Straßenbelag und Reifen gerät. Auf einer trockenen Straße wird Ihr Auto nicht so schnell ins Schleudern geraten, weil selbst bei hohen Geschwindigkeiten genügend Reibung zwischen Reifen und Fahrbahn herrscht. Doch bei Regen bildet sich zwischen Reifen und Fahrbahn eine Wasserschicht und beeinträchtigt die Reibung, die die Reifen normalerweise auf dem Untergrund haften läßt.

Damit kommen wir zum Profil auf Ihren Reifen. Nehmen wir an, Sie fahren auf einer nassen Straße. Der Druck, den Ihre Reifen auf die Fahrbahn ausüben, zwingt das Wasser, in das Reifenprofil auszuweichen. So sorgt das Profil dafür, daß sich kein Wasser unterhalb der Reifen befindet und ihr Gummi den Kontakt mit der Straße behält. Die Reibung, die eine stabile Straßenlage Ihres Fahrzeugs garantiert, bleibt also erhalten.

Je schneller Sie fahren, desto mehr Wasser müssen die Reifen verdrängen. Daher wird es bei 50 Kilometern in der Stunde kaum zu Aquaplaning kommen, während die Möglichkeit bei 100 Kilometern in der Stunde durchaus besteht. Tatsächlich muß auf einer nassen Fahrbahn bei Autobahngeschwindigkeit jeder Reifen mehr als 3,5 Liter Wasser pro Sekunde fortschaffen. Für alte, abgefahrene Reifen ist das eine schier unlösbare Aufgabe. Wenn das Profil dem Wasser nicht genügend Platz zum Ausweichen bietet, bildet sich ein flüssiger Schmierfilm, der Ihnen das Gefühl vermittelt, Sie führen auf der Straße Wasserski.

Eine andere Art von Herpes

Egal, welche Bezeichnung Sie wählen – Lippenherpes, Mundfäule oder Fieberbläschen –, wenn Sie darunter leiden, befinden Sie sich in guter Gesellschaft: Allein in den USA sind 95 Millionen Menschen von dem Virus befallen, der Lippenherpes hervorruft. In Fachkreisen spricht man vom Herpes-simplex-Virus Typ 1 (HSV 1). Obwohl mit dem Herpes-simplex-Virus Typ 2 verwandt, der *Herpes genitalis* hervorruft, ist HSV 1 in seiner Wirkung meist viel harmloser.

Sobald dieser Herpesvirus aktiv wird und sich die ersten Lippenbläschen zeigen, produziert das Immunsystem des Körpers zur Abwehr Antikörper und weiße Blutkörperchen. Zwar kann das Immunsystem die akute Bläschenbildung beseitigen, wird aber im Kampf gegen den Virus selbst immer den kürzeren ziehen. Auch wenn die Lippenbläschen ganz verheilt sind, bleibt der Virus im Körper vorhanden – er legt nur eine sogenannte Ruhe- oder Latenzperiode ein. Auf entsprechende Auslösereize hin setzt er den Zyklus wieder in Gang und verursacht einen neuen Ausbruch der Krankheit.

Tatsächlich treten die schmerzhaften Bläschen immer wieder auf. Sobald Sie den Virus erst einmal haben, werden Sie ihn nicht wieder los. Aktiviert wird der latente Virus durch viele Faktoren. Bei starkem Wind oder intensiver Sonneneinstrahlung kann er aktiv werden, aber auch bei körperlichem oder seelischem Streß. Viele Menschen, die den Virus haben, bekommen die lästigen Bläschen bei jeder Erkältung, weil ihr Immunsystem zu stark belastet ist und sich nicht mehr um alles kümmern kann.

Menschen, die nie mit dem Virus infiziert wurden, bleiben die Bläschen ganz erspart. Infiziert wird man durch direkten Kontakt mit den Lippen oder dem Mund einer Person, die den Ausschlag gerade hat. Nach Meinung der Wissenschaft werden die meisten Menschen schon im Kindesalter durch Küsse von Erwachsenen mit akuter Infektion angesteckt.

Warum Kinder bei fast jedem Lärm schlafen können

Haben Sie schon einmal auf einer Party erlebt, wie ein Kind friedlich auf dem Sofa schläft, während der Raum von den Stimmen und dem Gelächter der Erwachsenen widerhallt? Wie können Kinder bei so viel Lärm und Unruhe schlafen? Die Antwort lautet: Weil Kinder anders schlafen als Erwachsene.

Es gibt vier verschiedene Schlafstadien, und alle Schläfer durchlaufen diesen Zyklus bis zu sechsmal pro Nacht. Der größte Unterschied zwischen Kinder- und Erwachsenenschlaf zeigt sich in Stadium vier, dem sogenannten tiefen Schlaf. In diesem Stadium verringert sich die Herzfrequenz, der Blutdruck sinkt, die elektrische Aktivität des Gehirns verlangsamt sich, und die Träume sind, falls sie überhaupt auftreten, verschwommen und wenig konkret. Bei Kindern hält dieses Stadium viel länger an als bei Erwachsenen.

Während des Tiefschlafs verlieren Sie die Kontrolle über viele Muskeln. Unter Umständen fällt der Unterkiefer herunter, und Ihnen laufen Speichelfäden aus dem Mund. Oft können selbst Lärm oder Unruhe einen Menschen nicht aus dem Tiefschlaf reißen. Mit wachsendem Alter verkürzen sich die Tiefschlafstadien und werden von den meisten Menschen ab 60 gar nicht mehr erreicht. Kinder dagegen verbringen den größten Teil ihres Schlafs in diesem Stadium. Daher wird das Kind, das auf dem Sofa eingenickt ist, selbst dann nicht aufwachen, wenn ein paar Erwachsene in seiner Nähe stehen und sich angeregt unterhalten.

Gegen AIDS zu kämpfen heißt, gegen die Evolution zu kämpfen

Der Körper hat viele Möglichkeiten, Krankheiten zu bekämpfen. Unter anderem kann er eine Vielzahl von chemischen Stoffen herstellen, sogenannte »Antikörper«, die Krankheitserreger wie Viren und Bakterien vernichten. Antikörper müssen sehr selektiv sein, damit sie nicht die falschen Zellen zerstören, daher ist jeder Antikörper so programmiert, daß er nur einen bestimmten Virus beziehungsweise ein bestimmtes Bakterium erkennt und angreift. Das bedeutet aber auch, daß für jede neue Krankheit eine neue Antikörperart erforderlich ist.

Allerdings bekommen wir es bei der Krankheitsabwehr oft mit der Evolution zu tun, denn je schneller sich ein Organismus reproduziert, desto schneller kann er sich seiner Umgebung anpassen.

Für Bakterien bedeutet das Auftreten eines neuen Antikörpers eine entscheidende Veränderung ihrer Umgebung, leider eine Veränderung, auf die sie sich allzu oft einstellen können. Ein einziges Bakterium kann sich in drei Stunden 1000fach vermehren. Mit einiger Wahrscheinlichkeit haben sich da einige der Nachkommen so verändert, daß die zuständigen Antikörper sie nicht mehr erkennen. Aus diesen Bakterien gehen dann Millionen identischer Nachkommen hervor.

Einige Viren, darunter auch der HIV, der AIDS-Erreger, entwickeln sich noch schneller als Bakterien. Anders als Bakterien (und Pflanzen oder Tiere), deren genetische Information in Form von DNS vorliegt, transportieren diese Viren ihre genetische Information in der RNS, einem Molekül, das mit der DNS verwandt ist. Doch die RNS-Kopie, die der Herstellung eines neuen Virus zugrunde liegt, ist fehlerträchtiger als die Kopie der DNS.

Dadurch erhöht sich die Zahl der Mutationen. Infolgedessen gibt es unter den Virusnachkommen eine größere genetische Vielfalt, was die Wahrscheinlichkeit erhöht, daß sich einige von ihnen dem Zugriff der Antikörper entziehen können. Tatsächlich entwickeln sich Viren so schnell, daß eine Virusart manchmal in zwei Individuen zwei völlig verschiedene Stämme ausbildet. Alle lebenden Organismen passen sich den Veränderungen ihrer Umwelt an, doch RNS-Viren wie der HIV vollziehen diesen Prozeß schneller, weil sie eine größere Zahl von Nachkommen mit einer größeren genetischen Vielfalt hervorbringen.

Warum Ihre Stimme in einem Echo verlorengeht

Sie stehen zwischen zwei Felsen und rufen »HALLO«. Das Echo, das Sie hören, sind die Schallwellen, die hin- und zurückgeworfen werden. Während das Echo zwischen den Felsen hin- und herpendelt, geschehen zwei Dinge. Erstens, die Echos werden schwächer, denn wenn der Schall auf den Felsen trifft, wird er nicht vollständig zurückgeworfen: Ein Teil wird vom Stein geschluckt, ein anderer Teil entweicht in andere Richtungen, und ein Teil verfehlt den Felsen ganz. Außerdem wird Ihre Stimme verzerrt, so daß jedes neue Echo weniger nach dem Original klingt. Obwohl Ihre Stimme eine große Bandbreite von Frequenzen umfaßt, hängt das Schicksal dieser Frequenzen von der Größe, Lage und Beschaffenheit der Objekte ab, mit denen sie in Berührung kommen, während sie als Echo zwischen den beiden Felsen hin- und zurückgeworfen werden. Zwar stellt sich die Situation mit jedem neuen Echo etwas anders dar, doch ist für einige Frequenzen die Wahrscheinlichkeit einfach größer, daß sie reflektiert werden, während andere verlorengehen. So büßt das Echo schon nach kurzer Zeit die charakteristischen Merkmale Ihrer Stimme ein und nimmt Eigenschaften an, die typisch für den Standort sind.

Normalerweise verklingen echte Echos, bevor sie so verzerrt sind, aber Sie können den Vorgang mit einem künstlichen Echo auf zwei Kassettenrekordern nachahmen. Auf den einen Rekorder sprechen Sie »Hallo« und Ihren Namen. Diesen Text spielen Sie anschließend ab und nehmen ihn mit dem Mikrofon des anderen Rekorders auf. Mit der zweiten Aufnahme überspielen Sie nun die erste und so fort – insgesamt wiederholen Sie den Vorgang etwa zehnmal. Nach und nach werden sich die Wörter angleichen, weil sie ihre typische Lautgestalt verlieren und sich den akustischen Gegebenheiten des Raums und der beiden Aufnahmegeräte anpassen. Übrigens muß man diesem Problem beim Bau von Konzerthallen Rechnung tragen, die nur dann über eine gute Akustik verfügen, wenn sie die verschiedenen Frequenzen unverzerrt zurückwerfen.

Überschallknall

Am 14. Oktober 1947 hat der US-Airforcepilot Chuck Yeager als erster Mensch die Schallgeschwindigkeit mit einem Flugzeug überschritten. Wie bei jedem Überschallflug seither rief Yeagers Flugzeug damals ein lautes Geräusch hervor, den sogenannten Überschallknall, der auf dem Boden zu hören war.

Wenn ein Schnellboot durchs Wasser fährt, wirft es Wellen auf, die Sie sehen können. Ähnliche Wellen erzeugen Flugzeuge in der Luft, die Sie zwar nicht sehen, aber hören können. Auf seinem Weg preßt das Flugzeug die vor ihm befindlichen Luftmoleküle zusammen und erzeugt dabei Wellen, die sich in alle Richtungen ausbreiten. Wenn das Flugzeug Schallgeschwindigkeit erreicht, sich also mit etwa 1200 Kilometern in der Stunde fortbewegt, kommt es ebenso schnell voran wie die Schallwellen, die es selbst hervorruft. Überschreitet das Flugzeug diese Geschwindigkeit, beginnen sich seine eigenen Schallwellen zu stauen.

Diese Konzentration von Schallwellen entwickelt sich zu einer Stoß- oder Schockwelle. Schockwellen sind besonders energiereiche Wellen, die sich in alle Richtungen, also auch zur Erde hin, ausbreiten. Überall dort, wo Schockwellen den Boden erreichen, hören wir einen Überschallknall. Allerdings ist dieser Knall kein einmaliges Ereignis beim Durchbrechen der Schallmauer. Da das Flugzeug während des ganzen Überschallflugs solche Schockwellen erzeugt, ist der Überschallknall während dieses Zeitraums immer wieder zu hören.

Nicht jeder Überschallknall gleicht dem anderen. Als Grundregel gilt, daß ein größeres Flugzeug auch größere Druckwellen erzeugt und der Überschallknall daher länger anhält. Das kleinste Flugzeug, das in der Lage ist, mit Überschallgeschwindigkeit zu fliegen, erzeugt einen Knall, der nicht länger als eine Zwanzigstel Sekunde dauert. Das größte Überschallflugzeug erzeugt einen Knall, der zehnmal so lang ertönt: eine halbe Sekunde lang.

Wenn allerdings zwei Flugzeuge von gleicher Größe in verschiedenen Höhen fliegen, rufen sie Überschallknalle von unterschiedlicher Lautstärke hervor. Bei größerer Flughöhe wird der Knall leiser sein, weil die Schockwelle einen längeren Weg zurücklegt und daher mehr Zeit hat, sich zu zerstreuen, bevor sie den Boden erreicht. Obwohl weniger laut, wird man den Knall auf einer größeren Fläche hören als den Knall, den ein Flugzeug in niedrigerer Höhe erzeugt. Da sich die Druckwellen des höher fliegenden Flugzeugs auf ihrem Weg zum Boden ausbreiten, vergrößert sich die Reichweite.

Glücklicherweise können selbst lauteste Überschallknalle dem Menschen nicht schaden, aber sie haben schon Gipswände und Fensterscheiben zum Bersten gebracht.

Schüttelreime

Irgendwann hat jeder schon einmal die Anfangsbuchstaben zweier Wörter vertauscht und damit zwei Unsinnsworte geschaffen, wie es zum Beispiel in dem klischeehaften »schitte bön« statt »bitte schön« persifliert wird. Diese (unabsichtlichen oder absichtlichen) Versprecher nennt man Schüttelreime. Für Sprachwissenschaftler sind sie von großem Interesse, weil sie zeigen, wie unser Gehirn Sprache erzeugt.

Anfang des Jahrhunderts gingen die Psychologen davon aus, daß unser Gehirn die Sprache Wort für Wort hervorbringe und daß jedes Wort als Auslösereiz für das nächste diene. Heute ist man in der kognitiven Psychologie der Überzeugung, daß Sprache in Wortgruppen und nicht in einzelnen Wörtern erzeugt wird.

Zu dieser Erkenntnis gelangte man, als man die unabsichtlichen Schüttelreime untersuchte. Was wie ein zufälliger Versprecher aussieht, folgt in Wirklichkeit einer Reihe von Regeln. Wenn zwei Laute in zwei Wörtern vertauscht werden, handelt es sich fast immer um Laute in gleichen Positionen. So gut wie nie vertauscht man zum Beispiel den Anfangsbuchstaben eines Wortes mit dem letzten Buchstaben eines anderen. Die enge Verbindung, die das Gehirn zwischen zwei Wörtern wie »bitte« und »schön« herstellt, legt den Schluß nahe, daß es diese Worte als Einheit behandelt und nicht als getrennte Wörter.

Zu Sprechfehlern kommt es, weil unser Gehirn, wenn wir Sprache erzeugen, ein Bezugssystem für das entwirft, was wir sagen wollen, noch bevor wir die Wörter gewählt haben, die in dieses System hinein sollen. Wenn wir einen Ausdruck korrekt formen, dann hat unser Gehirn das Bezugssystem erfolgreich mit dem Klang eines Wortes koordiniert. Schüttelreime entstehen, wenn diese Koordination, oft unter dem Einfluß äußerer oder innerer Reize, ausfällt.

Wikingersagen – dichterische Freiheit oder Medizingeschichte?

In den isländischen Sagas, die vor mehr als 800 Jahren entstanden sind, gibt es einen Helden, der alle anderen an geistiger und körperlicher Kraft übertrifft: den Dichter und Krieger Egil (*Ei-yihl* ausgesprochen). Der Sage nach sorgte in mindestens einem Fall allein Egils grimmige Erscheinung dafür, daß sich ein Feind den Wikingern bedingungslos auslieferte. Außerdem verfügte er nicht nur über ein furchterregendes Äußeres, sondern auch über eine erstaunliche Physis: Egils Schädel soll so hart gewesen sein, daß man ihn nach seinem Tod noch nicht einmal mit einer Axt zu öffnen vermochte. Mag Egil auch einerseits ein hartschädeliger Krieger gewesen sein, so war er andererseits ein begabter und empfindsamer Dichter, der unter verschiedenen Gebrechen wie Kopfschmerz, Blindheit und Taubheit litt. Immer wieder haben sich Gelehrte auf die Passage mit der Axt berufen, um darzutun, wie wenig die isländische Sagenwelt mit der Wirklichkeit zu tun hat. Schließlich weiß doch jeder, daß eine Axt härter als ein Schädel ist. Nun gibt es aber eine seltene Knochenerkrankung, das Paget-Syndrom, das, nach einem englischen Chirurgen des 19. Jahrhunderts benannt, Egils Schädel durchaus die von der Sage behauptete außergewöhnliche Härte verliehen haben könnte. Bei dieser Krankheit verdicken und verkrümmen sich die Knochen, außerdem treten Blindheit, Kopfschmerz, Gleichgewichtsstörungen und Taubheit auf – alles Symptome, die Egil in seiner Dichtung beschreibt. Sogar die kalten Hände und Füße, von denen gleichfalls die Rede ist, könnten auf krankheitsbedingte Durchblutungsstörungen zurückzuführen sein. Der stark verdickte Schädel hätte Egils Dichtkunst nicht beeinträchtigt, denn die Knochenmasse nimmt nur an der Schädelaußenseite zu, so daß das Gehirn völlig unbeeinträchtigt bleibt. Die isländischen Sagen mögen als historische Quellen nicht unbedingt zuverlässig sein, doch die Ähnlichkeit der medizinischen und literarischen Daten legt nahe, daß die Geschichte von Egils Schädel mehr ist als nur ein literarischer Kunstgriff, der dem Wikinger übermenschliche Statur verleihen sollte.

Potentielle Energie

Bei dem Begriff Energie denken wir zumeist an Objekte in Bewegung: ein Auto, das einen Berg hinunterrollt, oder einen Jogger, der einen Berg hinaufläuft. Nun ist aber diese bewegte Energieform, die kinetische Energie, nicht die einzige Energieart. Eine andere Form, die Objekte in Ruhe besitzen können, bezeichnet man als potentielle Energie.

Potentielle Energie ist gespeicherte Energie – also Energie, die sich zu einem späteren Zeitpunkt freisetzen läßt. Vergegenwärtigen Sie sich zum besseren Verständnis, wie eine Armbrust funktioniert. Wenn Sie die Armbrust spannen und fixieren, so daß der Pfeil in schußbereiter Position liegt, bis Sie beschließen, ihn herauszujagen, dann haben Sie Energie erzeugt, die Sie jederzeit durch Betätigung des Abzugshebels freisetzen können. Sie haben die *potentielle* Energie der Armbrust erhöht.

Die potentielle Energie in der gespannten Armbrust entspricht der Arbeit, die Sie beim Spannen leisten. Sobald Sie den Abzug drücken, verwandelt sich die potentielle Energie in kinetische Energie. Durch die Betätigung des Abzugs wird die potentielle Energie der gespannten Armbrust zur kinetischen Energie des Pfeils, der durch die Luft fliegt. Von einem kleinen Energiebetrag abgesehen, der der Reibung zum Opfer fällt, ist die kinetische Energie des fliegenden Pfeils genauso groß wie die potentielle Energie der gespannten Armbrust.

Nun gibt es potentielle Energie natürlich nicht nur in einer gespannten Armbrust. Auch ein Stein am Rand einer Klippe oder das Benzin im Tank eines Autos hat sie. Potentielle Energie ist ganz einfach kinetische Energie im Wartezustand.

Die Form von Blitzen

Eine Gewitterwolke zieht über den Himmel. An ihrer Untergrenze sammelt sich eine starke negative Ladung. Da sich ungleichnamige Ladungen anziehen, ist die negative Ladung der Gewitterwolke bestrebt, sich mit der positiven Ladung am Boden zu vereinen. Schließlich bildet sich ein Blitz, der die ungleichnamigen Ladungen neutralisiert.

Man sollte meinen, daß der Blitz in einer geraden Linie verläuft und die elektrische Ladung den direktesten Weg zwischen Wolke und Boden sucht. Warum sind Blitze dann so gezackt und unregelmäßig?

Weil sie sich auf komplizierte Weise bilden. Obwohl es den Anschein hat, als formten sie sich in einem einzigen Augenblick, vollzieht sich ihre Entstehung tatsächlich in mehreren Schritten. Anstatt direkt in den Boden zu fahren, beginnt die negative Ladung mit einem kurzen Sprung nach unten. Diesen ersten kleinen Sprung bezeichnet man als Leader; nie ist er länger als etwa 100 Meter. Am unteren Ende des Leaders bildet sich ein neuer Leader und an dessen Ende wiederum einer. Auf diese Weise springt die negative Ladung von Leader zu Leader nach unten wie ein Frosch, der auf einem Teich von Wasserrose zu Wasserrose hüpft.

Während dieses Vorgangs schickt auch der Boden eine eigene Kette kürzerer, positiv geladener Leader nach oben. Erst wenn sich die beiden Ladungen etwa 30 Meter über dem Boden treffen, können wir den Blitz sehen.

Ein Blitz ist also gezackt, weil sich jeder Leader unabhängig von den anderen bildet. Und an jeder Zickzackwendung des Blitzes können wir erkennen, wo ein Leader aufhört und ein anderer beginnt. Immer wenn sich ein Blitz verzweigt, haben sich am Ende eines einzelnen Leaders zwei auf einmal gebildet. Der ganze Vorgang dauert nur wenige Tausendstel Sekunden, doch diese Zeit reicht aus, um einen wunderschönen, vielfältig gegliederten Blitz zu formen.

Würmer in der Kuchenmischung

Die weißen wurmartigen Insekten, die wir manchmal in Kartons mit Getreideprodukten finden, heißen Mehlkäfer oder Mehlwürmer. Diese wenig appetitlichen Geschöpfe sind im strengen Sinne gar keine Würmer, sondern die Larven von Motten oder Käfern. Am liebsten mögen sie Stärke, so daß sie sich in einem Karton mit Mehl, Zucker oder einer Kuchenfertigmischung wie im Schlaraffenland fühlen.

Bei der Herstellung solcher Fertignahrung wird dafür Sorge getragen, daß alle Motten- oder Käfereier, die sich möglicherweise eingeschlichen haben, abgetötet werden. Wenn Sie also in Ihrem Puddingpulver die wimmelnden Larven entdecken, trifft den Hersteller keine Schuld.

Meistens gelangen die Larven von außen hinein, denn schon der Klebstoff, der die Pappe zusammenhält, enthält Stärke. Haben sie sich dann erst einmal durch die Verpackung gefressen, finden sie im Inneren ein wahres Stärkeparadies vor, das sie lange, sehr lange ernähren kann.

Nachdem die Larven einen Großteil der Stärke gefressen haben, wird die Kuchenmischung oder das Paniermehl, in dem sie sich eingenistet haben, hart und klumpig, denn der Stärke verdanken es diese Getreideprodukte in erster Linie, daß sie nicht klumpen. Je länger die Packung im Küchenschrank steht, desto größer ist die Wahrscheinlichkeit, daß sie von Larven befallen wird.

Es gibt eine gute und eine schlechte Nachricht über diese Larven zu vermelden. Die gute Nachricht: Getreidelarven sind völlig ungiftig. Ernährungswissenschaftler meinen sogar, daß wir lange nicht soviel Lebensmittelpackungen fortwerfen müßten, wenn wir weniger hysterisch auf Nahrungsmittel reagieren würden, die sich bewegen. Die schlechte Nachricht: Die unsichtbaren Eindringlinge können den Inhalt ganzer Vorratskammern vernichten, wenn man sie nicht rechtzeitig entdeckt.

Wie die Zeit im Traum vergeht

Oft heißt es, Ereignisse oder Taten, die in der Wirklichkeit mehrere Stunden dauern, könnten wir in wenigen Sekunden träumen. In Wahrheit vollzieht sich das Traumgeschehen jedoch nicht im Zeitraffer. Wenn Sie von einem Ereignis träumen, das in der wirklichen Welt fünf Minuten dauern würde, dann hat Ihr Traum wahrscheinlich gleichfalls eine Dauer von fünf Minuten.

Der Traum- und Schlafforscher William Dement wies in zwei Studien nach, daß die Traumzeit der realen Zeit gleicht. Da sich beim Träumen die Augen des Schläfers sehr rasch unter den Augenlidern bewegen, brauchte Dement nur festzuhalten, wie lange der Zeitraum dieser schnellen Augenbewegung dauerte, um die Traumdauer seiner Schläfer zu bestimmen.

Nachdem er diese Information aufgezeichnet hatte, weckte Dement die Schläfer und ließ sie eine Beschreibung des letzten Traumes aufschreiben. Er ging davon aus, daß man für einen längeren Traum mehr Worte benötigte als für einen kurzen. Als er die Wörterzahl der Traumbeschreibungen mit der Traumdauer in Minuten verglich, stellte er fest, daß die Testpersonen tatsächlich um so mehr Wörter verwendeten, je länger ein Traum gedauert hatte.

In einem ähnlichen Experiment weckte Dement die Schläfer während eines Traums auf und fragte sie, wie lange sie ihrer Meinung nach geträumt hätten. In 83 Prozent der Fälle schätzten sie die Länge oder Kürze ihrer Träume richtig ein. Aus diesen Untersuchungen schloß Dement, daß die Zeit in Träumen mit der Zeit in wachem Zustand nahezu identisch ist.

Wenn Sie also das nächste Mal in Ihrem Traum einen Drachen erschlagen oder von der Wohnung zum Arbeitsplatz fliegen, entspricht die scheinbare Dauer dieser Vorgänge vermutlich ziemlich genau der Zeit, die Sie zum Träumen brauchen.

Das Land, wo Schweiß und Honig fließen

Milch und Honig mögen Metaphern für ein Leben ohne Mühe und Plage sein, doch für eine Biene ist die Honigherstellung harte Arbeit. Tatsächlich ist sie eine solche Plackerei, daß Bienen für jedes Pfund Honig, das auf den Markt gelangt, acht Pfund zu sich nehmen müssen, um ihre vielfältigen Aufgaben im Bienenstock zu erfüllen.

Eine Biene ist so klein, daß sie nicht viel Honig zum Überleben braucht; anders gesagt, mit einem Liter Honig kann sie gut drei Millionen Kilometer zurücklegen. Doch da mehr als 20 000 Bienen in einem Stock leben, summiert sich der Verbrauch schnell.

Täglich bewältigt eine Arbeitsbiene beim Honigsammeln bis zu 25mal die Strecke zwischen dem Bienenstock und den Blüten, wo sie den Nektar holt. Auf jedem Flug in den Stock schleppt sie eine Last, die etwa der Hälfte ihres Körpergewichts entspricht. Allerdings beläuft sich besagte Hälfte nur auf rund fünf Hundertstel Gramm. So ergibt die Lebensarbeit einer Biene vielleicht noch nicht einmal genug Honig, um eine Tasse Tee zu süßen.

Im Bienenstock angekommen, muß der Nektar noch zu Honig verarbeitet werden. Dafür pumpen ihn die Bienen 15 bis 20 Minuten durch den eigenen Körper, um den Wassergehalt zu reduzieren. Gleichzeitig fügen sie dem Honig Enzyme hinzu, die den komplexen Zucker in einfachere, löslichere Zuckerarten zerlegen. Danach wird er in die Wabe gefüllt, wo ein weiterer Teil des Wassers verdunstet. Diesen Prozeß beschleunigen die Bienen, indem sie durch Flügelschlagen einen ständigen Luftzug erzeugen. Nach drei Wochen wird der fertige Honig in den Zellen einer Honigwabe abgelegt und mit Bienenwachs versiegelt.

Wenn Sie also wieder einmal die aromatische Süße frischen Honigs genießen, dann sollten Sie daran denken, daß ein Land, in dem Milch und Honig flössen, für die Bienen wahrlich kein Paradies wäre.

Die Muskeln in unseren Ohren

Es gibt in unseren Ohren Muskeln, die uns vor allzu lauten Geräuschen, vor allem dem Klang unserer eigenen Stimme schützen. Diese Muskeln liegen im Mittelohr und sitzen an den Gehörknöchelchen, die das Trommelfell mit der Schnecke verbinden, jener Innenohrkammer, die die Hörzellen enthält. Ziehen sich die Muskeln zusammen, so verringern sie die Schwingungen der Gehörknöchelchen und dämpfen auf diese Weise die Geräusche, bevor sie das Innenohr erreichen. Diese Muskeln unterliegen nicht der Willkürkontrolle, sondern ziehen sich unter dem Einfluß des akustischen Stapediusreflexes zusammen – entweder kurz bevor wir selber sprechen oder kurz nachdem wir ein lautes Geräusch vernommen haben. Die Gehörspezialisten Erik Borg und S. Allen Counter haben in der Zeitschrift *Scientific American* einen Artikel über die Muskeln des Mittelohrs veröffentlicht.

Die Muskelkontraktion vor dem Sprechen soll den Sprecher offenbar vor dem Geräusch der eigenen Stimme schützen. Borg und Counter schätzen, daß das eigene Geschrei für das Ohr eines Säuglings ohne den Stapediusreflex die gleiche Lärmbelastung bedeuten würde wie ein in der Nähe vorbeifahrender Zug.

Die Kontraktion der Mittelohrmuskeln filtert vor allem die tieferen Frequenzen der eigenen Stimme aus und läßt die höheren Frequenzen weitgehend unangetastet. Viele wichtige Redeteile weisen hohe Frequenzen auf, so daß der Stapediusreflex uns nicht daran hindert, die Rede anderer zu verstehen, auch wenn wir gleichzeitig sprechen. Außerdem kontrahieren die Mittelohrmuskeln ein bis zwei Zehntelsekunden nach einem lauten äußeren Geräusch. Das ist schnell genug, um das Innenohr vor einem lauten natürlichen Geräusch, etwa einem Donnerschlag, zu schützen, aber nicht schnell genug, um den Knall einer Schußwaffe zu dämpfen. Daher empfehlen Borg und Counter, daß jemand, der im Begriff steht, eine Schußwaffe abzufeuern, vorher summt, um den Stapediusreflex zu aktivieren und so das Gehör zu schützen. Ein anderer Experte hat vorgeschlagen, große Waffen mit einem Gerät auszustatten, das kurz vor dem Abfeuern einen lauten Ton erzeugt.

Lattenzaunechos

Stellen Sie sich vor einen Lattenzaun, klatschen Sie in die Hände und versuchen Sie, Ihr Gehör für die musikalische Besonderheit des Widerhalls zu schärfen. Dieser setzt sich nämlich aus den Einzelechos der vielen Latten zusammen. Das Echo jeder Latte erreicht Ihr Ohr einen winzigen Sekundenbruchteil später als das Echo der Nachbarlatte, die Ihnen ein paar Zentimeter näher ist. Kein Wunder, denn die Zeit, die Schall für den Hin- und Rückweg braucht – von Ihren Händen zu einer Zaunlatte und wieder zu Ihren Ohren –, ist für Latten, die Ihnen näher sind, kürzer als für Latten, die weiter von Ihnen entfernt sind.

Wenn die Latten regelmäßige Abstände aufweisen, was bei einem Zaun gewöhnlich der Fall ist, erreichen die Echos Ihre Ohren in regelmäßigen Intervallen, und diese Folge von Echos nehmen Sie als musikalischen Ton wahr. Abhängig ist die Tonhöhe von den Abständen zwischen den Zaunlatten und nicht von der Art des Händeklatschens.

Der Vollständigkeit halber sei hinzugefügt, daß Sie keinen Ton von konstanter Höhe vernehmen werden. Er wird hoch beginnen und rasch tiefer werden. Die hohen Töne erreichen Sie von den Zaunlatten, die Ihnen am nächsten sind und infolgedessen alle ungefähr die gleiche Entfernung zu Ihnen aufweisen. Daher dringen die von diesen Latten eintreffenden Echos in sehr kurzen Zeitabständen an Ihr Ohr und vermitteln Ihnen den Eindruck eines hohen Tons.

Für den tiefen Anteil des Widerhalls sind die fernliegenden Zaunlatten verantwortlich. Jede dieser fernen Zaunlatten weist eine andere Entfernung zu Ihnen auf als ihre Nachbarn. Daher sind die Echos dieser Latten durch größere Intervalle getrennt, und Sie vernehmen einen niedrigeren Ton.

Im Grunde genommen handelt es sich um ein Beispiel für den Dopplereffekt. Übrigens können Sie die »Lattenzaunechos« auch vernehmen, wenn Sie vor einer langen Treppe oder einer Wellblechwand in die Hände klatschen.

Die Küche mit dem Kühlschrank heizen

Wenn Sie den Backofen anstellen, wird die Küche wärmer. Öffnen Sie gar die Backofentür, wird sich die Küche noch rascher erwärmen. Daran ist nichts Ungewöhnliches, denn schließlich ist Wärmeerzeugung die Hauptaufgabe des Backofens. Nun sollte man meinen, daß es sich beim Kühlschrank umgekehrt verhält, aber das stimmt nicht. Ist der Kühlschrank in Betrieb, dann wird es warm in der Küche, und wenn wir die Kühlschranktür öffnen, sogar noch rascher als bei geschlossener Tür. Zwar mag der erste Hauch kalter Luft für ein wenig Abkühlung sorgen, doch langfristig wird sich der Raum erwärmen.

Um das zu verstehen, müssen wir uns Wärme als Energie und Kälte als Mangel an Energie vorstellen. Der Backofen erzeugt tatsächlich Wärme, der Kühlschrank jedoch, genau genommen, keine Kälte. Vielmehr befördert er Wärme – oder Energie – von einem Ort an einen anderen. Wenn die Lebensmittel im Kühlschrank ihre Wärme verlieren – also kälter werden –, gelangt diese Wärme in die Küche. Ein solches System heißt in der Physik »Wärmepumpe«.

Doch wie jeder Motor braucht auch die Wärmepumpe in Ihrem Kühlschrank Energie für ihren Betrieb. Während sie also emsig Energie aus dem Kühlschrank in die Küche befördert, verbraucht sie noch mehr Energie in Form von Elektrizität oder Gas. Da ein Teil dieser Energie als Wärme freigesetzt wird, befindet sich am Ende mehr Wärme in Ihrer Küche als vorher.

Klimaanlagen können Häuser nur deshalb kühlen, weil sich ein Teil des Systems draußen befindet. Das ermöglicht der Klimaanlage, die Wärme ins Freie zu pumpen. Wie Ihr Kühlschrank die Küche erwärmt, während er Ihre Lebensmittel kühlt, so erwärmt Ihre Klimaanlage die Umgebung Ihres Hauses, während sie das Hausinnere kühlt.

Unter Wasser hören

Wenn Sie schon einmal den Kopf unter Wasser hatten, während jemand in der Nähe ins Wasser sprang, dann wissen Sie, daß das Geräusch des Eintauchens deutlich zu vernehmen ist. Zu entscheiden, woher das Geräusch kommt, ist wesentlich schwieriger. Zwar leitet Wasser den Schall weit besser als Luft, aber durch die zusätzliche Leitfähigkeit wird es schwerer – und nicht leichter –, die Richtung des Schalls zu bestimmen.

Über der Wasseroberfläche können wir entscheiden, ob ein Geräusch von links oder rechts kommt, weil es bei einem Ohr etwas früher und etwas lauter eintrifft. Das entferntere Ohr bekommt den Schall etwas schwächer und etwas später zu hören – erstens, weil die Distanz zur Schallquelle größer ist, und zweitens, weil es vom Kopf abgeschirmt wird. Zwar nehmen wir den Unterschied nicht bewußt wahr, doch er genügt dem Gehirn, um die Richtung zu bestimmen, aus der das Geräusch kommt. Nun breitet sich der Schall im Wasser fünfmal so schnell aus wie in der Luft. Bei dieser Geschwindigkeit wird das Geräusch von beiden Ohren fast gleichzeitig wahrgenommen. Das ist der eine Grund, warum unter Wasser ein Geräusch aus allen Richtungen gleichzeitig einzutreffen scheint.

Der andere Grund ist, daß Schallwellen unter Wasser die Ohren umgehen und sich direkt auf den Kopf übertragen. Möglich ist das, weil Körpergewebe einen hohen Prozentsatz an Wasser enthalten. Verstopfen Sie sich die Ohren, und lauschen Sie noch einmal dem klatschenden Eintauchen eines Körpers. Es ist genauso laut wie das letzte Mal, als Ihre Ohren noch nicht verstopft waren. Da Ihr Kopf das Geräusch überall zur gleichen Zeit empfängt, ist es kein Wunder, daß Ihr Gehirn Schwierigkeiten hat, die Richtung zu bestimmen.

Wenden Sie sich jetzt, während Sie sich mit Ihren Freunden noch immer im Schwimmbecken aufhalten, dem nächsten Experiment zu. Tauchen Sie den Kopf unter Wasser und lauschen Sie dem Gespräch, das Ihre Freunde führen. Wenn sie laut genug sprechen, vernehmen Sie die Vokale – *a, e, i, o* und *u* –, aber keine Konsonanten. Sie bekommen also keinen Sinn in das Gehörte. Zwar wird der

Schall unter Wasser sehr gut übertragen, aber einige Laute gelangen schwerer aus der Luft ins Wasser als andere.

Warum die Vokale und nicht die Konsonanten? Jeder gesprochene Laut ist in Wirklichkeit eine Kombination aus verschiedenen Tönen, hohen und tiefen. Obwohl wir die verschiedenen Töne nicht unterscheiden, verdankt jeder gesprochene Laut ihrer Kombination seinen besonderen Klang. Im allgemeinen enthalten Konsonanten viel mehr höhere Töne als Vokale. Hohe Töne bestehen aus schnelleren, kürzeren Schallwellen. Im Vergleich zu Konsonanten setzen sich Vokale also aus tieferen Tönen zusammen, mit anderen Worten, sie bestehen aus längeren und langsameren Schallwellen.

Wenn kurze Schallwellen auf die unebene Wasseroberfläche treffen, werden sie in alle Richtungen gestreut wie Tischtennisbälle, die auf ein Kopfsteinpflaster prallen. Die längeren Schallwellen der tieferen Töne werden von den kleinen Wasserwellen in geringerem Maße beeinträchtigt, weil sie bei ihrem Auftreffen eine sehr viel größere Region der Wasseroberfläche berühren. Wenn wir uns eine kurze Schallwelle als Tischtennisball auf einem Kopfsteinpflaster vorstellen, dann können wir uns eine längere Schallwelle eher als großen Basketball denken, dem die Unebenheiten des Kopfsteinpflasters weniger ausmachen. Im Gegensatz zu Bällen, die vom Straßenbelag abprallen, dringen Schallwellen ins Wasser ein, aber genau wie der Basketball werden die langen Wellen dabei weniger abgelenkt. Daran liegt es unter anderem, daß Sie unter Wasser die Konsonanten mit ihren hohen Tönen und kurzen Schallwellen nicht richtig hören, wenn sich jemand über Wasser unterhält.

Sportliches Balancieren

Versuchen Sie, einen Baseballschläger senkrecht auf Ihrer Handfläche zu balancieren. Sobald Sie ihn mit der anderen Hand loslassen, beginnt der Schläger zu fallen. Doch wenn Sie schnell genug reagieren, können Sie die Hand in die gleiche Richtung bewegen und den Schläger etwas länger in seiner senkrechten Position halten. Mit ein bißchen Übung werden Sie rasch herausfinden, daß Sie den Schläger länger balancieren können, wenn sein schweres Ende nach oben zeigt. In dieser Position fällt er nämlich ein bißchen langsamer, wodurch Sie mehr Zeit haben zu reagieren, bevor er Ihnen von der Hand fällt.

Aber warum fällt er langsamer, wenn sein schweres Ende nach oben zeigt? Bekanntlich fallen ja auch eine leichte und eine schwere Kugel gleich schnell. Die Fälle sind nicht ganz vergleichbar: Wenn der Schläger zu fallen beginnt, bleibt der untere Teil des Schlägers ruhig in Ihrer Hand, während der obere Teil sich in einem Kreisbogen bewegt – abwärts und seitwärts. Die Schwerkraft muß den Schläger also nach unten ziehen und *gleichzeitig* waagrecht bewegen. Zwar ist richtig, daß ein leichter und ein schwerer Gegenstand mit der gleichen Geschwindigkeit *fallen*, doch wenn man Objekte *waagrecht* bewegt, dann braucht man dazu bei schweren Objekten länger als bei leichten. Daher ist es einfacher, einen VW zu schieben als einen Cadillac. Achten Sie auf die Jongleure, wenn Sie das nächste Mal im Zirkus sind. Sie werden feststellen, daß die Objekte, an denen die Artisten ihre Kunstfertigkeit demonstrieren, oben schwerer sind als unten.

Schielende Katzen

Ist Ihnen schon einmal aufgefallen, daß Siamkatzen schielen? Tatsächlich ist das für Siamkatzen die einzige Möglichkeit, geradeaus zu sehen. Im Gegensatz zu den Augen einiger anderer Tiere, der Kaninchen beispielsweise, zeigen die Augen einer Katze beide nach vorn – wie die unseren. Daher sieht sie die meisten Objekte mit beiden Augen. Um deutlich zu sehen, muß das Gehirn jedoch die Signale koordinieren, die es von einer Gruppe von Nervenenden im Augenhintergrund oder, genauer, in der Netzhaut erhält.

Jedem Fleck auf der Netzhaut des einen Auges entspricht ein Fleck auf der Netzhaut des anderen Auges, und beide Flecken müssen das gleiche sehen. Nehmen wir beispielsweise an, diese Flecken empfingen das Bild einer Maus. Das Gehirn kann das, was es sieht, nur dann als eine Maus und nicht als zwei Mäuse interpretieren, wenn die Nerven, die das Bild der Maus in einem Auge empfangen, zur selben Gehirnregion führen wie die Nerven im anderen Auge, die das gleiche Bild aufnehmen. Würden die Augen die Mausbilder an zwei verschiedene Gehirnregionen senden, würde die Katze zwei Mäuse anstelle von einer sehen.

Und genau darin liegt das Problem der Augen von Siamkatzen. Statt exakt im Augenhintergrund ausgerichtet zu sein, ist das Zentrum der linken Netzhaut nach rechts und das Zentrum der rechten Netzhaut nach links verschoben. Wären also die Augen einer Siamkatze gerade nach vorn gerichtet, würden ihre Netzhäute in unterschiedliche Richtungen blicken und dem Gehirn höchst verwirrende Nachrichten zukommen lassen. Wenn die Siamkatze die Augen nach innen dreht, dann schielt sie zwar, richtet aber ihre Netzhäute parallel aus wie die einer normalen Katze und kann dadurch dem Gehirn ein viel klareres Bild übermitteln.

Ein Teil der Musik werden

Wenn Sie in einem lauten Konzert nahe genug an den Lautsprechern stehen, können Sie in Ihrem Körper buchstäblich die Schwingungen der tiefen Töne spüren. Die höheren Töne sind sicherlich genauso laut, aber Sie empfinden sie nicht.

Im Gegensatz zu den Wellen auf einem See haben Schallwellen keine Auf- und Abbewegung. Vielmehr sind sie wie Schichten von hohem und niedrigem Druck, die sich nach allen Richtungen ausbreiten. Jede Welle besteht aus einer Schicht aus hohem Druck, gefolgt von einer Schicht aus niedrigem Druck. Je größer der Unterschied zwischen hohem und niedrigem Druck, desto lauter das Geräusch.

Nun breiten sich Schallwellen aber nicht nur in der Luft aus: Vom Vakuum abgesehen bewegen sie sich in jedem Medium, auf das sie treffen, auch in Ihrem Körper. Wenn Sie also laute Musik hören, ist Ihr ganzer Körper wie die Luft in seiner Umgebung diesem Wechsel von hohem und geringem Druck unterworfen.

Daß Sie hohe und tiefe Töne unterschiedlich im Körper spüren, hat mit der Länge – oder Dicke – der Welle zu tun. Hohe Geräusche erzeugen pro Sekunde Tausende von sehr kurzen Wellen – vielleicht nur 20 bis 25 Zentimeter dick. Dagegen bringt ein sehr tiefer Ton vielleicht nicht mehr als 65 Wellen pro Sekunde hervor, die dafür aber eine Dicke von bis zu fünf Metern aufweisen.

Dieser Unterschied entscheidet darüber, wie Sie Musik *spüren*, denn bei einem tiefen Ton ist Ihr Körper den Schichten von geringem und hohem Druck relativ lange unterworfen. Auch die Schallwellen eines hohen Tons durchqueren Ihren Körper, aber sie schwingen so rasch zwischen hohem und niedrigem Druck hin und her, daß Sie die Druckveränderungen praktisch nicht mehr bemerken. Wenn Sie also das nächste Mal in einem Konzert sind und spüren, wie ein tiefer Ton in Ihrem Körper schwingt, dann denken Sie daran, daß Sie tatsächlich ein Teil der Musik sind.

Warum es so schwer ist, ein einzelnes Holzscheit zu verbrennen

Stellen Sie sich ein prasselndes Kaminfeuer vor, genährt von mehreren aufeinander geschichteten Holzscheiten. Sondern Sie eins dieser Scheite von den anderen ab, und es wird in der Regel zu brennen aufhören. Separieren Sie alle Scheite, und schon bald werden die Flammen erloschen sein. Als Wissenschaftler die Holzverbrennung eingehend untersuchten, fanden sie heraus, warum es so schwer ist, ein einzelnes Scheit zu verbrennen. Die Flammen, die ein brennendes Scheit umhüllen, werden weniger von dem festen Holz nahe der Oberfläche genährt, als vielmehr von den brennbaren Gasen, die aus dem Scheit austreten. Diese Brenngase werden freigesetzt, wenn die Moleküle, aus denen das feste Holz besteht, durch die Wärme des Feuers abgelöst werden. Daher brennt ein Scheit nur, wenn die Holzschichten unterhalb seiner Oberfläche so erhitzt werden, daß sie diese brennbaren Gase fortlaufend erzeugen.

Ein brennendes Scheit kann, wenn es isoliert liegt, in der Regel nicht genügend Wärme an sein Inneres abgeben, um diese Gase hervorzubringen. Die Wärme eines brennenden Scheits bewegt sich nämlich größtenteils von dem Scheit fort, entweder in Form von heißen Gasen und glühenden Rußteilchen oder in Gestalt von infrarotem Licht, das man auch als Wärmestrahlung bezeichnet. Mithin könnte man, um die Verbrennung eines einzelnen Scheites aufrechtzuerhalten, in seiner Nähe einen konkaven Metallspiegel aufstellen. Diese Rückstrahlfläche würde einen Teil der Wärme zurückwerfen, die dem Scheit sonst verlorenginge. Natürlich wäre ein Spiegel in der Nähe eines brennenden Scheits rasch von Ruß geschwärzt. Eine praktischere Methode, die Verbrennung eines brennenden Scheits aufrechtzuerhalten, besteht darin, das man ein zweites brennendes Scheit neben das erste legt. Dann empfängt jedes Scheit von seinem Nachbarn eine Wärmestrahlung. Das Innere jedes Scheits wird nicht nur von den Flammen an der eigenen Oberfläche erwärmt, sondern auch von der Wärme des Nachbarscheits. Diese zusätzliche Wärme heizt das Innere jedes Scheits so auf, daß sich weiterhin Brenngase bilden, die das Feuer nähren.

Pilze und Raketentreibstoff

Die vielleicht verbreitetste Gruppe der Speisepilze sind die Morcheln. Auch eine verwandte Gruppe, die sogenannten Lorcheln, enthält einige eßbare Arten, doch wie eßbar Lorcheln tatsächlich sind, läßt sich nicht so ohne weiteres beantworten.

Gleichermaßen verwirrt waren Wissenschaftler und Pilzesammler von der Art, wie Menschen auf diese Pilze reagierten. Nach landläufiger Meinung lief der Koch weit größere Gefahr, sich eine Magenverstimmung einzuhandeln als die Gäste. Und wenn den Gästen schlecht wurde, dann betraf es meist nur einen oder zwei, während den übrigen nichts fehlte. Daher nahm man unter anderem an, es handle sich einfach um eine allergische Reaktion.

Erst mit der Entwicklung des Raumfahrtprogramms stieß man auf die richtige Erklärung. Da bemerkte nämlich jemand, daß Techniker, die die Dämpfe von Raketentreibstoff einatmeten, die gleichen Symptome zeigten, wie man sie von Lorchelvergiftungen kannte. Wie sich herausstellte, war eine Gruppe chemischer Stoffe verantwortlich, die man als Hydrazine bezeichnet. Sie sind sowohl ein wichtiger Bestandteil von Raketentreibstoff *als auch* eines der Gifte, die in Lorcheln vorkommen.

Bei der Wirkung der Hydrazine auf den menschlichen Körper gibt es eine schmale Grenzlinie zwischen der giftigen und der harmlosen Dosis. Wenn jemand also nur ein klein wenig mehr als ein anderer davon ißt, kann er eine entsetzliche Magenverstimmung bekommen, während dem anderen nicht das geringste fehlt. Außerdem verflüchtigen sich Hydrazine sehr leicht. Daher enthalten gekochte Pilze viel weniger Gift als rohe Pilze. Und der Koch, der die Dämpfe einatmet, kann weit eher erkranken als die Gäste, die die Pilze essen, nachdem das Hydrazin herausgekocht worden ist.

Auch andere Pilze, einschließlich derer, die der Gemüsehändler anbietet, enthalten Hydrazine, allerdings in geringeren Mengen als Lorcheln. Und wenn Sie Ihre Pilze kochen oder braten, haben sich diese kleinen Mengen rasch verflüchtigt.

Damit Sie nicht den irreführenden Eindruck gewinnen, die Wissenschaft hätte unsere Welt gründlich erforscht und sie mit unumstößlichen Fakten bis in ihre verborgensten Winkel erklärt, folgen drei Aufsätze, die Sie wohl davon überzeugen werden, daß der wissenschaftlichen Forschung noch ein weites Betätigungsfeld bleibt. Da es sich im übrigen um Untersuchungen ganz besonderer Art handelt, tragen wir Sorge, diese Berichte stets an einem bestimmten Tag im Frühjahr auszustrahlen. Schließlich hängt alles vom richtigen Zeitpunkt ab.

Wo bleiben Blumenzwiebeln im Winter?

Wenn Sie gerne Blumen pflanzen, dann bevorzugen Sie wahrscheinlich Arten wie Stiefmütterchen, Kapuzinerkresse und Ringelblumen, die man jedes Jahr pflanzen muß. Wenn Sie zwar Blumen mögen, aber keinen besonderen Gefallen daran finden, mit den Knien in der schmutzigen Erde herumzurutschen, dann finden Sie sicherlich viel mehr Geschmack an Blumenzwiebeln. Ein einziges Mal pflanzen Sie ein Büschel Narzissen, Krokusse oder Taglilien, und jedes Jahr kommen sie wieder.

Doch wo bleiben die Zwiebeln, wenn die Pflanzen verwelkt sind? Jedes Jahr erscheinen sie wieder: zuerst die Krokusse, dann die Tulpen und die Hyazinthen. Doch bald darauf verschwinden sie alle wieder bis zum folgenden Jahr. Einst vermutete man, die Blumenzwiebeln würden einfach bleiben, wo sie sind, aber das kann uns nicht überzeugen, da sie ja nichts zu tun hätten und vor Langeweile stürben.

Tatsächlich kam die Wahrheit erst 1979 ans Licht, als ein größeres Erdbeben den Boden in Mittelamerika aufklaffen ließ und den Blick freigab auf Tausende von Hyazinthenzwiebeln, die sich offenbar auf einer großen Wanderung befanden. Inzwischen haben die Botaniker herausgefunden, daß die Zwiebeln sich zwischen dem achten und elften Tag nach Verlust ihrer Blätter in großen Schwärmen sammeln. In dichten Formationen, die sie vor ihren natürlichen Feinden schützen sollen, treten sie die lange Wanderung zu ihren gemeinsamen Laichgründen in den südamerikanischen Regenwäldern an.

Mit dem nahenden Frühjahr lassen die frisch geschlüpften Zwiebeln ihre sterbenden Eltern zurück und machen sich wieder auf den langen Weg nach Norden. Die Krokuszwiebeln kommen, da sie am kleinsten sind, auch am schnellsten voran und sind deshalb die ersten blühenden Gäste in unseren Gärten und Parkanlagen.

Welche Orientierungshilfen die Zwiebeln benutzen auf ihrer langen und mühsamen Reise zu einem Bestimmungsort, den viele noch nie gesehen haben, ist immer noch eines der großen Rätsel der

Natur. Einer Theorie zufolge verständigen sie sich telepathisch mit Enten, die in großer Höhe fliegen. Natürlich ist diese Theorie völlig unbegründet. Aber wer braucht schon Gründe, wenn es sich um eine wissenschaftliche Theorie handelt?

Die Liebe zur Volksmusik

Ist Ihnen schon einmal aufgefallen, daß Sie, Ihre Kinder und Ihre Eltern alle unterschiedliche Musik bevorzugen? Natürlich ist es Ihnen aufgefallen, was Sie aber nicht gewußt haben: Diese Unterschiede gehen auf biologische Ursachen zurück.

Wie sich herausgestellt hat, gibt es im Innenohr eine Gruppe von Geschmacksknospen, die durch verschiedene von der Hypophyse ausgeschüttete chemische Stoffe gesteuert werden. In der Pubertät setzt die Hypophyse große Mengen des Enzyms Zepellinase frei. Die Zepellinase gelangt ins Innenohr, wo sie sich an die Heavy-Metal-Rezeptoren der Zellwand bindet. Bis zu einem gewissen Grade blockiert Zepellinase die Wirksamkeit der Geschmacksknospen, indem sie ein Bedürfnis nach exzessiver Lautstärke schafft und die Rezeption von mehr als ein oder zwei Akkorden pro Musikstück unterbindet.

Sobald die chemischen Prozesse des Körpers in die ruhigen Bahnen des mittleren Alters münden, wird Zepellinase durch das Hormon Vivalderone ersetzt, unter dessen Einfluß das Innenohr nach großen Dosen barocker Fugen zu lechzen beginnt. Eine verbreitete genetische Störung veranlaßt die Hypophyse der etwas schwachsinnig wirkenden, aber nichtsdestotrotz beklagenswerten Opfer, unmäßige Mengen Vivalderone auszuschütten, so daß ein unstillbarer Hunger nach Cembaloinventionen entsteht – je mehr, desto besser.

Irgendwann im hohen Alter verkümmern die Geschmacksknospen gänzlich, dann verliert das Ohr jegliche Unterscheidungsfähigkeit und alle Abwehrkräfte gegen musikalische Umweltverschmutzung. Häufig führt dieses Altersleiden zu dem Verlangen nach Liedern von Heino und den Wildecker Herzbuben. Glücklicherweise ist eine Forschungsgruppe unter Leitung von Dr. Justus Frantz bereits damit beschäftigt, nach Nahrungszusätzen zu suchen, mit denen sich diese traumatischen Effekte beheben lassen.

Wo bleiben die Socken?

Dieser Beitrag ist einem der rätselhaftesten Probleme gewidmet, denen sich die moderne Gesellschaft gegenübersieht: dem spurlosen Verschwinden von Socken in Wäschetrocknern. Nach allen Erkenntnissen rationaler Wissenschaft ist es unmöglich, daß man fünf Paar Socken in den Trockner wirft und am Ende des Trocknungsvorgangs nur noch viereinhalb Paar vorfindet. Noch ist die Wissenschaft dem Phänomen nicht ganz auf den Grund gekommen, aber es liegt bereits eine vielversprechende Theorie vor.

Während die Socken im Trockner herumwirbeln, lösen sich die Wassermoleküle aus ihnen und gelangen in die warme Luft im Inneren des Trockners. Ein Sauggebläse befördert die warme, feuchte Luft ins Freie. Schließlich haben alle Wassermoleküle die Socken verlassen und sind ins Freie geblasen worden. Nun haben Wissenschaftler eine Theorie aufgestellt, nach der hin und wieder chemische Veränderungen stattfinden, die nicht nur die Wassermoleküle erfassen, sondern einen ganzen Socken. Wie verschiedene Untersuchungsdaten nahelegen, treten bei jeder vierten bis fünften Beschickung des Trockners in seinem bewegten Innenleben abnorme Konzentrationen von Dimethylterphtalat, Ethylenglykol und Ozon auf. Die ersten beiden Chemikalien sind wichtige Rohstoffe bei der Herstellung von Polyesterfasern, und Ozon ist, wie sattsam bekannt, der Stoff mit dem großen Loch. Aus all diesen Stoffen bildet sich eine Verbindung mit dem Namen Hozon. Wenn die Hozonkonzentration im Trockner einen bestimmten Schwellenwert übersteigt, wird aus Gründen, die die Wissenschaft noch nicht ganz versteht, eine Socke in die genannten chemischen Bestandteile zerlegt und in eine bisher noch nicht entdeckte Region verlagert, die sogenannte Hozonschicht. Bislang ist das die überzeugendste Erklärung für die fehlenden Socken, allerdings hat sich daraus ein neuer Anlaß zur Sorge ergeben: Klimaforscher untersuchen nun, ob die wärmeabsorbierende Wirkung der Milliarden Socken in der Hozonschicht nachteilige Folgen für die Umwelt haben könnte. Noch herrscht auch Unklarheit darüber, ob die rätselhafte Schicht zur Erwärmung oder Abkühlung beiträgt.

Danksagung

Dies ist der Abschnitt »wäre nicht möglich gewesen ohne«, und selbst wenn die Floskel im Laufe der Jahre etwas strapaziert worden sein sollte, so wäre sie hier doch am Platze. In finanzieller, technischer und moralischer Hinsicht bedurfte es der gemeinsamen Anstrengung vieler Menschen, um die Sendereihe und im Anschluß daran dieses Buch zu ermöglichen (was bei seinem Vorgänger *What's What? Naturwissenschaftliche Plaudereien* nicht anders war).

Das Material zu diesem Buch stammt direkt aus den Manuskripten der Rundfunksendereihe *A Moment of Science*. Seit 1988 werden die Sendungen von WFIU-FM an der Indiana University in Bloomington produziert und landesweit ausgestrahlt.

Von zwei Wirtschaftsunternehmen – Indiana Corporation for Science and Technology und Examin Corporation – erhielten wir eine höchst willkommene finanzielle Unterstützung, als die Manuskripte entstanden, die in diesem Buch enthalten sind. Zu Dank verpflichtet für freundliche Hilfe sind wir weiterhin der Indiana University und ihren Institutionen: Office of Research, University Graduate School, Office of the Chancellor in Bloomington, Office of the Vice President, Office of the President and Radio and Television Services.

Von einer Radiosendung und einem Buch wissenschaftlichen Inhalts ist natürlich in erster Linie zu verlangen, daß sie sachlich richtig sind oder zumindest dem Stand des Wissens entsprechen. Dafür hat unentgeltlich eine große Zahl von Wissenschaftlern gesorgt: Jeffrey Alberts, Moya Andrews, Susan Berg, Geoffrey Bingham, Jessica Bolker, William Boone, Jesse L. Byock, John Carini, Andrew Carleton, John Castellan, Ken Caulton, James Craig, Martin Crouch, Vladimir Derenchuk, Russell Dukes, David Easterling, Heather Eisthen, Andrew Ellington, John Ewing, Gerald Gastony, Steven Girvin, Michael Hamburger, George Hegeman, Margaret Intons-Peterson, Susan Jones, John Kissel, William Krejci, Ken Kuikstra, Alice Lindeman, Michael List, Charles Livingston, Alan Longroy, Bruce Martin, Anthony Mescher, Lawrence Montgomery, Harold Lgren, Robert Peterson,

Henry Prange, Rudolf Raff, Sephen Rennard, Edward Robertson, Unni Rowell, Bill Rowland, Steven Russo, Dolores Schroeder, Marc Schuckit, Sarita Soni, Catherine Souch, Joel Stager, Joseph Steinmetz, Milton Taylor, Esther Thelen, Larry Thibos, Christopher Tyler, Eugene Weinberg, Jeffrey White, David Williams und David Wise.

Zwei Menschen, die eigentlich nichts mit dem Buch zu tun haben, verdienen hier trotzdem Erwähnung, weil ihre Arbeit sonst viel zu wenig Würdigung findet: Pat Hawkins Smith und John Shelton aus der Technik und Produktion von WFIU. John hat sich in vorzüglicher Weise um die technischen Belange sehr vieler Sendungen gekümmert, während Pat stets »auf der anderen Seite der Glasscheibe« präsent war, wo sie die Aufnahmen kontrollierte, auf technische Fehler achtete und uns ihre hochwillkommenen »ästhetischen« Ratschläge zukommen ließ.

Ganz besonderen Dank schulden wir John Woodcock vom Fachbereich Anglistik der Indiana University für seine jahrelange unentgeltliche Mitwirkung an *A Moment of Science* und die zahllosen Stunden, die er über Hunderten von Manuskripten zugebracht hat, um zu prüfen, ob sie auch wirklich unserer Zielsetzung gerecht wurden: Wissenschaft amüsant und für jedermann verständlich zu präsentieren. Immer wenn wir meinten, tadellose Texte abgeliefert zu haben, unterschätzten wir John und sein unfehlbares Gespür – stets kam er mit Vorschlägen, die die Beiträge noch verbesserten.

Anmerkungen

Die Form der Erde
Cohen, Moirris R., und I. E. Drabkin, A Source Book in the Greek Science, Harvard University Press, Cambridge 1958.
Kuhn, Thomas S., The Copernicus Revolution, Harvard University Press, Cambridge 1957.

Ein steigender Baseball
Gray, H. J. und Alan Isaacs (Hg.), A New Dictionary of Physics, Longman, London 1975.
›Magnus Effect‹ in: Oxford English Dictionary, 2. Aufl., Oxford University Press, New York 1989.
Prandtl, Ludwig, Führer durch die Strömungslehre, 3. Aufl., Vieweg, Braunschweig 1949.

Home-run durch Nadelholzteer
Watts, Robert G., und Steven Baroni, ›Baseball-Bat Collisions and the Resulting Trajectories of Spinning Balls‹, American Journal of Physics, Januar 1989.

Die Gewalt eines Tornados
Ahrens, C. Donald, Meteorology Today: An Introduction to Weather, Climate, and the Environment, West Publishing Company, St. Paul 1991.

Newton, Tennis und die Beschaffenheit des Lichtes
Feynman, Richard P., QED: Die seltsame Theorie des Lichts und der Materie, Piper, München 1988.
Newton, Isaac, ›Zerlegung des Lichts‹, abgedruckt in: George Schwartz und Philip W. Bishop (Hg.), Moments of Discovery, Bd.I, Basic Books, New York 1958.

Stereo anno 1881
Clark, H. A. M., G. F. Dutton und P. B. Vanderlyn, ›The Stereosonic Recording and Reproducing System: A Two-Channel System for Domestic Tape Records‹, Journal of the Audio Engineering Society, April 1958, abgedruckt aus: Proceedings of the Institution of Electrical Engineers, September 1957.
›The Telephone at the Paris Opera‹, Scientific American, 31. Dezember 1881.

Eine Wasserlupe
McMath, T. A., ›Refraction - A Surface Effect‹, The Physics Teacher, März 1989.

Von einer Schallwelle umgerissen
›Tyndall‹, in: Dictionary of Scientific Biography, Scribner, New York 1971.
Tyndall, John, Sound, 1867, abgedruckt in: The Science of Sound, Philosophical Library, New York 1964.

Wie schnell sind die Winde eines Tornados?
Ahrens, C. Donald, Meteorology Today: An Introduction to Weather, Climate, and the Environment, West Publishing Company, St. Paul 1991.

Rost
›Metals, Corrosion of‹, in: Collier's Encyclopedia, Macmillan Educational Company, New York 1987.
Sienko, Michell J., und Robert A. Plane, Chemistry, 5. Aufl., McGraw-Hill, New York 1976.

Wie kann man feststellen, ob eine Spinne tot ist?
Vogel, Steven, Life's Devices: The Physical World of Animals and Plants, Princeton University Press, Princeton 1988.

Abbaubarer Kunststoff
Beardsley, Tim, ›Disappering Act: Can Degradable Plastics Ease the Landfill Crisis?‹, Scientific American, November 1988.

Ein molekulares Fußballspiel
Feynman, Richard, The Feynman Lectures on Physics, Addison-Wesley, Reading, Mass., 1964.

Partygespräche
Hall, Edward T., jr., ›The Anthropology of Manners‹, Scientific American, April 1995.
MacLean, William R., ›On the Acoustics of Cocktail Parties‹, Journal of the Acoustical Society of America, Januar 1959.

Aderlaß
Kent, Susan, Eugene Weinberg, Patricia Stuart-Macadam, ›Dietary and Prophylactic Iron Supplements: Helpful or Harmful‹, Human Nature 1, Nr 1 (1978).

Weinberg, Eugene D., ›Iron Withholding: A Defense against Infection and Neoplasia‹, Physiological Review 64 (1984).
Weinberg, R. J., S. R. Ell und E. D. Weinberg, ›Blood Letting, Iron Homeostasis and Human Health‹, Medical Hyoptheses 21 (1986).

Was sich am Horizont abzeichnet
Fraser, Alistair B., und William H. Mach, ›Mirages‹, Scientific American, Januar 1976, Neudruck mit Einführungen von David K. Lynch in der Anthologie: Atmospheric Phenomena, Scientific American (1980).

Ein nasser Pinsel
Boys, C. V., Soap Bubbles and the Forces Which Mould Them, Doubleday Anchor Books, Garden City 1959.

Auf die Bremse treten
Walker, Jearl, ›Wie macht man eine Notbremsung‹, Spektrum der Wissenschaft, April 1989.

Richtig gedacht und falsch geschlossen
Bowler, Peter, Evolution: The History of an Idea, University of California Press, Berkeley 1984.
Gould, Stephen Jay, Die Entdeckung der Tiefenzeit: Zeitpfeil und Zeitzyklus in der Geschichte unserer Erde, Hanser, München, Wien 1990.
Stephen Hawking, Eine kurze Geschichte der Zeit, Reinbek bei Hamburg, 1988.

Wenn Süden oben ist
›New Map Turns World Geography Upside Down‹, Earth Science, Herbst 1985. (In diesem Artikel heißt es, daß kunststoffverstärkte Exemplare der McArthur-Karte im Format 88 x 58 Zentimeter zu beziehen sind [oder 1985 zu beziehen waren] bei: Rex Publications, 413 Pacific Highway, Artramon 2064, Australien.)
Phipps, William E., ›Cartographic Ethnocentricity‹, The Social Studies, November-Dezember 1987.
Porter, Phil, und Phil Voxland, ›Distortion in Maps: The Peters Projection and Other Devilments‹, Focus, Sommer 1986.

Mayonnaise-Emulsionen
Mc Gee, Harold, On Food and Cooking: The Science and Love of the Kitchen, Scribner, New York 1984.

Vollkornbrot auf dem Prüfstand
McGee, Harold, On Food and Cooking: The Science and Love of the Kitchen, Scribner, New York 1984.

Spezialverpackung für Vögel
Kent, Susan, Eugene D. Weinberg und Patricia Stuart-Macadam, ›Dietary and Prophylactic Iron Supplements: Helpful or Harmful‹, Human Nature 1, Nr. 1 (1978).
Weinberg, Eugene D., ›Iron Withholding: A Defense against Infection and Neoplasia‹, Physiological Review 64 (1984).
Zum Shakespeare-Text: Shakespeare, *27 Stücke*, in der Übersetzung von Erich Fried, Bd. 3, Zweitausendeins, Frankfurt 1995, S. 195.

Blick durch den Kamm in den Spiegel
Stecher, Milton, ›The Moiré Phenomenon‹, American Journal of Physics, April 1964.

Wie Opernsänger das Orchester übertönen
Runstein, Robert E., und David Miles Huber, Modern Recording Techniques, Howard W. Sams and Company, Indianapolis 1986.
Sundberg, Johan, ›The Acoustics of the Singing Voice‹, Scientific American, März 1977.

Die Wurzeln der »Algebra«
›Al-Khwarizmi‹, in: Dictionary of Scientific Biography, Scribner, New York 1971.

Moral und Ernährung
McGee, Harold, On Food and Cooking: The Science and Love of the Kitchen, Scribner, New York 1984.

Moralische Faserstoffe im Vollkornweizenbrot
McGee, Harold, On Food and Cooking: The Science and Love of the Kitchen, Scribner, New York 1984.

Wie man eine Kerze mit einer Keksschachtel ausbläst
Beeler, Nelson F., und Franklyn M. Branley, Experiments in Science, durchgesehene und erweiterte Auflage, Crowell, New York 1955.

Wenn Wasser bei 212 Grad kocht
Ahrens, C. Donald, Meteorology Today: An Introduction to the Weather, Climate, and the Evironment, West Publishing Company, St. Paul 1991.
›Fahrenheit, Gabriel Daniel‹, und ›Thompson, Sir William‹, in: Dictionary of Scientific Biography, Scribner, New York 1971.

Das Märchen von der Zentrifugalkraft
Abell, George O., ›The Fable of Centrifugal Force‹, in: Exploration of the Universe, Holt, Rinehart and Winston, New York 1969.

Die Flutwelle eines Hurrikans
Ahrens, C. Donald, Meteorology Today: An Introduction to the Weather, Climate, and the Evironment, West Publishing Company, St. Paul 1991.

Aroma schmecken
McGee, Harold, On Food and Cooking: The Science and Love of the Kitchen, Scribner, New York 1984.

Essen salzen
Beauchamp, Gary K., ›The Human Preference for Excess Salt‹, American Scientist, Januar -Februar 1987.
McGee, Harold, On Food and Cooking: The Science and Love of the Kitchen, Scribner, New York 1984.

Warum Muttermilch eisenarm ist
Kent, Susan, Eugene D. Weinberg und Patricia Stuart-Macadam, ›Dietary and Prophylactic Iron Supplements: Helpful or Harmful‹, Human Nature 1, Nr. 1 (1978).
Weinberg, Eugene D., ›Iron Withholding: A Defense against Infection and Neoplasia‹, Physiological Review 64 (1984).

Schwimmen
Epstein, Lewis Carroll, Thinking Physics, Insight Press, San Francisco 1989.

Strahlung – ein Wort mit vielen Bedeutungen
›Radiation‹, in: McGraw-Hill Encyclopedia of Science and Technology, 6. Aufl., New York 1987.
›Radiation‹, in: Oxford English Dictionary, 2. Aufl., Oxford University Press, New York 1989.

Zufallsbewegung

Feynman, Richard P., ›Probability‹, in: The Feynman Lectures on Physics, Addison-Wesley, Reading, Mass., 1963.

Gamow, George, ›The Law of Disorder‹, in: One, Two, Three... Infinity, Viking Press, New York 1947.

Geburtstagshäufungen und Wahrscheinlichkeitsprinzipien

Gamow, George, ›The Law of Disorder‹, in: One, Two, Three... Infinity, Viking Press, New York 1947.

Peters, William Stanley, Counting for Something: Statistical Principles and Personalities, Springer, New York 1987.

Anmerkung: Die Wahrscheinlichkeit, daß in einer Gruppe von 30 mindestens zwei Geburtstage zusammenfallen, beträgt rund 0,7304.

Die Form eines Regentropfens

Ahrens, C. Donald, Meteorology Today: An Introduction to the Weather, Climate and the Evironment, West Publishing Company, St. Paul 1991.

Wozu taugt Schnee?

Ahrens, C. Donald, Meteorology Today: An Introduction to the Weather, Climate and the Evironment, West Publishing Company, St. Paul 1991.

Ein Strahlenfächer

Humphreys, W. J., Physics of the Air, Dover Publications, New York 1964.

Minnaerts, Marcel, The Nature of Light and Color in the Open Air, Dover Publications, New York 1954.

Wasser in der Wüste

Schmidt-Nielsen, Knut, Desert Animals: Physiological Problems of Heat and Water, Oxford University Press, London 1964.

Schmidt-Nelsen, Knut, How Animals Work, Cambridge University Press, London 1972.

Ein Mensch auf einem Fahrrad

Hunt, Robert, ›Bicycles in the Physics Lab‹, The Physics Teacher, März 1989.

Vogel, Steven, Life's Devices: The Physical World of Animals and Plants, Princeton University Press, Princeton 1988.

Wilson, S. S., ›Bicycle Technology‹, Scientific American, März 1973.

Rotkohl als pH-Indikator
Tocci, Salvatore, Chemistry around You: Experiments and Projects with Everyday Products, Arco Publishing, New York 1985.

Kochen mit Metall-Legierungen
McGee, Harold, On Food and Cooking: The Science and Love of the Kitchen, Scribner, New York 1984.

Das Erbe der Dronte
Temple, Stanley A., ›Plant-Animal Mutualism: Coevolution with Dodo Leads to Near Extinction of Plant‹, Science, 26. August 1977.

Die Böhnchen und die Tönchen
McGee, Harold, On Food and Cooking: The Science and Love of the Kitchen, Scribner, New York 1984.

Einen kühlen Kopf bewahren
Schmidt-Nelsen, Knut, How Animals Work, Cambridge University Press, London 1972.

Benjamin Franklin läßt einen Dollar fallen
Franklin, Benjamin, Brief an John Lining, 14. April 1757, in: Nathan Goodman (Hg.), The Ingenious Dr. Franklin: Selected Scientific Letters of Benjamin Franklin, University of Pennsylvania Press, Philadelphia 1974.

Von einer Zelle zu vielen
Curtis, Helena, Biology, 4. Aufl. Worth Publishers, New York 1983.
Gilbert, Scott F., Developmental Biology, Sinauer Associates, Sunderland, Mass., 1994.

Köln und der blaue Himmel
Tyndall, John, ›The Sky‹, The Forum, Februar 1888. Neudruck in: Fragments of Science, 6. Aufl., P. F. Collier, New York 1905.
Walker, Jearl, ›Streuung des Sonnenlichts‹, Spektrum der Wissenschaft, Mai 1989.

Vater bestimmt das Geschlecht
Curtis, Helen, Biology, 4. Aufl. Worth Publishers, New York 1983.

Die Giftpille des Monarchen
Harborne, J. B., Introduction to Ecological Biochemistry, 2. Aufl., Academic Press, New York 1982.

Kohlkriege
Harborne, J. B., Introduction to Ecological Biochemistry, 2. Aufl., Academic Press, New York 1982.

Ungewöhnliches Eis
Atkins, P. W., ›Molecules‹, in: Scientific American Library, Scientific American Library, New York 1987.

Tier oder Pflanze?
Curtis, Helena, Biology, 4. Aufl. Worth Publishers, New York 1983.

Mehr als eine gewöhnliche Sauna
Schmidt-Nielsen, Knut, Desert Animals: Physiological Problems of Heat and Water, Oxford University Press, London 1964.

Wie man Milcheiweiß sichtbar machen kann
McGee, Harold, On Food and Cooking: The Science and Lore of the Kitchen, Scribner, New York 1984.
›Protein‹ und ›Casein‹, in: McGraw-Hill Encyclopedia of Science and Technology, 6. Aufl., New York, 1987.

Zwei Zaubertricks
Gardner, Martin, Entertaining Science Experiments with Everyday Objects, Dover Publications, New York 1981.
Lynde, C. J., Science Experiences with Home Equipment, Van Nostrand, Princeton 1949.

Weine ohne Beine
McGee, Harold, On Food and Cooking: The Science and Love of the Kitchen, Scribner, New York 1984.
Thomson, James, ›On Certain Curious Motions Observable on the Surfaces of Wine and Other Alcoholic Liquors‹, 1855, in: William Thomson (Hg.), Popular Lectures and Addresses, Macmillan and Company, New York 1891-1894.

Unsichtbare Reflexion
›Appleton‹, in: Dictionary of Scientific Biography, Scribner, New York 1971.
Appleton, E. V., ›The Ionosphere‹, Nobelpreisrede, 1947.

Annäherung an den Taupunkt
Ruffin, James A. und Frank E. Beri, The Weather Almanac, 5. Aufl., Gale Research, Detroit 1987.
Anmerkung: Zu weiteren Informationen über relative Luftfeuchtigkeit vgl. ›Feuchtigkeit - relativ zu was?‹ auf S. 114.

Interpretation von Ölflecken
Bartlett, A. A., D. F. Kirwan und J. Willis, ›External Manifestation of the Variation of Free-Fall Acceleration inside Moving Cars‹, The Physics Teacher, November 1980.

Ein Eiswürfel läßt sich nicht erwärmen
Black, Joseph, ›Lectures on the Elements of Chemistry‹, in: William Francis Magie, A Source Book in Physics, McGraw-Hill Book Company, New York 1935.
Wolf Abraham, A History of Science, Technology and Philosophy in the Eighteenth Century, 2. Aufl., Peter Smith, Gloucester, Mass., 1968.

Heulender Wind
Humhreys, W. J., Physics of the Air, 3. Aufl., Dover Publications, New York 1964.
›Von Karman‹, in: Dictionary of Scientific Biography, Scribner, New York 1971.

Höhenmessung mittels Thermometer
McGee, Harold, On Food and Cooking: The Science and Love of the Kitchen, Scribner, New York 1984.
Negret, Juan P., ›Boiling Water and the Height of Mountains‹, The Physics Teacher, Mai 1986.
Rombauer, Irma S. und Marion Rombauer-Becker, The Joy of Cooking, Bobbs-Merrill, Indianapolis 1975.
Wolf Abraham, A History of Science, Technology and Philosophy in the Eighteenth Century, 2. Aufl., Peter Smith, Gloucester, Mass., 1968.

Vom Nutzen der Bakterien
Curtis, Helena, Biology, 4. Aufl., Worth Publishers, New York 1983.

›Stickstoffkreislauf‹, in: McGraw-Hill Encyclopedia of Science and Technology, 6. Aufl., New York 1987.

Erfindung des Staubsaugers
Singer, Charles Joseph, ›The Twentieth Century, c. 1900 to c. 1950, Part II‹, in: Trevor I. Williams (Hg.), A History of Technology, Bd. 7, Clarendon Press, Oxford 1978.

Eine widerstandsfähige Geschäftskarte
Lynde, C. J., Science Experiences with Home Equipment, Van Nostrand, Princeton 1949.
Swezey, Kenneth, Science Magic, McGraw-Hill, New York 1952.

Den Bogen überspannt
Bronowski, Jacob, ›The Hidden Structure‹, in: The Ascent of Man, Little, Brown, Boston 1974.
Wolf, Abraham, ›Coulomb's Theory of Torsion‹, in: a History of Science, Technology, and Philosophy in the Eighteenth Century, zweite, von D. McKie durchgesehene Auflage, Peter Smith, Gloucester, Mass., 1968.

Wasserspiele mit Rosinen
Gardner, Martin, Entertaining Science Experiments with Everyday Objects, Dover Publications, New York 1981.
Lynde, C. J., Science Experiences with Home Equipment, Van Nostrand, Princeton 1949.

Wasser läßt sich nur schwer erwärmen
Curtis, Helena, Biology, 4. Aufl., Worth Publishers, New York 1983.

Luftfeuchtigkeit – relativ zu was?
Ahrens, C. Donald, Meteorology Today: An Introduction to Weather, Climate and the Environment, West Publishing Company, St. Paul 1991.
Encyclopedia Britannica, 16. Aufl., Chicago 1991.
Handbook of Chemistry and Physics, Chemical Rubber Company, Cleveland 1988/89.

Farben auf Metall
Bill, Thomas B., ›Why Objects Appear as They Do‹, Journal of Chemical Education, April 1980.

Spiegelkabinett
Greenslade, Thomas B., jr., ›Multiple Images in Plane Mirrors‹, The Physics Teacher, Januar 1982.

Nehmen Sie Wetten auf eine lecke Milchtüte entgegen
Grimvall, Göran, ›Questionable Physics Tricks for Children‹, The Physics Teacher, September 1987.
Paldy, Lester G., ›The Water Can Paradox‹, The Physics Teacher, September 1963.

Bakterien, Mais, Autos und Terre Haute
Gabriel, C.L., ›Butanol Fermentation Process‹, Industrial and Engineering Chemistry, October 1928.
Gabriel, C.L., ›Development of the Butyl-Acetonic Fermentation Industry‹, Industrial and Engineering Chemistry, November 1930.
Aynes, Willaims, American Chemical Industry, Van Norstrand, New York 1945.
Ihde, Aaron J., The Development of Modern Chemistry, Harper and Row, New York 1964.

Große Schatten
Lynde, C. J., Science Experiences with Ten-cent Store Equipment, 2. Aufl., Van Nostrand, Princeton 1950.

Die »Schwerelosigkeit des Weltraums«
›Weightlessness‹, in: McGraw-Hill Encyclopedia of Science and Technology, 6. Aufl., New York 1987.

Das Geheimnis der Proteine
Ihde, Aaron, The Development of Modern Chemistry, Harper and Row, New York 1964.
McCollum, Elmer V., A History of Nutrition: The Sequence of Ideas in Nutrition Investigations, Houghton Mifflin, Boston 1957.
McPherson, Alexander, ›Proteinkristalle‹, Spektrum der Wissenschaft, Mai 1989.

Wer kann Milch trinken?
Kretchmer, Norman, ›Lactose and Lactase‹, Scientific American, Oktober 1972, abgedruckt in der Anthologie Nutrition, W. H. Freeman, San Francisco 1978.

McGee, Harold, On Food and Cooking: The Science and Love of the Kitchen, Scribner, New York 1984.

Spiegelungen im Wasser
Easton, D., ›On Reflection in Ponds‹, The Physics Teacher, März 1987.

Zur Hälfte Kopf, zur Hälfte Zahl
Feynman, Richard P., ›Probability‹, in: The Feynman Lectures on Physics, Addison-Wesley, Reading, Mass., 1963.
Huff, Darrell, How to Lie with Statistics, Norton, New York 1954.
Anmerkung: Die Zahlen stammen aus den Binomialverteilungstabellen im Handbook of Chemistry and Physics.

Spinnen verfangen sich nicht in ihren eigenen Netzen
Bristowe, W. S., The World of Spiders, Collins, London 1971.
Zim, H. S., Spiders and Their Kin, Golden Press, New York 1990.

Eis in Öl
Webster, David, More Brain-Boosters, Doubleday, Garden City, New York, 1975.

Verwischte Schattenränder
Minnaerts, Marcel, The Nature of Light and Color in the Open Air, Dover Publications, New York 1954.

Leuchtendere Farben hoch oben in der Luft?
Minnaerts, Marcel, The Nature of Light an Color in the Open Air, Dover Publications, New York 1954.
Einige der komplizierten Aspekte atmosphärischer Farben erörtert Jearl Walker in seiner Kolumne ›Experiment des Monats‹ , in: Spektrum der Wissenschaft, Mai 1989.

Wo ist der Mittelpunkt Ihres Landes?
Gardner, Martin, Entertaining Science Experiments with Everyday Objects, Dover Publications, New York 1981.
Goldstein-Jackson, Kevin, Experiments with Everyday Objects, Prentice-Hall, Englewood Cliffs, N.J., 1978.

Mehr als ein Werdegang für Frösche
Raff, Rudolf A., Embryos, Genes and Evolution, Macmillan, New York 1983.

Gesprenkelter Schatten

Minnaerts, Marcel, The Nature of Light and Color in the Open Air, Dover Publications, New York 1954.
Das chinesische Gleichnis ist zitiert bei: J. H. Hammond, The Camera Obscura: A Chronicle, Adam Hilger, Bristol 1981.

Das erste Elementarteilchen

Thomson, Joseph John, ›Kathodenstrahlen‹, 1897, abgedruckt in: H. Boorse und L. Motz (Hg.), The World of the Atom, Basic Books, New York 1966.
Toulmin, Stephen E. und June Goldfield, The Architecture of Matter, Harper and, Row, New York 1962.

Rollasseln leben an feuchten Orten

Curtis, Helena, Biology, 4. Aufl. Worth Publishers, New York 1983.

Graupeln, Hagel und Schnee

›Hail‹, ›Sleet‹ und ›Snow‹ in: New Britannica, 15. Aufl., Chicago 1991.
›Hail‹, ›Sleet‹ und ›Snow‹ in: The World Book Encyclopedia, Bd. 9 und 17, Chicago 1994.
Gutleben, Glenn, ›High Tech on the High Seas‹, Exploratoirum Quarterly, Frühjahr 1991.
McGraw-Hill Encyclopedia of Science and Technology, 6. Aufl., New York 1982.

Radar

Ingram, Jay, The Science of Everyday Life, Penguin Books, New York 1989.
Stern, John A., ›What's behind Blinking‹, The Sciences, November-Dezember 1988.

Blinzeln

Ingram, Jay, The Science of Everyday Life, Penguin Books, New York 1989.
McDonald, James E., ›The Coriolis Effect‹, Scientific American, Mai 1952.

Coriolis-Effekt

Ingram, Jay, The Science of Everyday Life, Penguin Books, New York 1989.
Senders, John, ›The Coffee Cup Illusion‹, American Journal of Psychology, 70 (1966).

Optische Täuschung in einer Kaffeetasse

Time, 16. August 1971.

Walker, Jearl. The Flying Circus with Answers, John Wiley and Sons, New York 1977.

Fingerknacken
Ingram, Jay, The Science of Everyday Life, Penguin Books, New York 1989.

Vielleicht halten Sie die Zunge nicht richtig
Smith, John W., Julia Chase und Anna K. Leiblich, ›Tongue-Showing: A Facial Display of Humans and Other Primate Species‹, Semiotica, 11 (1974), Nr. 3.

Warum sind Wolken weiß?
Ahrens, C. Donald, Meteorology Today: An Introduction to Weather, Climate and the Environment, West Publishing Company, St. Paul 1991.

Eichen tricksen Mäuse aus
›Confounding the Rodents‹, Discover, November 1992.

Drüber schlafen
Ezzell, Carol, ›For a Good Memory, Dream On‹, Science News, 14. November 1992.

Dellen in Golfbällen
Flatow, Ira, Rainbows, Curve Balls and Other Wonders of the Natural World Explained, William Morrow and Company, New York 1988.

Wo ist der Flieger?
Vergara, William C., Science in Everyday Life, Harper and Row, New York 1980.

Winzige Blasen
Flatow, Ira, Rainbows, Curve Balls and Other Wonders of the Natural World Explained, William Morrow and Company, New York 1988.

Nachtsichtigkeit
Flatow, Ira, Rainbows, Curve Balls and Other Wonders of the Natural World Explained, William Morrow and Company, New York 1988.

Alkohol als Antiseptikum
Vergara, William C., Science in Everyday Life, Harper and Row, New York 1980.

Was die Pupillen verraten
Vergara, William C., Science in Everyday Life, Harper and Row, New York
1980.

Blitz-Dünger
Vergara, William C., Science in Everyday Life, Harper and Row, New York
1980.

Sterne sehen
Vergara, William C., Science in Everyday Life, Harper and Row, New York
1980.

Wo bleiben alle diese Kalorien?
Kalat, James W., Biological Psychology, 4. Aufl., Wadsworth Publishing,
Belmont, Kalif., 1992.

Diamanten
Kirkley, M. B., J. J. Gurney und A. A. Levinson, ›Age, Origin and
Emplacement of Diamonds‹, CIM Bulletin, Januar 1992.
Legrand, Jacques, Diamonds Myth, Magic, and Reality, Crown Publishers,
New York 1980.
Wilson A. N., Diamonds from Birth to Eternity, Gemological Institute of
America, Santa Monica, Kalif., 1982.

Und dafür brauchen Sie einen Arzt?
Discover, November 1993.

Zauberzahlen
Die gleiche Prozedur läßt sich mit dreistelligen Zahlen durchexerzieren; das
Ergebnis lautet dann: 1 089.

Wo sind die Pole?
Evans, Barry, Everyday Wonders: Encounters with the Astonishing World
around Us, Contemporary Books, Chicago 1993.
Anmerkung: Die zwei Punkte sind natürlich die Pole selbst

Satelliten orten
Ahrens, C. Donald, Meteorology Today: An Introduction to Weather,
Climate, and the Environment, West Publishing Company, St. Paul 1991.
Berman, Bob, ›Satellite Season‹, Discover, Mai 1991.

Zwei-Punkte-Schwelle
Geldard, Frank, A., Fundamentals of Psychology, John Wiley and Sons, New York 1962.
Schiffman, Harvey, R., Sensation and Perception: An Integrated Approach, 2. Aufl. John Wiley and Sons, New York 1982.

Manche mögen's heiß
Geldard, Frank, A., Fundamentals of Psychology, John Wiley and Sons, New York 1962.
Schiffman, Harvey, R., Sensation and Perception: An Integrated Approach, 2. Aufl. John Wiley and Sons, New York 1982.

Alkoholismus
Peterson, Ivars, ›Alcoholism Exposes Its Insensitive Side‹, Science News, 19. Februar 1994.
Schuckit, Marc, ›Low Level of Response to Alcohol as a Predictor of Future Alcoholism‹, American Journal of Psychiatry, Februar 1994.

Seife oder Reinigungsmittel
Collier's Encyclopedia, Macmillan Educational Company, New York 1991.
Van Nostrand's Scientific Encyclopedia, 7. Aufl., Van Nostrand Reinhold, New York 1989.

Es war einmal eine Zeit, da herrschte Luftverschmutzung
›Dumping on the Swedes‹, Discover, Juli 1994.

Warum 5 280 Fuß?
Feldman, David, Imponderables: The Solution to the Mysteries of Everyday Life, Quill, New York 1987.

Sind wir bald da?
Friedman, William, About Time: Inventing the Fourth Dimension, MIT Press, Cambridge, Mass., 1990.
Ornstein, Robert E., On the Experience of Time, Penguin Books, Baltimore 1969.

Die vielseitige Frucht
Bickerstaff, Gordon, ›Hidden Powers of Pineapple‹, New Scientist, 2. Juni 1988.
McGee, Harold, On Food and Cooking: The Science and Love of the Kitchen, Scribner, New York 1984.

Der Verdauungsschalter
Bickerstaff, Gordon, ›Hidden Powers of Pineapple‹, New Scientist, 2. Juni 1988.

Knirschender Schnee
Humphreys, W. J., Physics of the Air, Nachdruck der Ausgabe aus dem Jahr 1940, Dover Publications, New York 1964.

Mal sehen Sie es, mal nicht
Grimes, William, ›Thing; Sleight of Eye‹, New York Times, 6. März 1994.
Rheingold, Harold, Stereogram, Cadence, San Francisco 1994.
Tyler, Christopher, Smith-Kettlewell Eye Research Institute of San Francisco (Dr. Tyler hat die Stereobilder erfunden).

Eisblumen
›Frost‹ und ›Ice‹, in: New Britannica, 15. Aufl., Chicago 1991.

Treibsand
Cazeau, Charles J., Science Trivia from Anteaters to Zeppelins, Berkley Books, New York 1986.
Marvels and Mysteries of the World around Us, Reader's Digest Press, Pleasantville, N.Y., 1972.

Unterbrochene Sicht
Burr, David C., M. Concetta Morrone und John Ross, ›Selective Suppression of the Magnocellular Visual Pathway during Saccadic Eye Movements‹, dazu der Begleitartikel ›News and Views‹ von Michael J. Morgan, in: Nature, 6. Oktober 1994.

Warum Teflon® glatt ist
How in the World?, Reader's Digest Association, Pleasantville, N.Y., 1990.
The New Illustrated and Invention Encyclopedia, Stuttman, Westport, Conn., 1987.
Vergara, William C., Science in Everyday Life, Harper and Row, New York 1980.

Ihr genetisches Kochbuch
Cohen, Jack S. und Michael E. Hogan, ›Arzneimittel aus Erbsubstanz: Antisense- und Triples-DNA‹, Spektrum der Wissenschaft, Dezember 1994.
Schroyer, Jo Ann, Quarks, Critters and Chaos, Prentice Hall, New York 1993.

Was ist Gelatine?

›Gelantin‹, in: McGraw-Hill Encyclopedia of Science and Technology, 6. Aufl., New York 1987.

›Gelantin‹, in: The World Book Encyclopedia, Chicago 1994.

McGee, Harold, On Food and Cooking: The Science and Love of the Kitchen, Scribner, New York 1984.

Wissenschaftliches Handlesen

›Integumentary Pattern‹, in: McGraw-Hill Encyclopedia of Science and Technology, 6. Aufl., New York 1987.

Integumentary Systems‹, in: New Britannica, 15. Aufl., Chicago 1991.

Smith, Anony, The Body, Viking, New York 1986.

Verschiedene Abstracts in Medline Express, unter anderem: ›Dermatoglyphic Asymmetry in Fetal Alcohol Syndrome‹, ›Genetic Loadings in Schizophrenia: A Dermatoglyphic Study‹, und ›Dermatoglyphics in Nasobronchial Allergic Disorders‹.

Unsere biologischen Uhren

Winfree, Arthur T., The Timing of Biological Clocks, Scientific American Books, New York 1987.

Frisches Obst im Januar

McGee, Harold, On Food and Cooking: The Science and Love of the Kitchen, Scribner, New York 1984.

Warum Honig hart wird

Ray, Peter, Botany, Saunders College Publishing, Philadelphia 1983.

McGee, Harold, On Food and Cooking: The Science and Love of the Kitchen, Scribner, New York 1984.

Wie man Erdbeben mißt

The Handy Science Answer Book: The Carnegie Library of Pittsburgh. Visible Ink Press, Detroit 1994..

Monastersky, Richard, ›Abandoning Richter‹, Science News, 15. Oktober 1994

Vergara, William C., Science in Everyday Life, Harper and Row, New York 1980.

Warmes und kaltes Grillengezirpe

Hanson, Jeanne K. und Deane Morrison, Of Kinkajous, Capybaras, Horned

Beetles, Seladangs, and the Oddest and Most Wonderful Mammals, Insects, Birds, and Plants of Our World, Harper Collins, New York 1991.

Wie Hunde fressen
Johnson, Norman H. The Complete Puppy and Dog Book, Atheneum, New York 1977.

Fangen lernen
Savelsbergh, G. J. P., H. T. A. Whiting und R. J. Bootsma, ›Gasping Tau‹, Journal of Experimental Psychology: Human Perception and Performance, 17 (1991), Nr. 2.

Biodiversität und Gentechnik
Doyle, Jack. Altered Harvest. New York, Viking Press, 1985.
Fox, Michael W. Superpigs and Wondercorn, Lyons and Burford, New York 1992.
›Genetic Engineering‹, in: Opposing Viewpoint Sources: Science and Technology, Greenhaven Press, San Diego 1990.
Leary, Warren E., ›F.D.A. Approves Altered Tomato That Will Remain Fresh Longer‹, New York Times, 19. Mai 1994.

Das Geheimnis des Schluckaufs
›Curing Hiccups‹, University of California, Berkeley Wellness Center, Oktober 1985.
›Hiccups‹, in: Alma Guiness (Hg.), ABC's of the Human Body, Reader's Digest Press, New York 1987.
›Hiccups‹, in: David E. Larson (Hg.), Mayo Clinic Family Health Book, Morrow, New York 1990.
›Hiccups‹, in: John Feltman (Hg.), Prevention's Giant Book of Health Facts, Rodale Press, Emmaus, Pa, 1991.

Geräusche von oben
Blazier, Warren E., jr. und Russel B. DuPree, ›Investigation of Low-Frequency Footfall Noise in Wood-Frame, Multifamily Building Construction‹, Journal of the Acoustical Society of America, September 1994.

Helles Licht kann Ihnen beim Einschlafen helfen
Kelly, Dennis D., ›Sleep and Dreaming‹, in: Principles of Neural Science, 3. Aufl., Elsevier, New York 1991.

›Setting the Body's Clock for Sleep‹, in: Consumer Reports on Health, März 1994.

Warum Eis nicht glatt ist
Cazeau, Charles J., Science Trivia from Anteaters to Zeppelins, Berkley Books, New York 1986.
Flatow, Ira, Rainbows, Curve Balls and Other Wonders of the Natural World Explained, William Morrow and Company, New York 1988.
McGee, Harold, On Food and Cooking: The Science and Love of the Kitchen, Scribner, New York 1984.

Warum Obst und Gemüse vor Krebs schützen
Castleman, Michael, ›Mother Knew Best‹, Sierra, Dezember 1994.

Honig aus Honigtau
McGee, Harold, On Food and Cooking: The Science and Love of the Kitchen, Scribner, New York 1984.

Warum Reifen ein Profil haben
›Grabbing the Wettest of Roads‹, Discover, Oktober 1992.

Eine andere Art von Herpes
Dorland's Illustrated Medical Dictionary, 27. Aufl., Sanders, Philadelphia 1988.
The Merck Manual, 14. Aufl., Merck, Sharpe and Dohme Laboratories, Rahway, N.J., 1982.
Stedman's Medical Dictionary, 25. Aufl., Macmillan, New York 1990.

Überschallknall
›Sonic Boom‹, in: McGraw Hill Encyclopedia of Science and Technology, 7. Aufl., McGraw-Hill, New York 1992.
›Sonic Boom‹, in: World Book Encyclopedia, Chicago 1994.

Wikingersagen – poetische Freiheit oder Medizingeschichte?
Byock, Jesse L., ›Die Egil-Saga und das Paget-Syndrom‹, Spektrum der Wissenschaft, März 1995.

Die Form von Blitzen
Trefil, James S., Meditations at Sunset: A Scientist Looks at the Sky, Collier, New York 1987.

Wie die Zeit im Traum vergeht
Kelly, Dennis D., ›Sleep and Dreaming‹, in: Principles of Neural Science, 3. Aufl., Elsevier, New York 1991.

Das Land, wo Schweiß und Honig fließen
McGee, Harold, On Food and Cooking: The Science and Love of the Kitchen, Scribner, New York 1984.

Die Muskeln in unseren Ohren
Borg, Eric und Counter, S. Allen, ›Die Muskeln des Mittelohrs als Schalldämpfer‹, Spektrum der Wissenschaft, Oktober 1989.
Rossing, Thomas D., The Science of Sound, 2. Aufl., Addison-Wesley, Reading, Mass., 1990.

Lattenzaunechos
Humphreys, W. J., Physics of the Air, Dover Publications, New York 1964.

Unter Wasser hören
Miller, Mary K., ›Science in the Bathtub‹, Exploring, Winter 1993.
Schiffman, Harvey Richard, Sensation and Perception: An Integrated Approach, 2. Aufl., John Wiley and Sons, New York 1982.

Schielende Katzen
Stent, G. C., ›Explicit and Implicit Semantic Content of the Genetic Information‹, in: Robert E. Butts und Jaakko Hintikka (Hg.), Foundation Problems in the Special Sciences, Reidel Publishing Company, Dordrecht, Niederlande, 1977.
Stent, G. C., ›Strength and Weakness of the Genetic Approach to the Development of the Nervous System‹, Annual Review of Neuroscience, 1981.

Warum es so schwer ist, ein einzelnes Holzscheit zu verbrennen
Lyons, John W., Fire, Scientific American Library, New York 1985.

Pilze und Raketentreibstoff

Lincoff, Gary, The Audubon Society Field Guide to the North American Mushrooms, Alfred A. Knopf, New York 1981.

Lincoff, Gary und D. H. Mitchel, Toxic and Hallucinogenic Mushroom Poisoning: A Handbook for Physicians and Mushroom Hunters, Van Nostrand Reinhold Company, New York 1977.

Naturwissenschaft im <u>dtv</u>

John D. Barrow
**Warum die Welt
mathematisch ist**
<u>dtv</u> 30570

William H. Calvin
**Der Strom, der bergauf
fließt**
Eine Reise durch die
Chaos-Theorie
<u>dtv</u> 36077
**Wie der Schamane den
Mond stahl**
Auf der Suche nach dem
Wissen der Steinzeit
<u>dtv</u> 33022

Antonio R. Damasio
Descartes' Irrtum
Fühlen, Denken und das
menschliche Gehirn
<u>dtv</u> 33029

Paul Davies
John Gribbin
**Auf dem Weg zur
Weltformel**
Superstrings, Chaos,
Komplexität
<u>dtv</u> 30506

David Deutsch
**Die Physik der
Welterkenntnis**
Auf dem Weg zum
universellen Verstehen
<u>dtv</u> 33051

Hoimar von Ditfurth
**Im Anfang war der
Wasserstoff**
<u>dtv</u> 33015

Hans Jörg Fahr
**Zeit und kosmische
Ordnung**
Die unendliche Geschichte
von Werden und Wieder-
kehr · <u>dtv</u> 33013

Robert Gilmore
**Die geheimnisvollen
Visionen des Herrn S.**
Ein physikalisches Mär-
chen nach Charles Dickens
<u>dtv</u> 33049

Karl Grammer
Signale der Liebe
Die biologischen Gesetze
der Partnerschaft
<u>dtv</u> 33026

Jean Guitton, Grichka
und Igor Bogdanov
Gott und die Wissenschaft
Auf dem Weg zum
Meta-Realismus
<u>dtv</u> 33027

Lawrence M. Krauss
**»Nehmen wir an, die Kuh
ist eine Kugel…«**
Nur keine Angst vor
Physik · <u>dtv</u> 33024

Naturwissenschaft im dtv

Peretz Lavie
Die wundersame Welt des Schlafes
Entdeckungen, Träume, Phänomene
dtv 33048

Sydney Perkowitz
Eine kurze Geschichte des Lichts
Die Erforschung eines Mysteriums
dtv 33020

Josef H. Reichholf
Das Rätsel der Menschwerdung
Die Entstehung des Menschen im Wechselspiel mit der Natur · dtv 33006

Simon Singh
Fermats letzter Satz
Die abenteuerliche Geschichte eines mathematischen Rätsels
dtv 33052

Frederic Vester
Neuland des Denkens
Vom technokratischen zum kybernetischen Zeitalter · dtv 33001
Denken, Lernen, Vergessen
Was geht in unserem Kopf vor? · dtv 33045

Unsere Welt – ein vernetztes System
dtv 33046
Crashtest Mobilität
Die Zukunft des Verkehrs
Fakten, Strategien, Lösungen
dtv 33050

Was treibt die Zeit?
Entwicklung und Herrschaft der Zeit in Wissenschaft, Technik und Religion
Hrsg. von Kurt Weis
dtv 33021

What's what?
Naturwissenschaftliche Plaudereien
Hrsg. von Don Glass
dtv 33025

Das neue What's what
Naturwissenschaftliche Plaudereien
Hrsg. von Don Glass
dtv 33010

Fred Alan Wolf
Die Physik der Träume
Von den Traumpfaden der Aborigines bis ins Herz der Materie
dtv 33005

Naturwissenschaftliche Einführungen im <u>dtv</u>

Herausgegeben von Olaf Benzinger

Bei Erklärungsnotstand und in Zweifelsfällen:
Fragen Sie Ihr <u>dtv</u>-Lexikon

<u>dtv</u> 5998

- Aktuelle, zuverlässige und verständliche Information von A bis Z.

- Unentbehrlich für Studium und Beruf.

- 20 Bände im Taschenbuch-Großformat 12,4 x 19,1 cm.

- Im Schuber stets griffbereit am Schreibtisch zu Hause und im Büro.

- 11., neu bearbeitete Auflage 1999.

- Über 130 000 Stichwörter auf insgesamt 6872 Seiten.

- Mehr als 4500 weiterführende Werks- und Literaturangaben.

- Über 6000 Abbildungen und 120 ganzseitige Farbtafeln.

dtv-Atlanten

informativ, zuverlässig, handlich und preisgünstig

dtv-Atlas Akupunktur
von C.-H. Hempen
dtv 3232

dtv-Atlas Anatomie
von W. Kahle,
H. Leonhardt und
W. Platzer
3 Bände · dtv/Thieme
3017/3018/3019

dtv-Atlas Astronomie
von J. Herrmann
Mit Sternatlas
dtv 3006

dtv-Atlas Atomphysik
von B. Bröcker
dtv 3009

dtv-Atlas Baukunst
von W. Müller
und G. Vogel
2 Bände · dtv 3020/3021

dtv-Atlas Biologie
von G. Vogel und
H. Angermann
3 Bände
dtv 3221/3222/3223

dtv-Atlas Chemie
von H. Breuer
2 Bände · dtv 3217/3218

dtv-Atlas Deutsche Literatur
von H. D. Schlosser
dtv 3219

dtv-Atlas Deutsche Sprache
von W. König
dtv 3025

dtv-Atlas Erste Hilfe
von H. Karutz und
M. von Buttlar
dtv 3238

dtv-Atlas Ernährung
von G. Hauber-Schwenk
und M. Schwenk
dtv 3237

dtv-Atlas Informatik
von H. Breuer
dtv 3230

dtv-Atlas Mathematik
von F. Reinhardt
und H. Soeder
2 Bände
dtv 3007/3008

dtv-Atlas Musik
von U. Michels
2 Bände
dtv 3022/3023

dtv-Atlanten

dtv-Atlas Ökologie
von D. Heinrich
und M. Hergt
dtv 3228

**dtv-Atlas
Pathophysiologie**
von S. Silbernagel
und F. Lang
dtv 3236

dtv-Atlas Philosophie
von P. Kunzmann,
F.-P. Burkhard und
F. Wiedmann
dtv 3229

dtv-Atlas Physik
von H. Breuer
2 Bände · dtv 3226/3227

dtv-Atlas Physiologie
von S. Silbernagl und
A. Despopoulos
dtv/Thieme 3182

dtv-Atlas Psychologie
von H. Benesch
2 Bände
dtv 3224/3225

dtv-Atlas Stadt
von J. Hotzan
dtv 3231

**dtv-Atlas
Weltgeschichte**
von W. Hilgemann
und H. Kinder
2 Bände · dtv 3001/3002